中餐烹調

素食

丙級技能檢定

蔡長志◎編著

◎Step by step的詳實的刀工示範、水花示範
　及盤飾示範

◎附有水花示範影片，QR Code掃描即可觀看

◎附有學科試題題庫及解答

◎隨書附贈別冊中列有材料清點卡、刀工作
　品規格卡、烹調指引卡，方便應考使用

國家圖書館出版品預行編目資料

中餐烹調素食丙級技能檢定／蔡長志編
著.--初版.-- 新北市：揚智文化事業股
份有限公司，2022.01
　　面；　　公分

ISBN 978-986-298-379-9（平裝）

1.烹飪　2.素食食譜　3.考試指南

427　　　　　　　　　　　　110015903

中餐烹調素食丙級技能檢定

編 著 者／蔡長志
出　　　版／揚智文化事業股份有限公司
發 行 人／葉忠賢
總 編 輯／閻富萍
攝　　　影／王盛弘（囍色攝影）、邱合成
封面設計／彭于珊
美術設計／趙美惠

地　　　址／新北市深坑區北深路三段 258 號 8 樓
電　　　話／886-2-8662-6826
傳　　　真／886-2-2664-7633
服務信箱／service@ycrc.com.tw
網　　　址／www.ycrc.com.tw

ＩＳＢＮ／978-986-298-379-9
初版一刷／2022 年 1 月
定　　　價／新台幣 400 元

序

　　「素食中餐烹調檢定課程」在補習班和訓練單位裏，是目前比較少開立的培訓課程，也常聽聞周圍的道場寺院、職場、學校友人在尋求開課或培訓的機構單位，藉由這次出版這本《中餐烹調素食丙級技能檢定》，來幫助更多需要考此證照、提升專業技能的考生讀者們，對於日後的職涯能更進一步跨越提升。

　　此書中每道菜餚有各式的烹調手法，不同的操作方式，皆遵循勞動部勞動力發展署技能檢定中心最新公告的考試規範為依據，與揚智文化公司力求完善，多次彙編校稿，讓讀者獲取最新及最正確的考試規範資訊，輔以圖文解說和詳細製作步驟示範，除術科試題外，還包括：

一、刀工（共20款）

　　各式不同的切法、刀工角度、切面、規格，詳細地為讀者介紹分解步驟，包含下列幾種刀工：塊、滾刀塊、長方塊、片、指甲片、雙飛片、段、條、絲、末、鬆、粒、梳片、剞刀等基本刀工需求。

二、水花（共15款）

　　有正方形、長方形、半月形、三角形、梯形等幾何圖形的優美水花圖譜，按勞動部技能檢定中心頒布考試規範為依據。

三、盤飾（共16款）

選用大黃瓜、小黃瓜、紅辣椒、紅蘿蔔為材料，分別歸類為以下幾種擺法：1.整圈圓形；2.間格圓形；3.兩點對襯；4.三點均分；5.六點均分，協助讀者增加印象，輔助考證。

　　在刀工部分，筆者以業界廚師的刀工，融入新手入門初試的切法，站以同理心角度來做調整，文字敘述配合圖片，示範分解步驟，協助考生們能更容易熟悉各種刀工切法，快速上手。

　　在水花部分，勞動部中餐烹調素食丙級術科應檢參考資料裏附有35款水花圖譜，本書彙整縮小範圍列出必考15款，並於每款水花圖解示範中附有QR Code，可以供讀者手機掃描，內有水花示範教學影片，可直接觀看。另外在盤飾部分，也整理出必考的16種。只要各位讀者可以勤於練習，累積經驗，一定能駕輕就熟，不論應試時抽到哪一題組，都可做出合格的水花和盤飾。

　　在本書最後附上素食學科測試考題複習，另有共同科目學科試題，包括食品安全衛生及營養相關職類、工作倫理與職業道德、職業安全衛生、環境保護、節能減碳等五項（提供QR Code及揚智文化網站「教學輔助區」網址連結）。

　　本書並附有一本簡易複習手冊，裡面有24大題組各三張卡，分別是材料明細卡、刀工規格明細卡、烹調指引卡（每張卡1頁），每一題組3頁，共有72頁，讓各位讀者在考試時一本在手，馬上能利用時間複習抽中的題組，應考時更能得心應手。

　　本書能順利出版，在此要感謝高雄樹德家商提供優質的中餐檢定考場場地，以及蘇純育、張朝旭、梁鈞傑等熱心同學們的協助幫忙，還有囍色攝影王盛宏攝影師，以及揚智文化公司閻富萍總編及幕後工作人員，她們針對每個環節、文字、編排、圖片、檢定規範等嚴謹地重複校稿，猶恐有誤植之處，並同步更新檢定規範，將最新、最正確的資訊傳達給各位讀者，並規劃編輯出方便的簡易複習手冊，在比致上由衷的謝意。

　　最後敬祝大家順利考取證照，提升專業技能、獲益良多，更上一層樓！

蔡長志　謹識

目　錄

序 —— 3

PART A　術科測試應檢人須知 —— 9
一、一般說明 —— 9
二、應檢人自備工（用）具 —— 10
三、應檢人服裝參考圖 —— 11
四、測試時間配當表 —— 12

PART B　術科測試應考須知 —— 13
一、共通原則說明 —— 13
二、參考烹調須知 —— 17
三、測試題組內容 —— 18

PART C　術科測試評審標準及評審表 —— 19
一、評審標準 —— 19
二、烹調法定義 —— 22
三、食材處理手法釋義 —— 25
附錄一　三段式打蛋法 —— 28
附錄二　廚房配置圖 —— 28

PART D　刀工、水花及盤飾示範 —— 29
一、刀工示範 —— 29
二、水花示範 —— 37
三、盤飾示範 —— 53

PART E 術科試題 —— 62

一、301大題 —— 62

301-1 組重點介紹 —— 64
榨菜炒筍絲 —— 67
麒麟豆腐片 —— 68
三絲淋素蛋餃 —— 69

301-2 組重點介紹 —— 70
紅燒烤麩塊 —— 73
炸蔬菜山藥條 —— 74
蘿蔔三絲捲 —— 75

301-3 組重點介紹 —— 76
乾煸杏鮑菇 —— 79
酸辣筍絲羹 —— 80
三色煎蛋 —— 81

301-4 組重點介紹 —— 82
素燴杏菇捲 —— 85
燜燒辣味茄條 —— 86
炸海苔芋絲 —— 87

301-5 組重點介紹 —— 88
鹽酥香菇塊 —— 91
銀芽炒雙絲 —— 92
茄汁豆包捲 —— 93

301-6 組重點介紹 —— 94
三珍鑲冬瓜 —— 97
炒竹筍梳片 —— 98
炸素菜春捲 —— 99

301-7 組重點介紹 —— 100
乾炒素小魚乾 —— 103
燴三色山藥片 —— 104
辣炒蒟蒻絲 —— 105

301-8 組重點介紹 —— 106
燴素什錦 —— 109
三椒炒豆乾絲 —— 110
咖哩馬鈴薯排 —— 111

301-9 組重點介紹 —— 112
炒牛蒡絲 —— 115
豆瓣鑲茄段 —— 116
醋溜芋頭條 —— 117

301-10 組重點介紹 —— 118
　三色洋芋沙拉 —— 121
　豆薯炒蔬菜鬆 —— 122
　木耳蘿蔔絲球 —— 123

301-11 組重點介紹 —— 124
　家常煎豆腐 —— 127
　青椒炒杏菇條 —— 128
　芋頭地瓜絲糕 —— 129

301-12 組重點介紹 —— 130
　香菇柴把湯 —— 133
　素燒獅子頭 —— 134
　什錦煎餅 —— 135

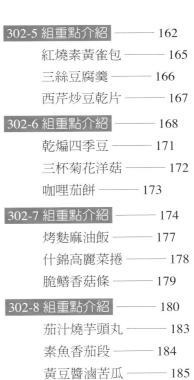

二、302大題 —— 136

302-1 組重點介紹 —— 138
　紅燒杏菇塊 —— 141
　焦溜豆腐片 —— 142
　三絲冬瓜捲 —— 143

302-2 組重點介紹 —— 144
　麻辣素麵腸片 —— 147
　炸杏仁薯球 —— 148
　榨菜冬瓜夾 —— 149

302-3 組重點介紹 —— 150
　香菇蛋酥燜白菜 —— 153
　粉蒸地瓜塊 —— 154
　八寶米糕 —— 155

302-4 組重點介紹 —— 156
　金沙筍梳片 —— 159
　黑胡椒豆包排 —— 160
　糖醋素排骨 —— 161

302-5 組重點介紹 —— 162
　紅燒素黃雀包 —— 165
　三絲豆腐羹 —— 166
　西芹炒豆乾片 —— 167

302-6 組重點介紹 —— 168
　乾煸四季豆 —— 171
　三杯菊花洋菇 —— 172
　咖哩茄餅 —— 173

302-7 組重點介紹 —— 174
　烤麩麻油飯 —— 177
　什錦高麗菜捲 —— 178
　脆鱔香菇條 —— 179

302-8 組重點介紹 —— 180
　茄汁燒芋頭丸 —— 183
　素魚香茄段 —— 184
　黃豆醬滷苦瓜 —— 185

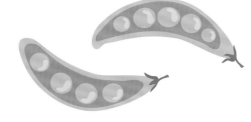

302-9 組重點介紹 ——— 186
　梅粉地瓜條 ——— 189
　什錦鑲豆腐 ——— 190
　香菇炒馬鈴薯片 ——— 191

302-10 組重點介紹 ——— 192
　三絲淋蒸蛋 ——— 195
　三色鮑菇捲 ——— 196
　椒鹽牛蒡片 ——— 197

302-11 組重點介紹 ——— 198
　五絲豆包素魚 ——— 201
　乾燒金菇柴把 ——— 202
　竹筍香菇湯 ——— 203

302-12 組重點介紹 ——— 204
　沙茶香菇腰花 ——— 207
　麵包地瓜餅 ——— 208
　五彩拌西芹 ——— 209

PART F 學科試題題庫及解答 ——— 210

　素食學科試題題庫 ——— 210
　食品安全衛生及營養相關職類共同科目 ——— 236
　工作倫理與職業道德共同科目 ——— 236
　職業安全衛生共同科目 ——— 236
　環境保護共同科目 ——— 236
　節能減碳共同科目 ——— 236

PART A 術科測試應檢人須知

一、一般說明

(一)本試題共有二大題，每大題各十二個小題組，每小題組各三道菜之組合菜單（試題編號：07601-105301、07601-105302）。每位應檢人依抽籤結果進行測試，第一階段「清洗、切配、工作區域清理」測試時間為90分鐘，第二階段「菜餚製作及工作區域清理並完成檢查」測試時間為70分鐘。技術士技能檢定中餐烹調（素食）丙級術科測試每日辦理二場次（上、下午各乙場）。

(二)術科辦理單位於測試前14日，將術科測試應檢參考資料寄送給應檢人。

(三)應檢人報到時應繳驗術科測試通知單、准考證、身分證或其他法定身分證件，並穿著依規定服裝方可入場應檢。

(四)術科測試抽題辦法如下：

　1.抽大題：測試當日上午場由術科測試編號最小之應檢人代表自二大題中抽出一大題測試，下午場抽籤前應先公告上午場抽出大題結果，不用再抽大題，直接測試另一大題。若當日僅有1場次，術科辦理單位應在檢定測試前3天內（若遇市場休市、休假日時可提前一天）由單位負責人以電子抽籤方式抽出一大題，供準備材料及測試使用，抽題結果應由負責人簽名並彌封。

　2.抽測試題組：術科測試編號最小之應檢人代表自12個題組中抽出其對應之測試題組，其他應檢人依編號順序依序對應各測試題組；例如應檢人代表抽到301-5題組，下一個編號之應檢人測試301-6題組，其餘（含遲到及缺考）依此類推。

　3.術科測試編號最小者代表抽籤後，應於抽籤暨領用卡單簽名表上簽名，同時由監評長簽名確認。術科辦理單位應記載所有應檢人對應之測試題組，並經所有應檢人簽名確認，以供備查。

　4.如果測試崗位超過12崗且非12的倍數時，超過多少崗位就依序補多少題組，例如抽到301大題的14崗位測試場地，超過2崗位，術科辦理單位備料時除了原來的301-1至301-12的材料（共12組），尚須加上301-1及301-2的材料（共2組），亦即原12組材料加上超過崗位的2組，以應14名應檢人應試。抽籤時，仍由術科測試編號最小之應檢人代表自12個題組中抽出其對應之測試題組，其他應檢人依編號順序依序對應各測試題組。以14崗位，第1號應檢人抽到第4題組為例，對應情形依序如下：

題組	1	2	3	4	5	6	7	8	9	10	11	12	1	2
應檢人	12號	13號	14號	1號	2號	3號	4號	5號	6號	7號	8號	9號	10號	11號

(五)術科測試應檢人有下列情事之一者，予以扣考，不得繼續應檢，其已檢定之術科成績以不及格論：

　1.冒名頂替者。

　2.傳遞資料或信號者。

　3.協助他人或託他人代為實作者。

　4.互換工件或圖說者。

　5.隨身攜帶成品或規定以外之器材、配件、圖說、行動電話、呼叫器或其他電子通訊攝錄器材等。

6.不繳交工件、圖説或依規定須繳回之試題者。

7.故意損壞機具、設備者。

8.未遵守本規則,不接受監評人員勸導,擾亂試場內外秩序者。

(六)應檢人有下列情事者不得進入考場(測試中發現時,亦應離場不得繼續測試):

　　1.制服不合規定。

　　2.著工作服於檢定場區四處遊走者。

　　3.有吸菸、喝酒、嚼檳榔、隨地吐痰等情形者。

　　4.罹患感冒(飛沫或空氣傳染)未戴口罩者。

　　5.工作衣帽未保持潔淨者(剁斬食材噴濺者除外)。

　　6.除不可拆除之手鐲(應包紮妥當),有手錶,佩戴飾物者。

　　7.蓄留指甲、塗抹指甲油、化粧等情事者。

　　8.有打架、滋事、恐嚇、説髒話等情形者。

　　9.有辱罵監評及工作人員之情形者。

二、應檢人自備工(用)具

(一)白色廚師工作服,含上衣、圍裙、帽,如「應檢人服裝參考圖」;未穿著者,不得進場應試。

(二)穿著規定之長褲、黑色工作皮鞋、內須著襪;不合規定者,不得進場應試。

(三)刀具:含片刀、剁刀(另可自備水果刀、果雕刀、剪刀、刮鱗器、削皮刀,但不得攜帶水花模具、槽刀、模型刀)。

(四)白色廚房紙巾1包(捲)以下。

(五)包裝飲用水1~2瓶(礦泉水、白開水)。

(六)衛生手套、乳膠手套、口罩。衛生手套參考材質種類可為乳膠手套、矽膠手套、塑膠手套(即俗稱手扒雞手套)等,並應予以適當包裝以保潔淨衛生,否則衛生將予以扣分。

(七)可攜帶計時器,但音量應不影響他人操作者。

三、應檢人服裝參考圖（不合規定者，不得進場應試）

應檢人服裝說明：

一、帽子
 1.帽型：帽子需將頭髮及髮根完全包住；髮長未超過食指、中指夾起之長度，可不附網，超過者須附網。
 2.顏色：白色。

二、上衣
 1.衣型：廚師專用服裝（可戴顏色領巾）。
 2.顏色：白色（顏色滾邊、標誌可）。
 3.袖：長袖、短袖皆可。

三、圍裙
 1.型式不拘，全身圍裙、下半身圍裙皆可。
 2.顏色：白色。
 3.長度：過膝。

四、工作褲
 1.黑、深藍色系列、專業廚房素色小格子（千鳥格）之工作褲，長度至踝關節。
 2.不得穿緊身褲、運動褲及牛仔褲。

五、鞋
 1.黑色工作皮鞋（踝關節下緣圓周以下全包）。
 2.內須著襪。
 3.建議具止滑功能。

備註：帽、衣、褲、圍裙等材質以棉或混紡為宜。

四、測試時間配當表

每一檢定場，每日可排定測試場次為上、下午各乙場，時間配當表如下：

中餐烹調丙級檢定時間配當表		
時　間	**內　容**	**備　註**
07：30－07：50	1.監評前協調會議（含監評檢查機具設備）。 2.上午場應檢人報到、更衣。	
07：50－08：30	1.應檢人確認工作崗位、抽題，並依抽籤結果分給應檢人三張卡單。 2.場地設備及供料、自備機具及材料等作業說明。 3.測試應注意事項說明。 4.應檢人試題疑義說明。 5.研讀材料清點卡、刀工作品規格卡，時間 10 分鐘。 6.應檢人檢查設備及材料（材料清點卡應於材料清點無誤後收回），確認無誤後於抽籤暨領用卡單簽名	應檢人務必研讀卡片（烹調指引卡於中場休息時研讀）
08：30－10：00	上午場測試開始，清洗、切配、工作區域清理	90 分鐘
10：00－10：30	評分，應檢人離場休息（研讀烹調指引卡）	30 分鐘
10：30－11：40	菜餚製作及工作區域清理並完成檢查	70 分鐘
11：40－12：10	監評人員進行成品評審	
12：10－12：30	1.下午場應檢人報到、更衣 2.監評人員休息用膳時間	
12：30－13：10	1.應檢人確認工作崗位、抽題，並依抽籤結果分給應檢人三張卡單。 2.場地設備及供料、自備機具及材料等作業說明。 3.測試應注意事項說明。 4.應檢人試題疑義說明。 5.研讀材料清點卡、刀工作品規格卡，時間 10 分鐘。 6.應檢人檢查設備及材料（材料清點卡應於材料清點無誤後收回），確認無誤後於抽籤暨領用卡單簽名	應檢人務必研讀卡片（烹調指引卡於中場休息時研讀）
13：10－14：40	下午場測試開始，清洗、切配、工作區域清理	90分鐘
14：40－15：10	評分，應檢人離場休息（研讀烹調指引卡）	30分鐘
15：10－16：20	菜餚製作及工作區域清理並完成檢查	70分鐘
16：20－16：50	監評人員進行成品評審	

※應檢人盛裝成品所使用之餐具，由術科辦理單位服務人員負責清理。

PART B 術科測試應考須知

一、共通原則說明

(一)測試進行方式

　　測試分兩階段方式進行，第一階段應於90分鐘內完成刀工作品及擺飾規定，第一階段完成後由監評人員進行第一階段評分，應檢人休息30分鐘。第二階段應於刀工作品評分後，於70分鐘內完成試題菜餚烹調作業。除技術評審外，全程並有衛生項目評審。

　　第一、二階段及衛生項目分別評分，有任一項（含）以上不合格即屬術科不合格。應檢人在測試前說明會時，於進入測試場前，必須研讀二種卡單（第一階段測試過程刀工作品規格卡與應檢人材料清點卡），時間10分鐘。於中場休息的時間可以再研讀第二階段測試過程烹調指引卡。測試過程中，二種卡單可隨時參考使用。

(二)材料使用說明

1. 各測試場公共材料區需備12個以上的雞蛋，供考生自由取為上漿用。
2. 所有題組的食材，取量切配之後，剩餘的食材皆需繳交於回收區，不得浪費；受評刀工作品至少需有3/4符合規定尺寸，總量不得少於規定量。
3. 合格廠商：應在台灣有合法登記之營業許可者，至於該附檢驗證明者，各檢定承辦單位自應取得。

(三)洗滌階段注意事項

　　在進行器具及食材洗滌與刀工切割時不必開火，但遇難漲發（如乾香菇、乾木耳）或未汆燙切割不易的新鮮菇類（如杏鮑菇、洋菇），得於洗器具前燒水或起蒸鍋以處理之，處理妥當後應即熄火，但為評分之整體考量，不得作其他菜餚之加熱前處理。

(四)第一階段刀工共同事項

1. 食材切配順序需依中餐烹調技術士技能檢定衛生評分標準之規定。
2. 菜餚材料刀工作品以配菜盤分類盛裝受評，同類作品可置同一容器但需區分不可混合（薑、紅辣椒絲除外）。
3. 每一題組指定水花圖譜三式，選其中一種切割且形體類似具美感即可，另自選樣式一式，應檢人可由水花參考圖譜選出或自創具美感之水花樣式，於蔬果類切配時切割（可同類）。
4. 盤飾依每一題組指定盤飾（擇二），須依規定圖譜之所有指定材料、符合指定盤飾。於蔬果類切配時直接生切擺飾於10吋磁盤，置於熟食區檯面待評。
5. 除盤飾外，本題庫之烹調作品並無生食狀態者。
6. 限時90分鐘。

7. 測試階段自開始至刀工作品完成，作品完成後，應檢人須將規定受評作品依序整齊擺放於調理檯（準清潔區）靠走道端受評，部分無須受評之刀工作品則置於調理檯（準清潔區）之另一邊，刀工作品規格卡置於兩者中間，應檢人移至休息區。

8. 乾貨、特殊調味料或醬料、粉料、香料等若未發妥，應在第一階段完成後或第二階段測試開始前令應檢人自行取量備妥，以免影響其權益。

9. 第一階段離場前需將水槽、檯面做第一次整潔處理，廚餘、垃圾分置廚餘、垃圾桶，始可離場休息。

10. 規定受評之刀工作品須全數完成方具第一階段刀工受評資格，未全數完成者，其評分表評為不合格，仍可進行第二階段測試。

11. 規定受評之刀工作品已全數完成，但其他配材料刀工（不評分者）未完成者，可於第二階段測試時繼續完成，並不影響刀工作品成績，惟需符合切配之衛生規定。

(五)第二階段烹調共同事項

1. 每組調味品至少需備齊足量之鹽、醬油、味精、糖、白胡椒粉、太白粉、料理米酒、白醋、烏醋、香油、沙拉油。

2. 第二階段於應檢人就定位後，應就未發妥之乾貨、特殊調味料或醬料、粉料、香料等，令應檢人自行取量備妥，再統一開始第二階段之測試，繼續完成規定之3道菜餚烹調製作。應檢人於測試開始前未作上述已告知之準備工作者，於後續操作中無需另給時間。

3. 烹調完成後不需盤飾，直接取量（份量至少6人份，以規定容器合宜盛裝）整形而具賣相出菜，送至評分室，應檢人須將烹調指引圖卡及規定作品整齊擺放於各組評分檯，並完成善後作業。

4. 6人份不一定為6個或6的倍數，是指足夠六個人食用的量。

5. 包含善後工作70分鐘內完成。

(六)、試題總表

試題編號：07601-105301

題組	菜單內容	主要刀工	烹調法	主材料類別
301-1	榨菜炒筍絲	絲	炒	桶筍
	麒麟豆腐片	片	蒸	板豆腐
	三絲淋素蛋餃	絲、末	淋溜	雞蛋
301-2	紅燒烤麩塊	塊	紅燒	烤麩
	炸蔬菜山藥條	條、末	酥炸	山藥
	蘿蔔三絲捲	片、絲	蒸	白蘿蔔
301-3	乾煸杏鮑菇	片、末	煸	杏鮑菇
	酸辣筍絲羹	絲	羹	桶筍
	三色煎蛋	片	煎	雞蛋
301-4	素燴杏菇捲	剞刀厚片	燴	杏鮑菇
	燜燒辣味茄條	條、末	燒	茄子
	炸海苔芋絲	絲	酥炸	芋頭
301-5	鹽酥香菇塊	塊	酥炸	鮮香菇
	銀芽炒雙絲	絲	炒	綠豆芽
	茄汁豆包捲	條	滑溜	芋頭、豆包
301-6	三珍鑲冬瓜	長方塊、末	蒸	冬瓜
	炒竹筍梳片	梳子片	炒	桶筍
	炸素菜春捲	絲	炸	春捲皮
301-7	乾炒素小魚乾	條	炸、炒	千張豆皮、海苔片
	燴三色山藥片	片	燴	白山藥
	辣炒蒟蒻絲	絲	炒	長方型白蒟蒻
301-8	燴素什錦	片	燴	乾香菇、桶筍
	三椒炒豆乾絲	絲	炒	五香大豆乾
	咖哩馬鈴薯排	泥、片	炸、淋	馬鈴薯
301-9	炒牛蒡絲	絲	炒	牛蒡
	豆瓣鑲茄段	段、末	炸、燒	茄子
	醋溜芋頭條	條	滑溜	芋頭
301-10	三色洋芋沙拉	粒	涼拌	馬鈴薯
	豆薯炒蔬菜鬆	鬆	炒	豆薯
	木耳蘿蔔絲球	絲	蒸	白蘿蔔
301-11	家常煎豆腐	片	煎	板豆腐
	青椒炒杏菇條	條	炒	杏鮑菇
	芋頭地瓜絲糕	絲	蒸	芋頭、地瓜
301-12	香菇柴把湯	條	煮（湯）	乾香菇
	素燒獅子頭	末、片	紅燒	板豆腐
	什錦煎餅	絲	煎	高麗菜

題組	菜單內容	主要刀工	烹調法	主材料類別
302-1	紅燒杏菇塊	滾刀塊	紅燒	杏鮑菇
	焦溜豆腐片	片	焦溜	板豆腐
	三絲冬瓜捲	絲、片	蒸	冬瓜
302-2	麻辣素麵腸片	片	燒、燴	素麵腸
	炸杏仁薯球	末	炸	馬鈴薯
	榨菜冬瓜夾	雙飛片、片	蒸	冬瓜、榨菜
302-3	香菇蛋酥燜白菜	片、塊	燜煮	乾香菇、大白菜
	粉蒸地瓜塊	塊	蒸	地瓜
	八寶米糕	粒	蒸、拌	長糯米
302-4	金沙筍梳片	梳子片	炒	桶筍
	黑胡椒豆包排	末	煎	生豆包
	糖醋素排骨	塊	脆溜	半圓豆皮
302-5	紅燒素黃雀包	粒	紅燒	半圓豆皮
	三絲豆腐羹	絲	羹	板豆腐
	西芹炒豆乾片	片	炒	西芹
302-6	乾煸四季豆	段、末	煸	四季豆
	三杯菊花洋菇	剞刀	燜燒	洋菇
	咖哩茄餅	雙飛片、末	炸、拌炒	茄子
302-7	烤麩麻油飯	片	生米燜煮	烤麩
	什錦高麗菜捲	絲	蒸	高麗菜
	脆鱔香菇條	條	炸、溜	乾香菇
302-8	茄汁燒芋頭丸	片、泥	蒸、燒	芋頭
	素魚香茄段	段	燒	茄子
	黃豆醬滷苦瓜	條	滷	苦瓜
302-9	梅粉地瓜條	條	酥炸	地瓜
	什錦鑲豆腐	末、塊	蒸	板豆腐
	香菇炒馬鈴薯片	片	炒	馬鈴薯、鮮香菇
302-10	三絲淋蒸蛋	絲	蒸、羹	雞蛋
	三色鮑菇捲	剞刀	炒	鮑魚菇
	椒鹽牛蒡片	片	酥炸	牛蒡
302-11	五絲豆包素魚	絲	脆溜	生豆包
	乾燒金菇柴把	末	乾燒	金針菇
	竹筍香菇湯	片	煮（湯）	鮮香菇、桶筍
302-12	沙茶香菇腰花	剞刀厚片	炒	乾香菇
	麵包地瓜餅	泥	炸	地瓜
	五彩拌西芹	絲	涼拌	西芹

二、參考烹調須知

(一)分為總烹調須知及題組烹調須知。

1. 總烹調須知：規範本職類術科測試試題之基礎說明、刀工尺寸標準、烹調法定義及食材處理手法釋義。除題組烹調須知另有規定外，所有考題依據皆應遵循總烹調須知。
2. 題組烹調須知：已分註於24組題庫內容中，規範題組每小組之刀工尺寸標準、水花片、盤飾、烹調法及烹調、調味規定。題組烹調須知未規定部分，應遵循總烹調須知。

(二)總烹調須知

1. 基礎說明：
   (1) 菜餚刀工講究一致性，即同一道菜餚的刀工，尺寸大小厚薄粗細或許不一，但是形狀應為相似。菜餚的刀工無法齊一時，主材料為一種刀工或原形食材，配材料應為另一類相似而相互襯映之刀工。
   (2) 題組未受評的刀工作品，亦須按題意需求自行取量切配，以供烹調所需。切割規格不足者，可當回收品（需分類置於工作檯下層），結束後分類送至回收處，不隨意丟棄，避免浪費。
   (3) 受評的各種刀工作品，規定的數量可能比實際烹調需用量多，烹調時可依據實際需求適當地取量與配色，即烹調完成後，可能會有剩餘的刀工作品，請分類送至回收處。
   (4) 水花片指以（紅）蘿蔔或其他根莖、瓜果類食材切出簡易樣式的象形蔬菜片做為配菜用。以刀法簡易、俐落、切痕平整為宜，搭配菜餚形象、大小、厚薄度（約0.3～0.4公分）。
   (5) 水花切割一般是在切配過程中，依片或塊狀刀工菜餚的需求，以刀工作簡易線條的切割。本試題提供15種樣式圖譜供參照（詳p.37水花示範）。
   (6) 水花指定樣式，指應檢人須參照規格明細之水花片圖譜型式其中一種切割，或切割出具有美感之類似形狀。自選樣式，指應檢人可由水花片圖譜選出或自創具美感之水花樣式進行切割。每一個水花片大小、形狀應相似。每一題組皆須切出指定與自選兩款水花各6片以上以受評，並適宜地取量（兩款皆需取用）加入烹調，未依規定加水花烹調，亦為不符題意。
   (7) 水花的要求以象形、美感、平整、均衡（與菜餚搭配），依指示圖完成，可受公評並獲得普遍認同之美感。
   (8) 盤飾指以食材切割出大小一致樣式，擺設於瓷盤，增加菜餚美觀之刀工。以刀法簡易、俐落、切痕平整、盤面整齊、分佈均勻（對稱、中隔、單邊美化、集中強化皆可）及整體美觀為宜。
   (9) 盤飾指定樣式指應檢人參照規格明細之盤飾圖譜型式切擺，或切擺出具有美感之類似形狀。每一題組皆須從指定盤飾三選二，切擺出二種樣式受評。
   (10) 盤飾的要求以美感、平整、均勻、整齊、對稱。但須可受公評並獲得普遍認同之美感。
2. 烹調法定義及食材處理手法釋義，請參考p.22～p.26。

三、測試題組內容

本套試題分301大題及302大題，兩大題各再分12題組，分別為301-1、301-2、301-3、301-4、301-5、301-6、301-7、301-8、301-9、301-10、301-11、301-12、302-1、302-2、302-3、302-4、302-5、302-6、302-7、302-8、302-9、302-10、302-11、302-12，每題組有三道菜，各題組試題說明請見PART E。

PART C 術科測試評審標準及評審表

一、評審標準

(一)依據「技術士技能檢定作業及試場規則」第39條第2項規定：「依規定須穿著制服之職類，未依規定穿著者，不得進場應試，其術科成績以不及格論」：

    1.職場專業服裝儀容正確與否，由公推具公正性之監評長（或委請監評人員）協助檢查服儀；遇有爭議，由所有監評人員共同討論並判定之。

    2.相關規定請參考應檢人服裝參考圖。

(二)術科辦理單位應準備一份完整題庫及三種附錄卡單2份（查閱用），以供監評委員查閱。

(三)術科辦理單位應準備15公分長的不鏽鋼直尺4支，給予每位監評委員執行應檢人的刀工作品評審工作，並需於測試場內每一組的調理檯（準清潔區）上準備一支15公分長的不鏽鋼直尺，給予應檢人使用，術科辦理單位回收後應潔淨之。

(四)刀工項評審場地在測試場內每一組的調理檯（準清潔區）實施，檯面上應有該組應檢人留下將繳回之第一階段測試過程刀工作品規格卡及其刀工作品，監評委員依刀工測試評分表評分。

(五)烹調項評審場地在評分室內實施，每一組皆備有該組應檢人留下將繳回之第二階段測試過程烹調指引卡，供監評委員對照，監評委員依烹調測試作品評分表評分。

(六)術科測試分刀工、烹調及衛生三項內容，三項各自獨立計分，刀工測試評分標準合計100分，不足60分者為不及格；烹調測試三道菜中，每道菜個別計分，各以100分為滿分，總分未達180分者為不及格；衛生項目評分標準合計100分，成績未達60分者為不及格。

(七)刀工作品、烹調作品或衛生成績，任一項未達及格標準，總成績以不及格計。

(八)棉質毛巾與抹布的使用：

    1.白色長型毛巾摺疊置放於熟食區一只瓷盤上（置上層或下一層），由術科辦理單位備妥，使用前須保持潔淨，用於擦拭洗淨之熟食餐器具（含調味用匙、筷）及墊握熱燙之磁碗盤，可重複使用，不得另置他處，不得使用紙巾（墊握時毛巾太短或擦拭如咖哩汁等不易洗淨之醬汁時方得使用紙巾）。

    2.白色正方毛巾2條置放於調理區下層工作台之配菜盤上（應檢人得依使用時機移置上層），由術科辦理單位備妥，使用前須保持潔淨，用於擦拭洗淨之刀具、砧板、鍋具、烹調用具（如炒杓、炒鏟、漏杓）、墊砧板及洗淨之雙手，不得使用紙巾，不得隨意放置。

    3.黃色正方抹布放置於披掛處或烹調區前緣，用於擦拭工作台或墊握鍋把，不得隨意放置（在洗餐器具流程後須以酒精消毒）。

(九)其他事項：其他未及備載之違規事項，依四位監評人員研商決議處理。

(十)其他未盡事宜，依技術士技能檢定作業及試場規則相關規定辦理。

(十一)測試規範皆已備載，與下表之衛生評審標準，應檢人應詳細研習以參與測試。

技術士技能檢定中餐烹調丙級素食項衛生評分標準

項目	監評內容	扣分標準
一般規定	1.除不可拆除之手鐲外，有手錶、化妝、配戴飾物、蓄留指甲、塗抹指甲油等情事者。	41分
	2.手部有受傷且未經適當傷口包紮處理，或不可拆除之手鐲且未全程配戴衛生手套者（衛生手套長度須覆蓋手鐲，處理熟食應更新手套）。	41分
	3.衛生手套使用過程中，接觸他種物件，未更換手套再次接觸熟食者（衛生手套應有完整包覆，不可取出置於台面待用）。	41分
	4.使用免洗餐具者。	20分
	5.測試中有吸菸、喝酒、嚼檳榔、嚼口香糖、飲食（飲水或試調味除外）或隨地吐痰等情形者。	41分
	6.打噴嚏或擤鼻涕時，未轉身並以紙巾、手帕、或上臂衣袖覆蓋口鼻，或轉身掩口鼻，再將手洗淨消毒者。	41分
	7.以衣物拭汗者。	20分
	8.如廁時，著工作衣帽者（僅須脫去圍裙、廚帽）。	20分
	9.未依規定使用正方毛巾、抹布者。	20分
驗收（A）	1.食材未經驗收數量及品質者。	20分
	2.生鮮食材有異味或鮮度不足之虞時，未發覺卻仍繼續烹調操作者。	30分
洗滌（B）	1.洗滌餐器具時，未依下列先後處理順序者： 瓷碗盤→配料碗盤盆→鍋具→烹調用具（菜鏟、炒杓、大漏杓、調味匙、筷）→刀具（即菜刀，其他刀具使用前消毒即可）→砧板→抹布。	20分
	2.餐器具未徹底洗淨或擦拭餐器具有污染情事者。	41分
	3.餐器具洗畢，未以有效殺菌方法消毒刀具、砧板及抹布者（例如熱水沸煮、化學法，本題庫選用酒精消毒）。	30分
	4.洗滌食材，未依下列先後處理順序者： 乾貨→加工食品類（如沙拉筍、酸菜、罐頭食品……）→不須去皮的蔬果類→須去皮根莖類→蛋類。	30分
	5.將非屬食物類或烹調用具、容器置於工作檯上者（如：洗潔劑、衣物等，另酒精噴壺應置於熟食區層架）。	20分
	6.食材未徹底洗淨者： ① 毛、根、皮、尾、老葉殘留者。 ② 其他異物者。	30分 30分
	7.以鹽水洗滌海藻類，致有腸炎弧菌滋生之虞者。	41分
	8.將垃圾袋置於水槽內或食材洗滌後垃圾遺留在水槽內者。	20分
	9.洗滌各類食材時，地上遺有前一類之食材殘渣或多量水漬者。	20分
	10.食材未徹底洗淨或洗滌工作未於三十分鐘內完成者。	20分
	11.洗滌期間進行烹調情事經警告一次再犯者（即洗滌期間不得開火，然洗滌後與切割中可做烹調及加熱前處理，試題如另有規定，從其規定）。	30分

項目	監評內容	扣分標準
洗滌（B）	12.食材洗滌後未徹底將手洗淨者。	20分
	13.洗滌時使用過砧板（刀），切割前未將該砧板（刀）消毒處理者。	30分
切割（C）	1.洗滌妥當之食物，未分類置於盛物盤或容器內者。	20分
	2.切割生食食材，未依下列先後順序處理者： 乾貨→加工食品類（如沙拉筍、酸菜、罐頭食品……）→不須去皮的蔬果類→須去皮根莖類→蛋類。	30分
	3.切割按流程但因漏切某類食材欲更正時，向監評人員報告後，處理後續補救步驟（應將刀、砧板洗淨拭乾消毒後始更正切割）。	15分
	4.切割妥當之食材未分類置於盛物盤或容器內者（汆燙熟後不同類可併放）。	20分
	5.每一類切割過程後及切割完成後未將砧板、刀及手徹底洗淨者。	20分
	6.蛋之處理程序未依下列順序處理者： 洗滌好之蛋→用手持蛋→敲於乾淨配料碗外緣（可為裝蛋之容器）→剝開蛋殼→將蛋放入第二個配料碗內→檢視蛋有無腐壞，集中於第三配料碗內→烹調處理。	20分
調理、加工、烹調（D）	1.烹調用油達發煙點或著火，且發煙或燃燒情形持續進行者。	41分
	2.菜餚勾芡濃稠結塊、結糰或嚴重出油者。	30分
	3.除西生菜、涼拌菜、水果菜及盤飾外，食物未全熟，有外熟內生情形或生熟食混合者（涼拌菜另依題組說明規定行之）。	41分
	4.殺菁後之蔬果類，如需直接食用，欲加速冷卻時，未使用經減菌處理過之冷水冷卻者（需再經加熱食用者，可以自來水冷卻）。	41分
	5.切割生、熟食，刀具及砧板使用有交互污染之虞者。 ① 若砧板為一塊木質、一塊白色塑膠質，則木質者切生食、白色塑膠質者切熟食。 ② 若砧板為二塊塑膠質，則白色者切熟食、紅色者切生食。	41分
	6.將砧板做為置物板或墊板用途，並有交互污染之虞者。	41分
	7.菜餚成品未有良好防護或區隔措施致遭污染者（如交叉汙染、噴濺生水）。	41分
	8.烹調後欲直接食用之熟食或減菌後之盤飾置於生食碗盤者（烹調後之熟食若要再烹調，可置於生食碗盤）。	41分
	9.未以專用潔淨布巾擦拭用具、物品及手者 （墊握時毛巾太短或擦拭如咖哩汁等不易洗淨之醬汁時方得使用紙巾）。	30分
	10.烹調時有污染之情事者： ① 烹調用具置於台面或熟食匙、筷未置於熟食器皿上。 ② 盛盤菜餚或盛盤食材重疊放置、成品食物有異物者、以烹調用具就口品嚐、未以合乎衛生操作原則品嚐食物、食物掉落未處理等。	30分 41分

項目	監評內容	扣分標準
調理、加工、烹調（D）	11.烹調時蒸籠燒乾者。	30分
	12.可利用之食材棄置於廚餘桶或垃圾筒者。	30分
	13.可回收利用之食材未分類放置者。	20分
	14.故意製造噪音者。	20分
熟食切割（E）	1.未將熟食砧板、刀（洗餐器具時已處理者則免）及手徹底洗淨拭乾消毒，或未戴衛生手套切割熟食者。 【熟食（將為熟食用途之生食及煮熟之食材）在切配過程中任一時段切割需注意食材之區隔（即生熟食不得接觸），或注意同一工作台的時間區隔，且應符合衛生原則】	41分
	2.配戴衛生手套操作熟食而觸摸其他生食或器物，或將用過之衛生手套任意放置而又重複使用者。	41分
盤飾及沾料（F）	1.以非食品或人工色素做為盤飾者。	30分
	2.以非白色廚房用紙巾或以衛生紙、文化用紙墊底或使用者（廚房用紙巾應不含螢光劑且有完整包覆或應置於清潔之承接物上，不可取出置於台面待用）。	20分
	3.配製高水活性、高蛋白質或低酸性之潛在危險性食物（PHF, Potentially Hazardous Foods）的沾料且內置營養食物者（沾料之配製應以食品安全為優先考量，若食物屬於易滋生細菌者，欲與沾料混置，則應配製安全性之沾料覆蓋於其上，較具危險性之沾料須與食物分開盛裝）。	30分
清理（G）	1.工作結束後，未徹底將工作檯、水槽、爐檯、器具、設備及工作區之環境清理乾淨者（即時間內未完成）。	41分
	2.拖把、廚餘桶、垃圾桶置於清洗食物之水槽內清洗者。	41分
	3.垃圾未攜至指定地點堆放者（如有垃圾分類規定，應依規定辦理）。	30分
其它（H）	1.每做有污染之虞之下一個動作前，未將手洗淨造成污染食物之情事者。	30分
	2.操作過程，有交互污染情事者。	41分
	3.瓦斯未關而漏氣，經警告一次再犯者。	41分
	4.其他不符合食品良好衛生規範準則規定之衛生安全事項者（監評人員應明確註明扣分原因）。	20分

二、烹調法定義

1.炒：乾鍋少油加熱入料（通常為輕薄小型易熟、經前處理或不需前處理的料），在持續的火力中（火力的大小依食材性質、烹調目的、手法運用及動作快慢作適當的調整）將材料翻拌均勻熟化，保持菜餚細嫩質感與亮麗觀感而起鍋。運用熟鐵鍋做以上操作，可以得到良好的鑊氣。典型的炒是由生炒到熟，亦稱生炒。本試題使用烹調法有清炒、熟炒、合炒、爆炒、滑炒、拌炒等。各類炒法分述如下：

(1)熟炒：將主要的材料（易熟材料及香辛料可除外）皆處理熟或將熟後（部分可以改刀），合併入鍋以炒的烹調法完成之，所需的烹調時間可能較一般的生炒法短。

(2)爆炒：將主要的材料（易熟材料及香辛料可除外）皆處理熟或將熟後（部分可以改刀），合併且瀝去水分，入鍋以炒的烹調法完成之，是炒的烹調法中最快速者。熟炒、合炒、滑炒只要處理手法更細緻、精準且瀝去水分，調味手法更快速，皆是爆炒的實踐。

(3)清炒：只有主料，或加上爆香料作炒的烹調法。

(4)合炒：將各種已經處理好的食材合在一起炒的烹調法。

(5)滑炒：將食材作上漿處理進行過油或過水的初熟處理後，再以炒、爆炒、合炒等烹調法完成之，主材料具有滑順的口感與透明亮麗的外觀，但並不具備汁液。滑，並沒有被定義為烹調法，只有滑炒、滑溜，所以一般菜名為滑的菜如滑豬肉片，做成滑溜或滑炒皆可，為了凸顯菜餚難度，一般會做成滑溜，而滑蛋則為炒法，業界多用多量油來炒，有滑油的感覺。

2.煸：將食材放入少許油鍋中慢火持續翻炒，至水分逸去將乾呈稍皺縮狀而收斂，入調味醬汁，再翻炒至汁收味入，費時甚久，成品軟硬之間帶有彈性，甘香柔韌。另一快速作法，將食材以熱油過油至水分多數散發外表稍皺縮而收斂，入調味醬汁，再翻炒至汁收味入，成品亦軟硬之間帶有彈性，甘香柔韌。若硬要分出兩者口感的差別，則古法軟中帶有硬韌，而新法軟裡有著脆韌，而古法香中更具甘濃。

3.燴：食材經煎、或過油、或蒸、或燙、或煮、或前處理、或只洗淨後，入鍋或拌炒、或不拌炒，加適量湯汁，通常與料平齊或滿過料，加熱後融合各種材料味與形之美，起鍋前以澱粉（太白粉）水勾芡，湯汁呈現半流動狀態而稍稀，濃度可因烹調者目的需求而增減，作品外觀通常是菜餚周邊環繞一圈燴汁，菜餚端出立刻品評時，表面呈現亮麗光澤。若有特殊烹調目的時，燴汁圍繞在食材周邊可能僅有少許，類似於滑溜菜。

燴法一般分為清燴、雜燴、紅燴、素燴，技法都一致，僅添加的材料與調味配料不同。各類燴法分述如下：

(1)清燴：未添加強烈色系的材料，成品醬汁呈清新透明或乳白或灰白色澤。

(2)雜燴：亦稱大燴，添加多種屬性的食材，如禽、畜、蛋、水產類等，予人材料豐富觀感，成品醬汁呈灰白、乳白或茶黃色，加醬油較多者可成紅燴。

(3)紅燴：以番茄配司（糊）或醬油、番茄醬、紅麴、紅糟、紅穀米等上色而成紅燴。

(4)黃燴：添加黃色系材料或調味料形成黃色的燴菜。

(5)素燴：只取素料不加葷料的燴菜。

4.燜：食材經煎，或過油，或蒸，或燙，或煮，或前處理，或只洗淨後，入鍋（可拌炒或不拌炒）加適量湯汁，與料平齊或滿過料或更多，依烹調目的需求而增減，大火煮滾後改小火上蓋續煮，至質軟或爛，汁收而濃，花費時間依食材性質而定，以達到烹調目的，通常不勾芡。燜菜起鍋前勾芡，有認為是炆的烹調法。燜有適量的燜汁。

一般分原燜（紅燜、黃燜）與油燜。油燜是特指食材以過油或油炒的手法處理後續煮的燜法。

燜與燒烹調手法類似，因兩者成品外觀相似，同是稍具醬汁，有紅有白（黃），判定的關鍵應是，燒菜具有質地柔韌（Q或閩南語的脙）的口感，而燜菜則有綿細而軟爛的口感。各類燜法分述如下：

(1)紅燜：原燜是依原定義而行，紅燜主要是以醬油、糖來調味著色的燜法，當然用其他紅系列材料醬料亦可，使菜餚呈茶紅色。

(2)黃燜：黃燜的調味，一般未加醬油，或只加少許醬油，再以鹽補足味道，使呈現淡黃色澤。

(3)燜煮：煮而加蓋為燜煮，如煮飯。

5. 溜：將食材掛糊或沾粉（或不掛糊不沾粉）以熱油處理至酥黃或焦黃上色，或上漿後過油或過水，或不上漿不掛糊沾粉直接蒸或煮或燜，與勾了各種不同濃度不同風味的醬芡汁拌合或澆淋之，形成醬汁含量不同、濃度不同具亮麗外觀的烹調法。

溜的烹調法以操作手法與芡汁濃度分有脆溜、焦溜、滑溜、淋溜、軟溜。以調味內涵而言，除了糖醋味、甜鹹味、酸辣味、麻辣味、茄汁味、水果味等，被特別提出的有醋溜、糟溜等。各類溜法分述如下：

(1)脆溜：將食材掛糊或沾粉以熱油過油至酥黃上色，入鍋與最濃的調味芡汁（包芡）拌合即起，芡汁皆裹在食材表面而不留芡汁於盤底，最具亮麗外觀的賣相，具有既香酥且滑軟的口感。不可拌太久而掉了外層粉皮，由於汁濃，不可留太多汁而致黏糊無光。

(2)滑溜：將食材（醃漬）上漿過油或過水後，入鍋與濃的調味芡汁（濃度介於包芡與琉璃芡之間，具半流動狀態而稍濃的濃度）拌合即起，裝盤時只有少許芡汁附著在菜餚與盤底接觸的周邊，並不流出太多反而成為燴菜，具有簡潔、收斂、清亮之美。

(3)焦溜：食材不掛糊或不沾粉以熱油過油至焦黃上色，入鍋與最濃或次濃（包芡或滑溜芡）的調味芡汁拌合即起。

(4)淋溜：將食材掛糊或沾粉（或不掛糊不沾粉）以熱油過油至酥黃上色，將製備好的琉璃芡汁澆淋其上，使具備亮麗且似慢慢流下的觀感（半流動狀態），到餐桌上剛好流到盤底。

6. 煮：將食材置於冷水、熱水或沸水中加熱成熟的烹調法，依食材性質與烹調目的取水或高湯，控制火力，將材料煮至脫生而脆、嫩、軟、硬、柔韌、透、爛、酥，調味而起。

7. 炸：依食材性質與烹調目的，運用不同油溫與火力控制，將食材投入大量油中加熱成熟的烹調法。一般炸的烹調目的是令成品具有熟、香、酥、鬆、脆的特性，多數是金黃上色的，少數可能要求有軟、滑的口感。炸的分類一般有清炸（生炸）、浸炸、淋炸（油淋、油潑）、乾炸、軟炸（含脆炸）、酥炸、鬆炸（高麗炸）、西炸（吉利炸）、包捲炸、紙包炸。

8. 軟炸：將食材掛糊（水粉糊、蛋麵糊、脆漿等）入熱油（約160-180℃），小火慢炸（量少且不易熟者）至金黃香脆或鬆軟而供餐的烹調法，通常掛上任何種類的糊來炸的即稱為軟炸。油溫太低易致脫糊脫水；油溫太高或火力太大可能提早上色致無法熟透。

9. 拌：將一種以上食材處理熟，或將熟的或洗淨減菌不烹煮的，拌合多種調味料調製的烹調法。依熟度區分有生拌、熟拌、生熟拌；依拌時的溫度區分有涼拌、溫拌、熱拌。

10. 涼拌：將生食減菌或熟食冷卻後，拌合多種調味料調製的烹調法。

11. 羹：將食材置於水或高湯中，加熱調味勾芡，使湯汁濃稠，是為羹的烹調法，羹的濃度通常依烹調者的供餐理念而有不同，故不宜硬性界定其濃稠度，即從半流動狀態而稍濃的滑溜芡至半流動狀態而稍稀的燴芡皆適宜，只要不濃得像包芡或稀得像米湯芡即可。燴菜物多汁稍少，羹菜汁多料稍少，汁與料之比例端看供餐需求，需要強調的，較濃的羹久置後，常在表層形成凝結的狀態，這並沒有錯，因為菜餚是要趁熱吃的，不可誤判以為羹汁過濃。

12. 煎：將生的或處理過（醃漬、蒸煮熟、沾粉、糊、漿、包捲）的食材，以少量的油作單平面的加熱，運用鍋溫與油溫讓食材熟化，或依次將食材表面皆均勻加熱，達到外部香酥上色，內部柔嫩的烹調目的。有生煎、熟煎、乾煎的分類，乾煎通常會沾粉煎，但也有不沾粉而只令食材表面儘量保持乾的狀態而下鍋煎的，也叫乾煎。

13. 蒸：運用蒸氣加熱於食材，使成品達到鮮嫩、香濃、軟爛、酥化的烹調目的。一般蒸的菜色會運用中大火，本試題中的蒸蛋，以大、中、小火蒸的都有，亦有大小火力交替運用的。

14. 燒：將煎或炸（熱油過油）或燙或蒸或煮過的食材，或將食材直接拌炒過，以適量的醬汁煮至汁收、味入、色上、濃香而口感柔韌的烹調法。為增黏濃質感，行業中常見起鍋前以勾芡完成之，更添亮麗質感，具適量醬汁。常見燒的烹調法有紅燒、白（黃）燒、軟燒、蔥燒、糟燒、乾燒（含川菜的調味法）。

15. 紅燒：將煎或炸（熱油過油）過的食材，以適量的醬汁煮至汁收、味入、色上、濃香而口感柔韌的烹調法。為增黏濃質感，行業中常見起鍋前以勾芡完成之，更添亮麗質感，具適量醬汁。主要的調味料是醬油及糖，伴隨的可加具有紅色系的調味料，更增色澤。

16. 軟燒：將燙或蒸或煮過的食材，或將食材直接拌炒過，以適量的醬汁煮至汁收、味入、色上、濃香而口感柔韌的烹調法。為增黏濃質感，行業中常見起鍋前以勾芡完成之，更添亮麗質感，具適量醬汁。家常作法的紅燒，也常用軟燒法，取其少用油的優點，其中若有經燙或蒸或煮過的前處理，或將食材直接拌炒過，再進行燒的動作，即是不錯的軟燒法，如開陽白菜、鮑菇燒白菜即是。

17. 烹：將食材經熱油煎或炸（過油）至金黃上色而外酥脆內軟嫩，倒出油入醬料拌合食材大火速收醬汁即起的烹調法，成品得到濃香酥嫩的效果。可分類為掛糊的炸烹，不掛糊的清烹，急速快炒生蔬的炒烹。

18. 扒：食材經煎、過油、蒸、燙、煮、前處理或洗淨後，整齊的排列於鍋內，賦予適量的醬汁，加熱至熟稔，施予濃稠適宜的芡汁，整齊成型，通常味濃質爛，汁液淳濃，亦為半流動狀態（或稍稀）的醬汁，期間可以翻鍋後繼續烹調，烹調結束時將菜餚平移滑至平盤上，最後將菜餚稍做整型，這整個過程是為扒菜。扒菜的意義不大，因為其外觀就是燒、燴菜，而客人又看不到扒的過程，只看到整齊排列的特色，因此強調溫度高又排列整齊就是扒的特色。在考試而言，這溫度高的特色並不具備。

三、食材處理手法釋義

1. 醃漬：食材之預先入味。尺寸較粗之食材，快速烹調完成後，菜餚之調味較難透入食材內而覺得咀嚼較無味道，故將食材預先調味，置放些時以入味，再作後續處理。

2. 上漿：食材以適量蛋白及太白粉或單獨使用太白粉拌合，以求加熱後外觀透明、口感滑順，並得保持材料之柔嫩，防止並延緩直接受熱之質地快速硬化。

3. 拍粉：也稱沾粉，將待炸食材潤濕後，沾上乾粉（麵粉、澱粉或其他粉料或其混合物）的操作。

4. 掛糊：將有助於炸食外層呈現酥黃香脆或酥軟特質的材料（例如蛋、麵粉、澱粉、糯米粉、黃豆粉、發粉、油脂、醋等）加上適量的水分，形成足以裹住食材的裹衣，亦稱「著衣」。

5. 過油：用油來作食材熟化處理有兩大分類：一類是過油，屬於烹調的前處理，即處理後還有後續烹調，因食材屬性與烹調目的而有低油溫過油、中油溫過油與高油溫過油，中、低油溫的過油亦有稱為拉油、滑油；高油溫過油一般通俗的講法即被稱為炸，因其處理過後的半成品與烹調法的炸所處理過後的成品，外觀與質地是相同的；一類是油炸，屬於烹調法，即處理後馬上出菜供人享用，炸亦有低油溫油炸、中油溫油炸與高油溫油炸，端看食材屬性與烹調目的而決定油溫。

6. 過水：狹義的過水是以沸水作食材熟化的前處理。廣義的過水是以水加熱（水鍋或焯水）處理食材以備後續烹調使用。

7. 改刀：加熱處理後，個體較大，不符合烹調目的需求時，所施予的切割處理，以適合該烹調作業的刀工需求的操作。

8.脫生：加熱處理後，除去食物原有的不良氣味且已達到或越過成熟的臨界點。

9.爆香：強化菜餚風味的處理手法，為使菜餚成品更具香氣與良好風味，以香辛料在烹調用的鍋內做慢火熬焗的加熱處理，使香辛料的成分萃取出來，融入菜餚中的操作，爆香後的香料可依烹調需求，留下或撈棄。

10.勾芡：為增菜餚的濃度，以各種澱粉（勾芡用即稱太白粉）加水拌勻，分散淋入菜餚中拌勻加熱糊化，益增其濃稠度。

烹調後芡汁分類：

包芡	最濃的烹調後調味芡汁。與食材拌合即起，芡汁皆裹在食材表面而不留芡汁於盤底。
滑溜芡	介於包芡與琉璃芡之間的濃度，或可形容為半流動狀態而稍濃的芡汁，裝盤時只有少許芡汁附著環繞在菜餚與盤底接觸的一小圈，並不流出太多，濃度可依烹調者的目的需求而定。
羹芡	可為半流動狀態的湯芡汁，濃度可介於滑溜芡與燴芡之間，端看烹調者的目的需求而定，只是做成羹菜，汁量較燴菜多（詳看羹的烹調法）。
琉璃芡	半流動狀態的芡汁，芡汁淋到食材上具有亮麗且似慢慢流下的觀感，到餐桌上剛好流到盤底，濃度可依烹調者的目的需求而定。
燴芡	湯汁呈現半流動狀態而稍稀的芡汁，濃度可因烹調者目的需求而增減，作品外觀通常是菜餚周邊環繞一圈燴汁。
薄芡、水晶芡、米湯芡、玻璃芡、流芡（以上諸名詞皆可為同一濃度）	是最薄的欠汁，濃度似米湯的濃度，因烹調目的需求，濃度略可增減。

11.整形，意指將菜餚盤面整理至整齊清爽不凌亂之意，另外，也是烹調手法的手工菜製作。

中餐烹調丙級技術士技能檢定術科測試抽籤暨領用卡表簽名表

中餐烹調丙級技術士技能檢定術科測試抽籤暨領用卡單簽名表	301□
材料清點卡、測試過程刀工作品規格卡、測試過程烹調指引卡	302□

准考證編號	術科測試爐檯崗位	測試題組	應檢人簽名（每一位）	抽題者簽名（編號最小者）	監評長簽名	場地代表簽名	備註
1							
2							
3							
4							
5							
6							
7							
8							
9							
10							
11							
12							

場次	上午□	下午□	日期	年	月	日

1.請術科測試編號最小者之應檢人，將所抽得題組之號碼，填入其術科測試編號列之測試題組欄內，並完成簽名手續。

2.次由工作人員在抽題者之測試題組欄以下，依序填入每位應檢人對應之題組號碼，並再三核對。

3.再請其他應檢人核對其測試題組，核對無誤後，完成每一位應檢人簽名手續。

4.於簽名同時依序完成並確認三卡之核發。

附錄一　三段式打蛋法

	1.準備兩個碗，含裝蛋的碗共三個，第一個動作，敲破蛋殼撥開。
	2.第二個動作，將蛋倒入第二個碗，檢視蛋有無異樣腐壞。
	3.第三個動作，檢視完蛋無異樣腐壞後，由第二個碗倒入第三個碗混合。

附錄二　廚房配置圖

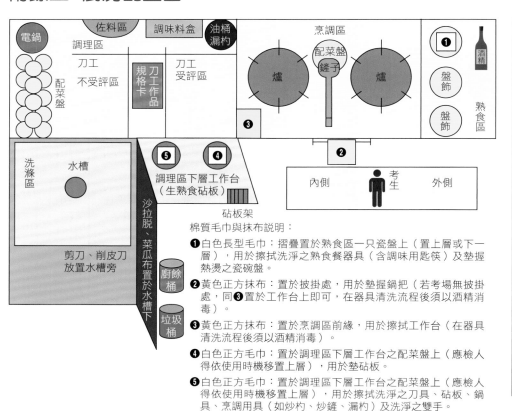

棉質毛巾與抹布說明：

❶白色長型毛巾：摺疊置於熟食區一只瓷盤上（置上層或下一層），用於擦拭洗淨之熟食餐器具（含調味用匙筷）及墊握熱燙之瓷碗盤。

❷黃色正方抹布：置於披掛處，用於墊握鍋把（若考場無披掛處，同❸置於工作台上即可，在器具清洗流程後須以酒精消毒）。

❸黃色正方抹布：置於烹調區前緣，用於擦拭工作台（在器具清洗流程後須以酒精消毒）。

❹白色正方毛巾：置於調理區下層工作台之配菜盤上（應檢人得依使用時機移置上層），用於墊砧板。

❺白色正方毛巾：置於調理區下層工作台之配菜盤上（應檢人得依使用時機移置上層），用於擦拭洗淨之刀具、砧板、鍋具、烹調用具（如炒杓、炒鏟、漏杓）及洗淨之雙手。

PART D 刀工、水花及盤飾示範

一、刀工示範

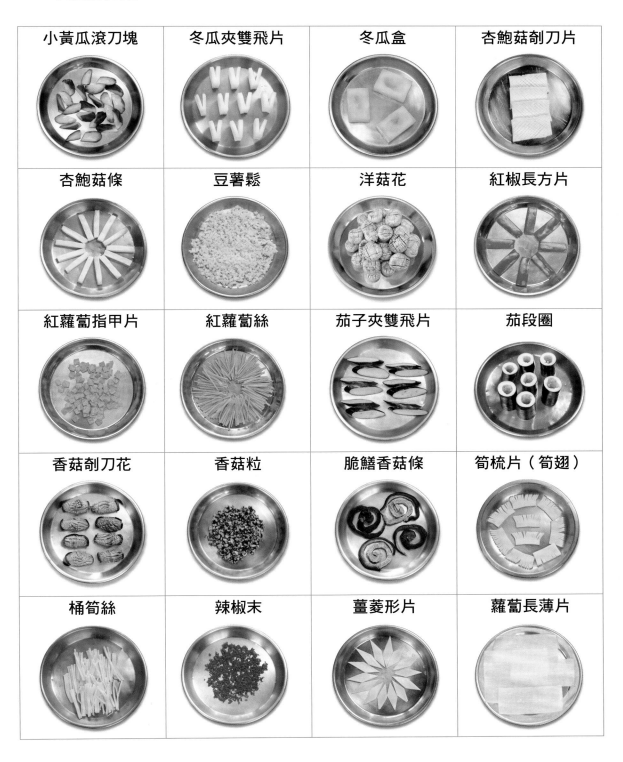

小黃瓜滾刀塊	冬瓜夾雙飛片	冬瓜盒	杏鮑菇剞刀片
杏鮑菇條	豆薯鬆	洋菇花	紅椒長方片
紅蘿蔔指甲片	紅蘿蔔絲	茄子夾雙飛片	茄段圈
香菇剞刀花	香菇粒	脆鱔香菇條	筍梳片（筍翅）
桶筍絲	辣椒末	薑菱形片	蘿蔔長薄片

刀工	示範步驟
小黃瓜滾刀塊 	 ❶將小黃瓜洗淨，去除頭尾。	 ❷將小黃瓜平放，以45度角斜刀切下。將小黃瓜向內側轉動約45度角，再以45度角斜刀切下。	 ❸重複前項動作，邊轉邊切。
冬瓜夾雙飛片 	 ❶將冬瓜洗淨後去皮去籽，切成約長6公分、寬4公分以上的長方塊，再以45度角切掉兩端的直角。	 ❷在約0.5公分寬處，將冬瓜塊一刀切2/3深，不切斷，再隔0.5公分處一刀切斷。	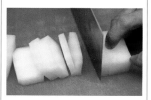 ❸重複上述一刀不切斷再一刀切斷的方法，切出雙飛刀冬瓜夾。
冬瓜盒 	 ❶將冬瓜洗淨後去皮去籽，四邊修平整，切為寬6公分的長方塊。	 ❷以尺量出寬度4公分的位置，切出長、寬各為6公分、4公分的長方體。	 ❸以小刀或湯匙，將長方體中間挖出圓形凹槽即成。

刀工	示範步驟		
杏鮑菇剞刀片 	 ❶將杏鮑菇洗淨後，將頭部及底部切除，再將四邊修平整，成為長約4~6公分的長方體。	 ❷接著將立方體切為厚度0.5公分的長方片。	 ❸在杏鮑菇片上斜切出間隔和深度約0.3~0.5公分的刀紋，不可切斷，再將杏鮑菇片轉向，以同樣方式切出刀紋，即成交叉狀的格子紋。
杏鮑菇條 	 ❶將杏鮑菇洗淨後，將杏鮑菇的頭尾切平整，長度約4~6公分，再將四邊切平整。	 ❷接著切出厚0.5~1公分的長方片。	 ❸再將長方片切為寬0.5~1公分的長方條。
豆薯鬆 	 ❶豆薯洗淨去除皮後，將一邊切平整，放置平穩，再切成厚0.1~0.3公分片狀。	 ❷將豆薯片轉向，切成0.1~0.3公分寬的細絲。	 ❸把豆薯絲橫放，對齊，直切成寬0.1~0.3公分的細鬆。

刀工	示範步驟

洋菇花

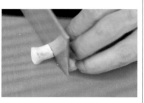

❶ 洋菇擦淨後將蒂頭去除，菇蒂面朝上放好。

❷ 在菇蒂切出刀紋，深度為洋菇的1/2，不能切斷。每刀間隔0.3~0.5公分。

❸ 將洋菇轉90度，以同樣方式切出刀紋，即成交叉格子狀。

紅椒長方片

❶ 紅甜椒洗淨後將尾部和頭部切除，取長4公分。

❷ 將紅甜椒切開平放，將籽及白色莖膜完全切除乾淨。

❸ 再切為寬約2公分的長方片。

紅蘿蔔指甲片

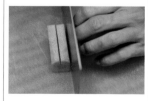

❶ 紅蘿蔔洗淨後先切段，再將四邊切工整。再切成約0.5~1公分厚的片狀。

❷ 將紅蘿蔔片切為寬度約0.5公分的條狀。

❸ 將紅蘿蔔條擺放整齊，切出厚度約0.2公分的指甲片。

刀工	示範步驟		
紅蘿蔔絲 	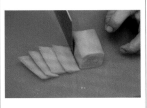 ❶紅蘿蔔洗淨後取中段約4~6公分，將頭、尾、四個邊切齊，成為長方塊。	 ❷再將紅蘿蔔切成厚約0.2公分的薄片。	 ❸將紅蘿蔔片平放排整齊，切成寬約0.2公分的細絲。
茄子夾雙飛片 	 ❶茄子洗淨後，用刀斜切45度角切除頭部，讓斜切面長約4~6公分。	 ❷保持45度角，隔0.2~0.4公分切一刀不切斷，深至茄子2/3處。	 ❸再隔0.2~0.4公分切一刀切斷，即成一個茄夾，重複此一刀不斷一刀切斷步驟即可。
茄段圈 	 ❶將茄子洗淨後切成4~6公分長段。	 ❷以湯匙尾端插入切面中間，沿茄子內緣旋轉一圈。	 ❸抽除中心茄肉部分即成。

刀工	示範步驟		

香菇剞刀花

❶將香菇泡發後，剪去蒂頭，在菇蒂面切出刀紋，深度為香菇的1/2，不能切斷。每刀間隔0.3~0.5公分。

❷將香菇轉90度，以同樣方式切出刀紋。

❸呈現可彎曲的格子紋。

香菇粒

❶將香菇泡發後，剪去蒂頭。

❷切成寬0.1~0.3公分的絲狀。

❸將香菇絲橫放整齊，直切成寬0.1~0.3公分小顆粒。

脆鱔香菇條

❶將香菇泡發後，剪去蒂頭。

❷用剪刀延著香菇的邊緣剪成寬約0.5公分的條狀，邊剪邊旋轉。

❸最後剪至香菇的中央，即完成。

刀工	示範步驟

筍梳片（筍翅）

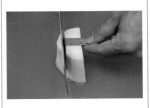

❶取桶筍中後段約4~6公分長。將桶筍中後段切對半，再切成長4~6公分、寬2~3公分的筍方塊。

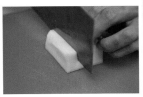

❷取筍方塊較大的一面朝上，延續切出刀口，深度為筍塊的2/3，不能切斷。每刀間隔0.2公分，重複動作至切完。

❸將筍方塊轉90度方向，切出厚約0.2公分的梳子片。

桶筍絲

❶取桶筍中後段，並切對半。將桶筍的四個邊切平整，成為長寬各為4~6公分、高約2~3公分的筍方塊。

❷將筍方塊切成寬約0.2公分的片狀。

❸將筍片排整齊，切成寬約0.2公分的筍絲。

辣椒末

❶紅辣椒去除蒂頭，再剖對半。拍扁辣椒後，將辣椒籽刮除。

❷將辣椒從中切為2段，再轉90度，切成0.2公分寬的絲狀。

❸辣椒絲橫放擺整齊，再直切成0.2公分寬的辣椒末。

刀工	示範步驟

薑菱形片

❶ 將中薑的四個邊切平整。

❷ 把中薑平放，切成寬1公分，長2公分，斜45度角的菱形塊。

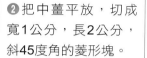

❸ 將薑菱形塊轉向站立，切成厚0.2公分的菱形片。

蘿蔔長薄片

❶ 將蘿蔔去皮，切長度約12公分一段，再將四邊修平整，切出寬約4公分一塊。

❷ 切將蘿蔔塊豎立，切出厚約0.2公分的薄片。

❸ 切到後面較薄處，可將蘿蔔轉向放平，以橫向平刀方式片出薄片。

二、水花示範

榕樹	等腰松樹	長方斜葉	長方鋸齒
長方壽字	菱形鋸齒	菱形雙帶	半圓葉片
半圓魚形	半圓蝙蝠	半圓飛鳥	月牙蜘蛛
正方蝶片	正方飛鏢	梯形蝴蝶	

水花完成圖	示範步驟

榕樹

❶取紅蘿蔔中段（寬約3~4公分），切除兩邊成為一個三角圓。

❷將弧形圓邊修飾圓潤。

❸順著直邊切一刀小斜角，再一刀大斜角，重複兩次，由小到大依序切出三個鋸齒紋。

❹將紅蘿蔔轉向，重複步驟3的動作，在另一直邊也切出三個鋸齒紋。

❺翻面，使圓弧面朝上，找出中間點，從左、右兩側各移0.5公分各切一刀，深約0.5公分。

❻再翻面，由弧形邊緣順著弧度切至中央的切口處。

❼再轉向，將另一面也由弧形邊緣順著弧度切至中央的切口處。

❽檢視兩邊是否對稱均勻。

❾切成0.3公分片狀即成。

水花完成圖	示範步驟		

等腰松樹

❶取紅蘿蔔尾段（寬約6公分），切除四個邊成為長方塊。

❷找出中間點，斜切兩刀，讓中間成為三角形塊狀。

❸從一斜面下刀，先在接近尖端處切一刀小斜刀，再切一刀大斜刀，切出一個缺口。

❹重複三次，由小到大依序切出四個鋸齒紋。

❺將紅蘿蔔轉向，重複步驟3及步驟4的動作，在另一直邊也切出四個鋸齒紋。

❻在三角形底部找出中間點，從左、右兩側各切一小斜刀，深約0.5公分。

❼再從底部尖端斜切，切至與步驟6斜刀交會，另一邊用相同對稱切法，切出松樹底部。

❽檢視有無對稱均勻。

❾再切為0.3公分片狀。

水花完成圖	示範步驟

長方斜葉

❶取紅蘿蔔前中段（寬約3~4公分），放平後先切除左右兩邊。

❷再將另外兩邊也切齊，使紅蘿蔔中間成長方塊。

❸將紅蘿蔔橫立，從一端往對角切出一個四分之一的圓弧。

❹於圓弧面上先切一刀小斜刀，再切一刀大斜刀，切出一個缺口，依序等距切出五個斜V缺口。

❺接近圓弧形的尾端時，可以將紅蘿蔔靠在桌角邊，刀子傾斜，切出斜V缺口。

❻將紅蘿蔔轉向，平面朝上，依步驟4方式，也依序等距切出五個斜V缺口。

❼底部以中線為準，左右各切一個V形缺口，形成如W狀缺口。

❽檢視形狀是否均勻無缺。

❾再切成0.3公分片狀。

水花完成圖	示範步驟		

長方鋸齒

❶ 取紅蘿蔔尾端一段，寬約4公分。

❷ 將四個面切除，成為一個長方塊。

❸ 用刀在長邊的一面劃出中間線為基準點。

❹ 以中間線為主軸，兩邊各距離0.2公分處下直刀。

❺ 從直刀旁切一斜刀，至與直刀交會處，切出一個缺口。

❻ 以一小斜刀一大斜刀方式，等距再切出兩個缺口。

❼ 將紅蘿蔔轉向，重複步驟5~6的動作，將另一面也切出三個缺口。

❽ 將紅蘿蔔翻面，重複步驟3~7的動作，將另一面也切出同樣的缺口。

❾ 檢視兩邊是否對稱均勻，再切為0.3公分片狀。

水花完成圖	示範步驟		
長方壽字  	 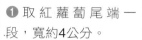 ❶ 取紅蘿蔔尾端一段，寬約4公分。	 ❷ 將四個面切除，成為一個長方塊。	 ❸ 用刀在長邊的一面劃出中間線為基準點，從左右各切一斜刀，切出一個V形缺口。
	 ❹ 在中間缺口的兩旁，以小斜刀再大斜刀方式，各再切出一個缺口。以相同方式，在紅蘿蔔另一面切出相同花紋。	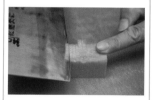 ❺ 以片刀的方式，在角落切出較薄而深的缺口。	  ❻ 將紅蘿蔔轉向，在對稱的另一面也切出相同缺口，共切出四個薄而深的缺口。
	 ❼ 將紅蘿蔔直立，以中線為準，左右各切一個V形缺口，形成如W狀缺口。	 ❽ 將紅蘿蔔轉向，在另一面也切出形成如W狀缺口。	 ❾ 檢視兩邊是否對稱均勻，再切為0.3公分片狀。

水花完成圖	示範步驟

菱形鋸齒

❶ 取紅蘿蔔中尾端，兩刀平行斜切，切出寬度3公分的紅蘿蔔塊。

❷ 將紅蘿蔔塊平放，先將兩邊的圓弧度切掉。

❸ 再紅蘿蔔塊轉向，將另外兩邊的圓弧度切掉。

❹ 修切成適度大小的菱形塊。

❺ 將菱形面朝外站立，一刀小斜度，一刀大斜度，兩刀匯集於一處，切出V字形缺口，四個斜面各切出兩個斜V缺口。

❻ 檢視缺口是否對稱均勻一致。

❼ 切出0.3公分片狀。

水花完成圖	示範步驟

菱形雙帶

❶取紅蘿蔔中尾端，兩刀平行斜切，切出寬度3公分的紅蘿蔔塊。

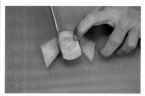

❷將紅蘿蔔塊平放，先將兩邊的圓弧度切掉。

❸再紅蘿蔔塊轉向，將另外兩邊的圓弧度切掉，修切成適度大小的菱形塊。

❹菱形面朝外站立，將刀從上方往下0.2公分處橫切至三分之二處，一邊切一邊微向下壓。

❺再於上方往下0.4公分處橫切至前一刀交接處，切出較薄而深的缺口。

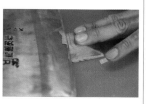

❻於上方切出兩個斜V缺口。

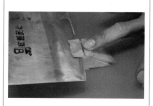

❼向右轉面，切一直刀和一斜刀，切出一V形缺口。

❽重複步驟4~7的動作，在相對的另一面切出同樣缺口，再檢視是否對稱均勻。

❾再切0.3公分片狀。

半圓葉片

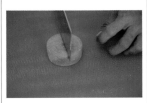

❶取中端紅蘿蔔圓塊，再從中間對切半。

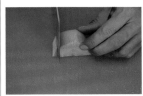

❷於五分之一處，將圓角切平。

❸在側面中間上下0.2公分處各切一直刀，深約0.5公分。

❹從上方切一直刀，與橫切的刀口交會，切出一個直角。

❺將紅蘿蔔翻面，再切一直刀，切出另一直角，成為葉子蒂頭部分。

❻在圓弧面上切出兩個有弧度的V字形缺口。可靠近桌邊，由下往上切。

❼將紅蘿蔔翻面，在圓弧面的另一面也切出兩個斜V缺口。

❽檢視是否具備均勻美觀的葉子形狀。

❾再切0.3公分片狀。

水花完成圖	示範步驟

半圓魚形

❶ 取紅蘿蔔前端先切出圓塊，再切對半，成半圓形，並將半圓形側面的弧度修圓整。

❷ 於半圓之1/4處切出三角形缺口，成為魚頭上方部分。

❸ 在底部平面1/4處切出一個V形缺口，將紅蘿蔔轉向，在另一邊1/4處也切出一個V形缺口。

❹ 在底部平面處的中間，向左右各切一斜V形缺口。

❺ 將紅蘿蔔圓弧面朝上，從魚頭處開始，以一小斜刀再一大斜刀方式切出缺口。

❻ 以同樣方式等距切出一排鋸齒狀缺口，直到接近底部。

❼ 將紅蘿蔔尾部靠近桌子邊緣，刀子由下朝上切出魚尾上方的弧形。

❽ 在魚頭的尖端切出淺V字形缺口，成魚嘴。

❾ 檢視成品有無要修正之處，再切0.3公分左右片狀。切片後，在魚頭部位以牙籤戳洞做出魚眼，即完成。

水花完成圖	示範步驟		

半圓蝙蝠

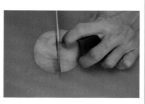

❶先取紅蘿蔔前端圓塊，再切對半，成為半圓形。

❷將半圓形側面的弧度修圓整。

❸在於半圓的平面處中間位置，切出大V字形缺口，再於兩邊各切出斜V字形缺口。

❹將紅蘿蔔圓弧面朝上，於圓弧面兩端下方各切出一個直角缺口。

❺在圓弧面中心點外側約0.5公分處，沿著圓弧切至紅蘿蔔高度的一半。

❻從中間處沿著圓弧切至與前一刀交會，成為深而斜的V形。將紅蘿蔔轉向，在另邊也切出相同圖案。

❼以圓弧中間為準，向左右各切一個V形缺口，形成一個W形。

❽檢視整體是否均衡對稱。

❾切出0.3公分的片狀。

水花完成圖	示範步驟

半圓飛鳥

❶先取紅蘿蔔前端圓塊，再切對半，成為半圓形，將半圓形的弧度修圓整。

❷在半圓的平面中間處，以中間線為準，從兩邊切下兩刀平行斜刀，距離0.5公分寬，深約0.5公分。

❸以斜刀從兩邊分別向內斜切，至平行斜刀口處，並取出多於部分。

❹將紅蘿蔔圓弧面轉向朝上，於十點鐘和兩點鐘方向各切出一個缺口。

❺再將缺口兩端修出圓弧。

❻以中線為準，往左右各切出一個斜V形，形成一個倒M形。

❼將紅蘿蔔靠近桌邊，在兩邊下面弧形上各切出兩個斜V字形缺口，成為鳥的翅膀。

❽檢視整體是否均衡對稱。

❾再切出0.3公分片狀。

水花完成圖	示範步驟		

月牙蜘蛛

❶先取紅蘿蔔前端圓塊，再切對半，成為半圓形。將半圓形側面的弧度修圓整。

❷於半圓紅蘿蔔的1/5處切平。

❸於剛才切出的平面，再以中間為準，左右各切出一個V形缺口，形成一個M形。

❹在圓弧面靠近切口處，切出兩個斜V字形缺口。

❺在紅蘿蔔底部平面靠近切口處，切出兩個斜V字形缺口。

❻圓弧面朝下，以食指、大拇指固定，從0.3公分處沿著圓弧切至中間不能斷。

❼從剛才下刀處上方處下刀，沿著圓弧切至剛才的中間點交會，

❽將紅蘿蔔靠近桌緣，以刀口朝上的方式，在圓弧形的缺口內，切出三個等距的斜V字形缺口。

❾檢視所切的造型是否具有美感、刻度是否適中，再切出0.3公分的片狀。

水花完成圖	示範步驟		
正方蝶片   	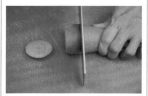 ❶取紅蘿蔔的前段圓塊（寬約3~4公分）。	 ❷平放後切除四個邊，切齊成為正方形。	 ❸在中央畫一條線，做出記號。
	 ❹以中間為中心點，往兩側各外推0.3公分，斜切一刀至中心點，形成一個大V字形缺口。	 ❺在大V字形缺口的外側切一小短斜刀。	 ❻於小斜刀的外側再切一刀大長斜刀，兩刀會集於一處，切出一個斜V形缺口。
	 ❼將紅蘿蔔轉向，在另一邊切出對稱的斜V缺口。	 ❽重複步驟3~7的動作，將另三面切出相同圖案。	 ❾檢視外觀整體是否均衡對稱，再切出0.3公分的片狀。

水花完成圖	示範步驟		
正方飛鏢	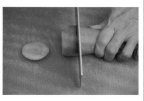		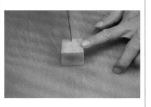
	❶取紅蘿蔔的前段圓塊（寬約3~4公分）。	❷平放後切除四個邊，切齊成為正方形。	❸在中央畫一條線，做出記號。
			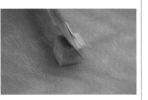
	❹以中間為準，外推至1/2的位置，切出外角斜刀。	❺再從中央下刀，以大斜角切至外角斜刀處，切出一個斜V形缺口。	❻將紅蘿蔔轉向，在另一邊切出對稱的斜V缺口。
		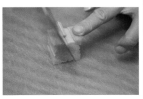	
	❼接著在中心點切一個深V字形缺口，缺口的兩條斜邊須對稱。	❽重複步驟3~7的動作，將另三面切出相同圖案。	❾檢視外觀整體是否均衡對稱，再切出0.3公分的片狀。

水花完成圖	示範步驟

梯形蝴蝶

❶取紅蘿蔔的前段圓塊（寬約3~4公分），切除四個邊，切成上寬下窄的梯形。

❷在梯形較長一面的中間切出一個V字形缺口。

❸在V字形缺口的旁邊切出一個朝內伸入的斜v字形缺口。

❹將紅蘿蔔轉向，在V字形缺口的另一側也切出一個朝內伸入的斜v字形缺口。

❺將紅蘿蔔翻面，在梯形較短的一面劃出中間線。

❻在中間線兩邊各切出一個V字形缺口，形成一個W字形。

❼轉向至梯形的側面，劃出中間線，在中間線的左右各斜切一刀，至中間線交會，形成一個大V字形缺口。

❽將紅蘿蔔翻面，在另一側面以同樣方式切出相同花紋。

❾檢視所切的造形是否均衡對稱，再切出0.3公分的片狀。

三、盤飾示範

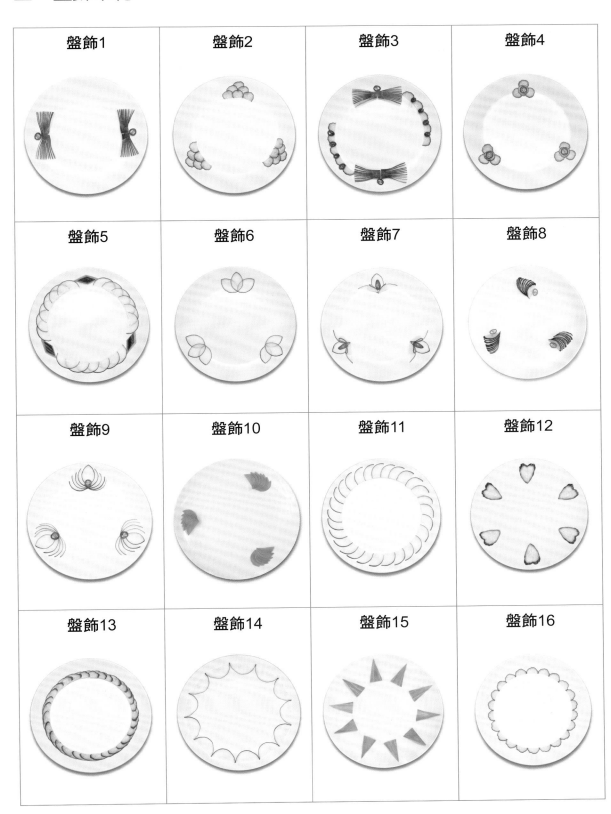

盤飾1	盤飾2	盤飾3	盤飾4
盤飾5	盤飾6	盤飾7	盤飾8
盤飾9	盤飾10	盤飾11	盤飾12
盤飾13	盤飾14	盤飾15	盤飾16

盤飾1

刀工	示範步驟

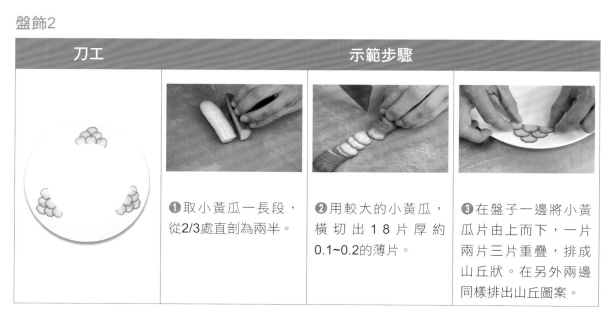

❶將大黃瓜切四分之一塊。

❷去除中心果肉部分。

❸切成5公分長段。

❹對切為寬1.5公分長條狀。

❺切為每片0.1公分厚連刀片不斷至四分之三深。依同樣做法切出四組。

❻在盤子邊對角各排兩個,向外擺成扇形片。於大黃瓜交接處放上紅辣椒圈。

盤飾2

刀工	示範步驟

❶取小黃瓜一長段,從2/3處直剖為兩半。

❷用較大的小黃瓜,橫切出18片厚約0.1~0.2的薄片。

❸在盤子一邊將小黃瓜片由上而下,一片兩片三片重疊,排成山丘狀。在另外兩邊同樣排出山丘圖案。

盤飾3

刀工	示範步驟

❶依盤飾1步驟1-5，將大黃瓜段切出四個扇形片，在盤子上排成對角兩組。

❷取小黃瓜半條，從中直剖為兩半。

❸將小黃瓜橫切出10片厚約0.1~0.2的薄片。

❹在盤子上的大黃瓜扇形片邊排上五片小黃瓜半圓片。

❺在相對的另一邊也排上五片小黃瓜半圓片。

❻取紅辣椒橫切為小圓片。在大黃瓜扇形片交接處和小黃瓜片交接處放上紅辣椒圈。

盤飾4

刀工	示範步驟

❶取小黃瓜一段，切出12片厚約0.1~0.2的圓薄片。

❷在盤子對角三邊，分別將三片小黃瓜片排成緊鄰三角，中間再疊上一片小黃瓜片。

❸取辣椒切三個辣椒圈，將辣椒圈放在小黃爪片上即完成。

盤飾5

刀工	示範步驟

❶ 取大黃瓜中段對剖成兩半。切成厚0.1~0.2公分半圓片，共18片。

❷ 取一條小黃瓜，直切剖半，再直切剖半成為四分之一，再將其中心果肉部分切除。

❸ 小黃瓜片去頭尾，斜刀切出三片菱形片。

❹ 取一塊紅蘿蔔，將其切成菱形塊，再切出三片菱形片，要比小黃瓜菱形片略大一點。

❺ 大黃瓜6片為一組，交叉重疊，排於盤子三邊，每組中間預留紅蘿蔔菱形片空間。

❻ 在大黃瓜片空隙處擺上菱形紅蘿蔔片，再疊上小黃瓜菱形片。

盤飾6

刀工	示範步驟

❶ 取一段大黃瓜對半剖開，再利用半邊大黃瓜切出圓弧形。

❷ 切出18片厚約0.1~0.2公分的半月形大黃瓜片。

❸ 兩片圓弧片平切面緊鄰成葉子狀，先排出左右兩邊，中間再疊在上面。在盤子另兩邊同樣排好，共排成三組在對角三邊。

盤飾7

刀工	示範步驟

❶ 取一段大黃瓜對半剖開。將半邊的大黃瓜放平,再用刀橫切對半。

❷ 先切出6片厚約0.1~0.2公分的半月形大黃瓜片。再切出6組一刀不斷(3/4深)一刀斷的夾刀片。

❸ 先將2片狀大黃瓜片合成葉子狀,分別放在三邊。

❹ 將大黃瓜夾刀片的其中一片往內反摺。

❺ 將大黃瓜夾刀片放在葉子兩邊。

❻ 再斜切三片辣椒片,放在大黃瓜片至中點上即完成。

盤飾8

刀工	示範步驟

❶ 取小黃瓜一條,從中間對剖為半。取半條小黃瓜,以45度斜刀切除頭部。

❷ 以切蝴蝶片方式,頂端預留0.5公分左右,以45度斜刀切8-10片再切斷。共切三組。

❸ 將三組黃瓜片放在盤中對角三邊,用手將黃瓜片展開呈扇形。取紅辣椒橫切三片辣椒圓片,放在扇形黃瓜片頂端即可。

盤飾9

刀工	示範步驟

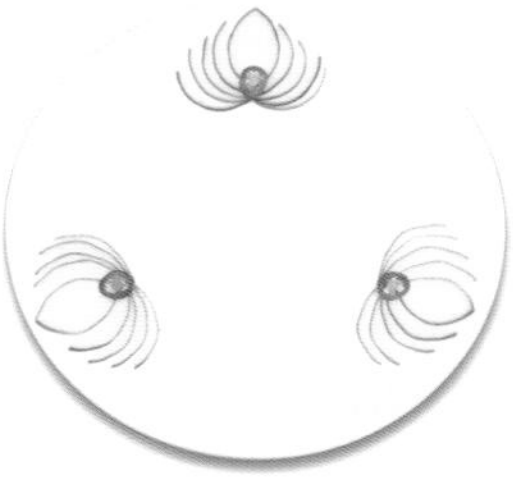

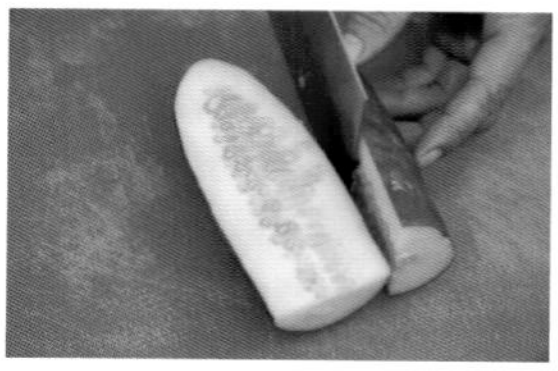

❶取一段大黃瓜對半剖開。

❷將半邊的大黃瓜放平,再用刀橫切對半。

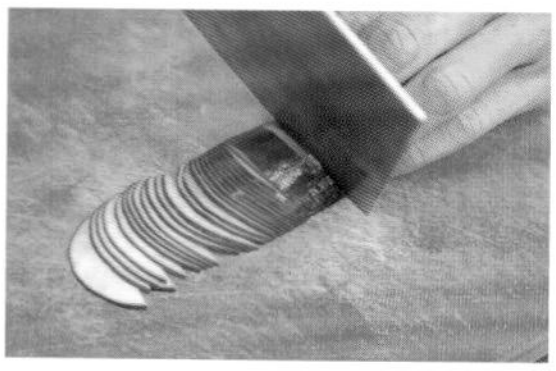

❸切出30片厚約0.1~0.2公分的半月形大黃瓜片。

❹兩邊各用4片大黃瓜片重疊排好。

❺中間用2片大黃瓜片合成葉子狀。在盤子另兩邊同樣做另兩個。

❻取辣椒切三個辣椒圈。將辣椒圈放在大黃爪片上即完成。

盤飾10

刀工	示範步驟

❶取紅蘿蔔中段,切下兩邊三分之一圓弧型。

❷用圓弧部分切出厚0.1~0.2公分圓弧型片21片。

❸一組7片重疊,將其放在盤子一邊,以下方為中心點不動,外圍向左右移出成為扇形。在盤子另兩邊同樣做另兩個。

盤飾11

| 刀工 | 示範步驟 |

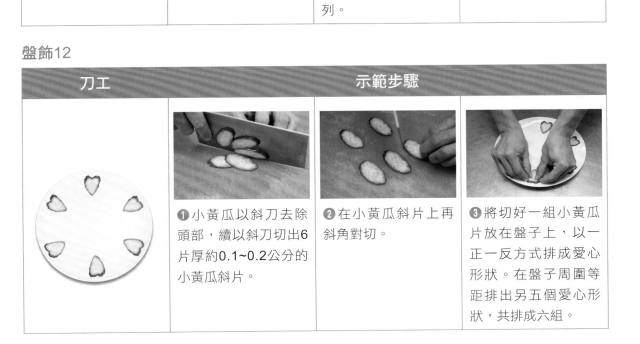

❶ 大黃瓜去除頭尾，取中段。

❷ 將大黃瓜對半剖開。

❸ 再將大黃瓜切除1/3。

❹ 將2/3大黃瓜塊切出厚約0.1~0.2公分的大黃瓜片。

❺ 以圓形麻口碗作為輔助，放置盤子正中央，將大黃瓜片（果皮向外）沿碗緣排列。

❻ 將大黃瓜片圍成一圈，再拿掉麻口碗即可。

盤飾12

| 刀工 | 示範步驟 |

❶ 小黃瓜以斜刀去除頭部，續以斜刀切出6片厚約0.1~0.2公分的小黃瓜斜片。

❷ 在小黃瓜斜片上再斜角對切。

❸ 將切好一組小黃瓜片放在盤子上，以一正一反方式排成愛心形狀。在盤子周圍等距排出另五個愛心形狀，共排成六組。

盤飾13

刀工	示範步驟

❶小黃瓜去除頭尾

❷將小黃瓜對半剖開。

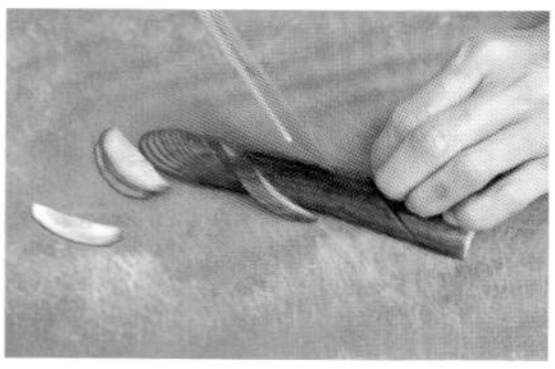

❸用半圓小黃瓜以斜刀方式切出厚約0.1~0.2公分的小黃瓜斜片。

❹以圓形麻口碗作為輔助,放置盤子正中央,將小黃瓜片(果皮向外)沿碗緣重疊排列。

❺直到小黃瓜片銜接圍成一圈。

❻取走圓形麻口碗,調整小黃瓜片的位置,修整為圓形。

盤飾14

刀工	示範步驟

❶大黃瓜去除頭尾,取中段,將大黃瓜對半剖開。

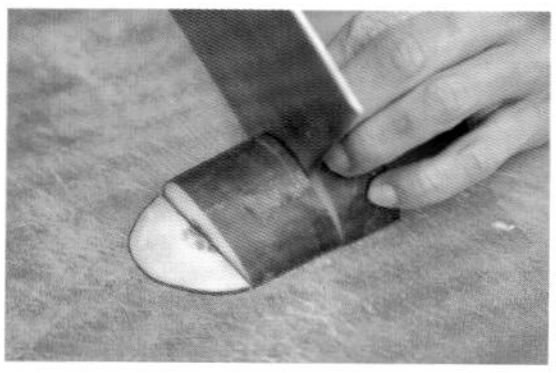

❷用半圓大黃瓜切出厚約0.1~0.2公分的大黃瓜片。

❸將大黃瓜以果皮向內方式在盤子外緣接連排列,直到銜接圍成一圈,再調整為圓形。

盤飾15

刀工	示範步驟

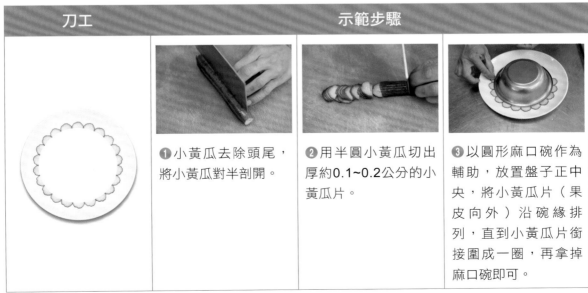

❶取紅蘿蔔尾端（平切），長度約5公分。

❷將紅蘿蔔一面切平。

❸轉向平面朝砧板，將另兩側切除成V形，再轉向將最後一面切平，成為等腰三角形塊狀。

❹將等腰三角形紅蘿蔔塊切成厚約0.1~0.2公分的片狀。

❺將三角形紅蘿蔔片的尖端向外，以每片間距2公分，在盤子外緣依序排列。

❻排成一圈成為圓狀即可。

盤飾16

刀工	示範步驟

❶小黃瓜去除頭尾，將小黃瓜對半剖開。

❷用半圓小黃瓜切出厚約0.1~0.2公分的小黃瓜片。

❸以圓形麻口碗作為輔助，放置盤子正中央，將小黃瓜片（果皮向外）沿碗緣排列，直到小黃瓜片銜接圍成一圈，再拿掉麻口碗即可。

61

PART E 術科試題

301 題組成品總圖

301-1	❶ 榨菜炒筍絲 P.67	❷ 麒麟豆腐片 P.68	❸ 三絲淋素蛋餃 P.69
301-2	❶ 紅燒烤麩塊 P.73	❷ 炸蔬菜山藥條 P.74	❸ 蘿蔔三絲卷 P.75
301-3	❶ 乾煸杏鮑菇 P.79	❷ 酸辣筍絲羹 P.80	❸ 三色煎蛋 P.81
301-4	❶ 素燴杏菇捲 P.85	❷ 燜燒辣味茄條 P.86	❸ 炸海苔芋絲 P.87
301-5	❶ 鹽酥香菇塊 P.91	❷ 銀芽炒雙絲 P.92	❸ 茄汁豆包卷 P.93
301-6	❶ 三珍鑲冬瓜 P.97	❷ 炒竹筍梳片 P.98	❸ 炸素菜春捲 P.99

301-7	❶ 乾炒素小魚乾 P.103	❷ 燴三色山藥片 P.104	❸ 辣炒蒟蒻絲 P.105
301-8	❶ 燴素什錦 P.109	❷ 三椒炒豆乾絲 P.110	❸ 咖哩馬鈴薯排 P.111
301-9	❶ 炒牛蒡絲 P.115	❷ 豆瓣鑲茄段 P.116	❸ 醋溜芋頭條 P.117
301-10	❶ 三色洋芋沙拉 P.121	❷ 豆薯炒蔬菜鬆 P.122	❸ 木耳蘿蔔絲球 P.123
301-11	❶ 家常煎豆腐 P.124	❷ 青椒炒杏菇條 P.125	❸ 芋頭地瓜絲糕 P.126
301-12	❶ 香菇柴把湯 P.133	❷ 素燒獅子頭 P.134	❸ 什錦煎餅 P.135

301-1

榨菜炒筍絲、麒麟豆腐片、三絲淋素蛋餃

第一階段：清洗、切配、工作區域清理（90分鐘）

一、材料明細

名稱	規格描述	重量（數量）	備註
乾香菇	外型完整，直徑4公分以上	5朵	
乾木耳	葉面泡開有4公分以上	1大片	10克以上／片
榨菜	體型完整無異味	200克以上1顆	
生豆包	形體完整、無破損、無酸味	1塊	50克／塊
板豆腐	老豆腐，不得有酸味	400克以上	注意保存
桶筍	合格廠商效期內	100克以上	若為空心或軟爛不足需求量，應檢人可反應更換
青椒	表面平整不皺縮不潰爛	60克	
紅辣椒	表面平整不皺縮不潰爛	1條	
小黃瓜	鮮度足，不可大彎曲	1條	80克以上／條
大黃瓜	表面平整不皺縮不潰爛	1截	6公分長
芹菜	新鮮青翠	80克	
紅蘿蔔	表面平整不皺縮不潰爛	300克	空心須補發
中薑	夠切絲的長段無潰爛	100克	
雞蛋	外形完整鮮度足	4個	

二、清洗流程

(一)清洗器具：瓷碗盤→配料碗盤盆→鍋具→烹調用具（菜鏟、炒杓、大漏杓、調味匙、筷）→刀具（噴酒精）→砧板（噴酒精）→抹布（噴酒精）。

(二)預備工作：炒菜鍋裝水5分滿、蒸籠底鍋裝水3分滿。

(三)清洗食材順序：

  1.乾貨類：泡洗乾香菇→泡洗乾木耳。

  2.加工食品類：桶筍→榨菜→生豆包→板豆腐洗淨。

  3.不需去皮蔬果類：青椒去頭尾對剖開，去籽去內膜白梗→紅辣椒去蒂頭→小黃瓜去頭尾→大黃瓜洗淨→芹菜去葉子及尾部。

  4.需去皮根莖類：紅蘿蔔去皮→中薑去皮。

  5.蛋類：雞蛋洗淨外殼。

三、切配流程

(一)菜名與食材切配依據

菜餚名稱	主要刀工	烹調法	主材料類別	材料組合	水花款式	盤飾款式
榨菜炒筍絲	絲	炒	桶筍	榨菜、桶筍、青椒、紅辣椒、中薑		參考規格明細
麒麟豆腐片	片	蒸	板豆腐	乾香菇、板豆腐、紅蘿蔔、中薑	參考規格明細	
三絲淋素蛋餃	絲、末	淋溜	雞蛋	乾香菇、乾木耳、生豆包、桶筍、小黃瓜、芹菜、中薑、紅蘿蔔、雞蛋		

(二)受評刀工規格明細

材料	規格描述（長度單位：公分）	數量	備註
紅蘿蔔水花片	指定1款，指定款須參考下列指定圖（形狀大小需可搭配菜餚）	6片以上	
薑水花	自選1款	6片以上	
配合材料擺出兩種盤飾	下列指定圖3選2	各1盤	
木耳絲	寬0.2～0.4，長4～6，高（厚）依食材規格	20克以上	
香菇末	直徑0.3以下碎末	20克以上	
榨菜絲	寬、高（厚）各為0.2～0.4，長4～6	150克以上	
豆腐片	長4～6、寬2～4、高（厚）0.8～1.5長方片	12片	
筍絲	寬、高（厚）各為0.2～0.4，長4～6	60克以上	
青椒絲	寬、高（厚）各為0.2～0.4，長4～6	40克以上	
紅蘿蔔絲	寬、高（厚）各為0.2～0.4，長4～6	25克以上	
中薑絲	寬、高（厚）各為0.3以下，長4～6	10克以上	

(三)切配順序

1.乾貨類：(1)泡開香菇3朵斜刀切片。

　　　　　(2)泡開香菇2朵切直徑0.3公分以下碎末。 受評

　　　　　(3)泡開木耳切絲，寬 0.2～0.4，長 4～6公分。 受評

2.加工食品類：(1)桶筍切末（30克）。

　　　　　　(2)桶筍切絲（70克），寬、高（厚）各為 0.2～0.4，長 4～6公分。 受評

　　　　　　(3)榨菜切絲，寬、高（厚）各為 0.2～0.4，長 4～6公分。 受評

　　　　　　(4)生豆包切末。

　　　　　　(5)板豆腐切長 4～6、寬 2～4、高（厚）0.8～1.5公分長方片。 受評

3.不需去皮蔬果類：(1)青椒切絲，寬、高各為 0.2～0.4，長 4～6公分。 受評

　　　　　　　　(2)紅辣椒切絲。

　　　　　　　　(3)紅辣椒切盤飾。 受評

　　　　　　　　(4)小黃瓜切絲。

　　　　　　　　(5)小黃瓜切盤飾。 受評

　　　　　　　　(6)大黃瓜切盤飾。 受評

　　　　　　　　(7)芹菜切末。

4.需去皮根莖類：(1)紅蘿蔔切水花1款。 受評
　　　　　　　　(2)紅蘿蔔切絲（30克），寬、高各為 0.2～0.4，長 4～6公分。 受評
　　　　　　　　(3)中薑切絲（20克），寬、高各為 0.3以下，長 4～6公分。 受評
　　　　　　　　(4)中薑切水花1款。 受評
　5.蛋類：以三段式打蛋法、將雞蛋打入麻口碗內。

(四)水花及盤飾參考

指定水花（擇一）	(1)	(2)	(3)
指定盤飾（擇二） (1)小黃瓜、紅辣椒 (2)大黃瓜、小黃瓜、 　　紅辣椒 (3)大黃瓜	(1)	(2)	(3)

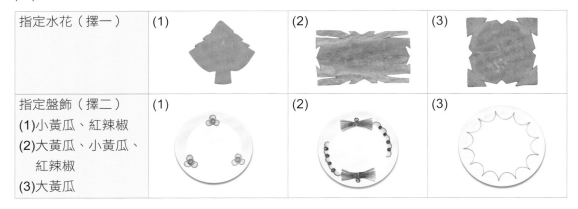

(五)受評檢測陳設方式

　　所有切好食材及兩款水花以配菜盤分類裝好，分成受評（放在外側接近中島區處）與不受
評（放在內側接近水槽處）兩部分。兩款盤飾需以瓷盤裝飾完成，置於熟食區待評。

第二階段：評分刀工作品（30分鐘）

應檢人離場休息（監評委員評分，應檢人可利用此時間確認三道菜的烹調方式及調味規定）

第三階段：菜餚製作及善後工作區域清理並完成檢查（70分鐘）

一、菜餚製作

榨菜炒筍絲、麒麟豆腐片、三絲淋素蛋餃做法請見p.67~69。

二、清潔工作之建議順序

清洗器具→工作檯、爐台、水槽→器具擦拭乾淨歸定位→關瓦斯→清潔地面→垃圾依分類倒棄
→告知考場人員檢查→領回准考證→離開考場→更換服裝

榨菜炒筍絲 301-1

❶

作法

1. 鍋中加入水煮滾，將榨菜絲放入汆燙10秒撈出，以降低鹹度。
2. 再放入桶筍絲汆燙30秒撈出，以去除酸澀味（圖❶）。
3. 另起鍋燒乾，放入油1大匙，下薑絲、紅辣椒絲、榨菜絲炒香。
4. 再放入桶筍絲、青椒絲及調味料，以中火共同炒合均勻即可（圖❷）。

❶

❷

材料

榨菜	150g
桶筍	70g
青椒	40g
紅辣椒	10g
中薑	10g

調味料

糖	1/2小匙
鹽	1/4小匙
香油	1小匙
胡椒粉	1/8小匙

評分重點

- **烹調規定**：配料可汆燙或直接炒熟，中薑絲爆香，再調味拌炒成菜。
- **烹調法**：炒
- **調味規定**：以鹽、酒、糖、味精、胡椒粉、香油等調味料自選合宜使用。
- **備註**：榨菜須泡水稍除鹹味，過鹹則扣分，規定材料不得短少。

301-1 麒麟豆腐片

❷

材　料

板豆腐	400g
乾香菇	3朵
紅蘿蔔	60g
中薑	40g

調味料

鹽　1/2小匙	
味精	1/2小匙
太白粉水	1/2大匙
香油	1小匙

作　法

1. 將紅蘿蔔水花放入滾水中，汆燙10秒撈出備用。
2. 起油鍋，待油溫至170度，放入香菇片炸香，呈金黃色後撈出。
3. 取腰子盤依序排疊上豆腐片、薑水花、紅蘿蔔水花、香菇片（圖❶），移入蒸籠以大火蒸8分鐘，取出倒掉多餘水份。
4. 另起鍋加入二分之一杯水及鹽、味精煮開，下太白粉水勾芡，再加入香油拌勻。
5. 將芡汁淋在排好的麒麟豆腐片上即完成（圖❷）。

❶

❷

評分重點

- **烹調規定**：1. 香菇炸香。
  2. 板豆腐、配料和兩款水花片互疊整齊，入蒸籠蒸熟，再以調味芡汁淋上。
- **烹調法**：蒸
- **調味規定**：以鹽、糖、味精、香油、太白粉等調味料自選合宜使用。
- **備註**：1. 規定材料不得短少。
  2. 水花兩款各6片以上。

三絲淋素蛋餃 301-1

❸

作法

1. 將蛋打散加入調味料A拌合溶解，過篩備用。
2. 鍋中入油1大匙，依序下香菇末、筍末、芹菜末炒香，再加入調味料B和豆包末粒共同炒勻，盛入麻口碗中成為餡料。
3. 熱鍋後下油潤鍋，再以擦手紙擦掉多餘油份，下蛋液2大匙於鍋中搖晃均勻，煎成蛋皮後取出，以量杯覆蓋在蛋皮上，割出大小適中圓形片。
4. 將蛋片上放入餡料後對摺，抹上少許太白粉水封口，將周圍壓緊。
5. 將做好的蛋餃排入磁盤中，移入蒸籠大火蒸10分鐘，取出倒掉多餘水份。
6. 鍋燒熱加入油1小匙爆香薑絲，續入水1/2杯及木耳絲、紅蘿蔔絲、小黃瓜絲共同煮開，加入鹽調味，並以太白粉水勾芡，滴入香油拌勻，將三絲料淋在蛋餃上即完成。

材料

蛋	4顆
乾香菇	2朵
生豆包	50g
桶筍	30g
紅蘿蔔	30g
乾木耳	20g
小黃瓜	20g
芹菜	20g
中薑	10g

調味料

A：鹽1/4小匙、太白粉水1大匙

B：醬油1小匙、胡椒粉1/4小匙、香油1小匙、太白粉1/2小匙

C：水1/2杯、鹽1/2小匙、太白粉水1大匙、香油1小匙

評分重點

- **烹調規定：** 1. 炒香菇末、芹菜末、豆包末及桶筍末做餡料。
  2. 煎蛋皮入料做成餃子狀再封口後蒸熟。
  3. 以中薑絲爆香入三絲料調味淋上，再勾薄芡。
- **烹調法：** 淋溜
- **調味規定：** 以鹽、酒、糖、味精、胡椒粉、香油、太白粉、水等調味料自選合宜使用。
- **備註：** 蛋餃需呈荷包狀即半圓狀，需有適當餡量，規定材料不得短少。

301-2

紅燒烤麩塊、炸蔬菜山藥條、蘿蔔三絲卷

第一階段：清洗、切配、工作區域清理（90分鐘）

一、材料明細

名稱	規格描述	重量（數量）	備註
乾香菇	外型完整，直徑4公分以上	3朵	
乾木耳	葉面泡開有4公分以上	1大片	10克以上／片
五香大豆乾	形體完整、無破損、無酸味，直徑4公分以上	1塊	35克以上／塊
烤麩	形體完整，無酸味	180克	
桶筍	合格廠商效期內	淨重120克以上	若為空心或軟爛不足需求量，應檢人可反應更換
紅甜椒	表面平整不皺縮不潰爛	70克	140克以上／個
紅辣椒	表面平整不皺縮不潰爛	1條	10克以上
小黃瓜	鮮度足，不可大彎曲	2條	80克以上／條
大黃瓜	表面平整不皺縮不潰爛	1截	6公分長
青江菜	青翠新鮮	60克以上	
芹菜	新鮮翠綠	120克	15公分以上（長度可供捆綁用）
紅蘿蔔	表面平整不皺縮不潰爛	300克	空心須補發
中薑	夠切絲的長段無潰爛	80克	
白山藥	表面平整不皺縮不潰爛	300克	
白蘿蔔	表面平整不皺縮不潰爛	500克以上	直徑6公分、長12公分以上，無空心

二、清洗流程

(一)清洗器具：瓷碗盤→配料碗盤盆→鍋具→烹調用具（菜鏟、炒杓、大漏杓、調味匙、筷）→刀具（噴酒精）→砧板（噴酒精）→抹布（噴酒精）。

(二)預備工作：炒菜鍋裝水5分滿、蒸籠底鍋裝水3分滿。

(三)清洗食材順序：

　　1.乾貨類：泡洗乾香菇→泡洗乾木耳。

　　2.加工食品類：烤麩→大豆乾→桶筍洗淨。

　　3.不需去皮蔬果類：青江菜撥葉逐葉清洗→紅甜椒去頭尾對剖開，去籽去內膜白梗→紅辣椒去蒂頭→小黃瓜去頭尾→大黃瓜洗淨→芹菜去葉子及尾部。

　　4.需去皮根莖類：紅蘿蔔去皮→中薑去皮→山藥去皮→白蘿蔔去皮。

三、切配流程

(一)菜名與食材切配依據

菜餚名稱	主要刀工	烹調法	主材料類別	材料組合	水花款式	盤飾款式
紅燒烤麩塊	塊	紅燒	烤麩	乾香菇、烤麩、桶筍、小黃瓜、紅蘿蔔、中薑		參考規格明細
炸蔬菜山藥條	條、末	酥炸	山藥	紅甜椒、青江菜、中薑、山藥		
蘿蔔三絲卷	片、絲	蒸	白蘿蔔	乾木耳、豆乾、芹菜、紅蘿蔔、中薑、白蘿蔔	參考規格明細	

(二)受評刀工規格明細

材料	規格描述(長度單位:公分)	數量	備註
紅蘿蔔水花片兩款	自選1款及指定1款,指定款須參考下列指定圖(形狀大小需可搭配菜餚)	各6片以上	
配合材料擺出兩種盤飾	下列指定圖3選2	各1盤	
木耳絲	寬0.2~0.4,長4~6,高(厚)依食材規格	20克以上	
紅甜椒末	直徑0.3以下碎末	50克以上	
青江菜末	直徑0.3以下碎末	40克以上	
山藥條	寬、高(厚)各為 0.8~1.2,長 4~6	200克以上	
紅蘿蔔絲	寬、高(厚)各為0.2~0.4,長4~6	25克以上	
白蘿蔔薄片	長12以上,寬4以上,高(厚)0.3以下	6片	
中薑絲	寬、高(厚)各為0.3以下,長4~6	10克以上	
中薑末	直徑0.3以下碎末	10克以上	

(三)切配順序

1. 乾貨類:(1)泡開香菇切塊。
　　　　　(2)泡開木耳去蒂頭切絲,寬0.2~0.4,長 4~6公分。 受評
2. 加工食品類:(1)烤麩切塊。
　　　　　　　(2)大豆干切絲。
　　　　　　　(3)桶筍切塊。
3. 不需去皮蔬果類:(1)紅甜椒切直徑0.3公分以下碎末。 受評
　　　　　　　　　(2)青江菜切直徑0.3公分以下碎末。 受評
　　　　　　　　　(3)紅辣椒切盤飾。 受評
　　　　　　　　　(4)小黃瓜切塊。
　　　　　　　　　(5)小黃瓜切盤飾。 受評
　　　　　　　　　(6)大黃瓜切盤飾。 受評
4. 需去皮根莖類:(1)山藥切條,寬、高各為 0.8~1.2,長 4~6公分。 受評
　　　　　　　　(2)紅蘿蔔切水花兩款。 受評
　　　　　　　　(3)紅蘿蔔切塊。
　　　　　　　　(4)紅蘿蔔切絲,寬、高(厚)各為0.2~0.4,長4~6公分。 受評

(5)白蘿蔔切薄片，長12以上，寬4以上，高（厚）0.3公分以下。 受評
(6)中薑切絲，寬、高（厚）各為0.3以下，長4～6公分。 受評
(7)中薑切直徑0.3公分以下碎末。 受評
(8)中薑切片。

(四)水花及盤飾參考

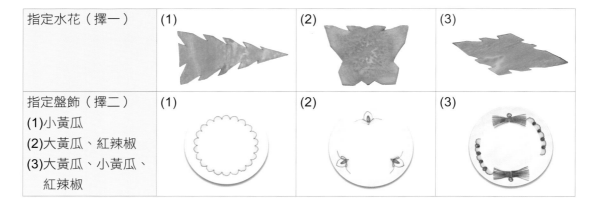

指定水花（擇一）	(1)	(2)	(3)
指定盤飾（擇二） (1)小黃瓜 (2)大黃瓜、紅辣椒 (3)大黃瓜、小黃瓜、 　　紅辣椒	(1)	(2)	(3)

(五)受評檢測陳設方式

所有切好食材及兩款水花以配菜盤分類裝好，分成受評（放在外側接近中島區處）與不受評（放在內側接近水槽處）兩部分。兩款盤飾需以瓷盤裝飾完成，置於熟食區待評。

第二階段：評分刀工作品（30分鐘）

應檢人離場休息（監評委員評分，應檢人可利用此時間確認三道菜的烹調方式及調味規定）

第三階段：菜餚製作及善後工作區域清理並完成檢查（70分鐘）

一、菜餚製作

紅燒烤麩塊、炸蔬菜山藥條、蘿蔔三絲卷做法請見p.73~75。

二、清潔工作之建議順序

清洗器具→工作檯、爐台、水槽→器具擦拭乾淨歸定位→關瓦斯→清潔地面→垃圾依分類倒棄→告知考場人員檢查→領回准考證→離開考場→更換服裝

紅燒烤麩塊 301-2

❶

作 法

1. 起油鍋依序將香菇、紅蘿蔔、桶筍塊炸至微上色撈起備用。
2. 再放入烤麩炸至酥乾上色撈起（圖❶）。
3. 熱鍋放入沙拉油1大匙爆香薑片，再放入香菇、紅蘿蔔、桶筍塊炒香。
4. 加入調味料、$1\frac{1}{2}$杯水及烤麩一同煮開（圖❷）。
5. 轉小火燒10分鐘至湯汁微乾、食材軟透，放入小黃瓜拌炒均勻即可。

❶

❷

材 料

烤麩	180g
桶筍	100g
乾香菇	3朵
小黃瓜	50g
紅蘿蔔	50g
中薑	10g

調味料

醬油	4大匙
糖	1大匙
胡椒粉	1/2小匙
香油	1小匙
水	$1\frac{1}{2}$杯

評分重點

- 烹調規定：1.烤麩、乾香菇、紅蘿蔔、桶筍油炸至微上色。
  2.中薑爆香，將配料燒透並稍收汁、入味。
- 烹調法：紅燒
- 調味規定：以醬油、鹽、酒、糖、味精、胡椒粉、香油、太白粉、水等調味料自選合宜使用。
- 備註：規定材料不得短少。

301-2 炸蔬菜山藥條

❷

材料

山藥	200g
紅甜椒	20g
青江菜	30g
中薑	20g

調味料

A：低筋麵粉	100g
太白粉	20g
泡打粉	1/2小匙
鹽	1/2小匙
胡椒粉	1/4小匙
沙拉油	1大匙
水	120cc
B：低筋麵粉	3大匙
C：鹽	1/4小匙
胡椒粉	1/4小匙

作法

1. 將調味料A混合攪拌成麵糊後，再加入紅甜椒末、薑末、青江菜末拌合均勻成蔬菜麵糊。
2. 山藥條均勻拌上薄薄一層低筋麵粉（調味料B）。
3. 起油鍋，將沾上麵粉的山藥條再沾上麵糊，入油鍋炸至金黃色（圖❶），須熟透不可夾生。
4. 乾鍋放入炸熟山藥條，加入鹽、胡椒粉共同翻勻即可（圖❷）。

評分重點

- 烹調規定：1.山藥條沾上蔬菜麵糊（蔬菜末調合麵糊），炸熟炸酥防夾生。
  2.調拌胡椒鹽入味。
- 烹調法：酥炸
- 調味規定：以鹽、酒、糖、胡椒粉、香油、泡打粉、太白粉、麵粉、水等調味料自選合宜使用。
- 備註：需沾上蔬菜麵糊，規定材料不得短少。

74

蘿蔔三絲卷

❸

材料	
白蘿蔔	500g
紅蘿蔔	80g
豆乾	60g
芹菜	30g
乾木耳	20g
中薑	20g

調味料

調味料		
A：	鹽	1/2小匙
	味精	1/2小匙
	胡椒粉	1/4小匙
	香油	1小匙
B：	鹽	1/2小匙
	味精	1/2小匙
	香油	1小匙
C：	太白粉水	1大匙
	香油	1小匙

 作　法

1. 起水鍋煮滾，分別將芹菜、白蘿蔔片、紅蘿蔔水花片燙熟後，撈出泡水漂涼。
2. 鍋熱入沙拉油1大匙，依序下薑絲、紅蘿蔔絲、大豆乾絲、木耳絲炒香，加入調味料A拌炒均勻為餡。
3. 把芹菜撕成長絲備用。
4. 白蘿蔔片鋪平，中間放上餡料捲緊，再以芹菜加以綁緊（圖❶）。
5. 蘿蔔三絲卷擺入瓷盤中，入蒸籠蒸5分鐘取出，確定白蘿蔔卷蒸熟，倒掉多餘水份，旁邊以紅蘿蔔水花片擺盤。
6. 鍋中加入二分之一杯水及調味料B煮開，以太白粉水勾芡，加入香油拌勻，淋至菜餚上即完成。

 評分重點

- 烹調規定：1. 白蘿蔔片及芹菜燙軟後，用白蘿蔔片捲入豆乾、紅蘿蔔、木耳、中薑，以芹菜綁成卷。
  - 2. 白蘿蔔卷蒸透，調味後以薄芡淋汁。
  - 3. 以兩款紅蘿蔔水花片煮熟，適量加入。
- 烹調法：蒸
- 調味規定：以鹽、酒、糖、味精、胡椒粉、香油、太白粉、水等調味料自選合宜使用。
- 備註：規定材料不得短少。

❶

301-3

乾煸杏鮑菇、酸辣筍絲羹、三色煎蛋

第一階段：清洗、切配、工作區域清理（90分鐘）

一、材料明細

名稱	規格描述	重量（數量）	備註
乾木耳	葉面泡開有4公分以上	1大片	10克以上／片
冬菜	合格廠商效期內	5克	
板豆腐	老豆腐，不得有酸味	100克以上	半塊
桶筍	合格廠商效期內	淨重120克以上	若為空心或軟爛不足需求量，應檢人可反應更換
玉米筍	合格廠商效期內	2支	可用罐頭取代
杏鮑菇	型大結實飽滿	2支	100克以上／支
紅辣椒	表面平整不皺縮不潰爛	2條	10克以上／條
小黃瓜	鮮度足，不可大彎曲	2條	80克以上／條
大黃瓜	表面平整不皺縮不潰爛	1截	6公分長
四季豆	長14公分以上，鮮度足	2支	
芹菜	青翠新鮮	90克	
紅蘿蔔	表面平整不皺縮不潰爛	300克	空心須補發
中薑	夠切絲的長段無潰爛	70克	
雞蛋	外形完整鮮度足	5個	

二、清洗流程

(一)清洗器具：瓷碗盤→配料碗盤盆→鍋具→烹調用具（菜鏟、炒杓、大漏杓、調味匙、筷）→刀具（噴酒精）→砧板（噴酒精）→抹布（噴酒精）。

(二)預備工作：炒菜鍋裝水5分滿。

(三)清洗食材順序：

1.乾貨類：泡洗乾木耳。

2.加工食品類：冬菜→板豆腐→桶筍洗淨。

3.不需去皮蔬果類：玉米筍→杏鮑菇→紅辣椒去蒂頭→小黃瓜去頭尾→大黃瓜洗淨→四季豆剝去頭尾、撕掉兩側纖維絲→芹菜去葉子及尾部。

4.需去皮根莖類：紅蘿蔔去皮→中薑去皮。

5.蛋類：將蛋殼洗淨。

三、切配流程

(一)菜名與食材切配依據

菜餚名稱	主要刀工	烹調法	主材料類別	材料組合	水花款式	盤飾款式
乾煸杏鮑菇	片、末	煸	杏鮑菇	冬菜、杏鮑菇、紅辣椒、芹菜、紅蘿蔔、中薑	參考規格明細	參考規格明細
酸辣筍絲羹	絲	羹	桶筍	乾木耳、板豆腐、桶筍、小黃瓜、紅蘿蔔、中薑		
三色煎蛋	片	煎	雞蛋	玉米筍、四季豆、紅蘿蔔、芹菜、雞蛋		

(二)受評刀工規格明細

材料	規格描述（長度單位：公分）	數量	備註
紅蘿蔔水花片兩款	自選1款及指定1款，指定款須參考下列指定圖（形狀大小需可搭配菜餚）	各6片以上	
配合材料擺出兩種盤飾	下列指定圖3選2	各1盤	
木耳絲	寬0.2～0.4，長4～6，高（厚）依食材規格	20克以上	
冬菜末	直徑0.3以下碎末	5克以上	
豆腐絲	寬、高（厚）各為0.2～0.4，長4～6	80克以上	
筍絲	寬、高（厚）各為0.2～0.4，長4～6	100克以上	
杏鮑菇片	寬2～4，高（厚）0.4～0.6，長4～6	180克以上	
小黃瓜絲	寬、高（厚）各為0.2～0.4，長4～6	30克以上	
中薑末	直徑0.3以下碎末	10克以上	
紅蘿蔔絲	寬、高（厚）各為0.2～0.4，長4～6	30克以上	
紅蘿蔔指甲片	長、寬各為1～1.5，高（厚）0.3以下	15克以上	

(三)切配順序

1. 乾貨類：泡開木耳去蒂頭切絲，寬0.2～0.4，長4～6公分。 受評
2. 加工食品類：(1)冬菜切末，0.3公分以下碎末。 受評
   (2)板豆腐切絲，寬、高（厚）各為0.2～0.4，長4～6公分。 受評
   (3)桶筍切絲，寬、高（厚）各為0.2～0.4，長4～6公分。 受評
3. 不需去皮蔬果類：(1)玉米筍切圓片。
   (2)杏鮑菇切片，寬2～4，高（厚）0.4～0.6，長4～6公分。 受評
   (3)紅辣椒切末。
   (4)紅辣椒切盤飾。 受評
   (5)小黃瓜切絲，寬、高（厚）各為0.2～0.4，長4～6公分。 受評
   (6)小黃瓜切盤飾。 受評
   (7)大黃瓜切盤飾。 受評
   (8)四季豆切圓片。
   (9)芹菜切末。
4. 需去皮根莖類：(1)中薑切末，直徑0.3公分以下。 受評
   (2)中薑切絲。
   (3)紅蘿蔔切水花兩款。 受評

(4)紅蘿蔔切絲，寬、高（厚）各為0.2～0.4，長4～6公分。 受評

(5)紅蘿蔔切指甲片，長、寬各為1～1.5、高（厚）0.3公分以下。 受評

    5.蛋類：以三段式打蛋法，將雞蛋打入麻口碗內。

(四)水花及盤飾參考

指定水花（擇一）	(1)	(2)	(3)
指定盤飾（擇二） (1)小黃瓜 (2)大黃瓜、紅辣椒 (3)小黃瓜、大黃瓜、 紅辣椒	(1)	(2)	(3)

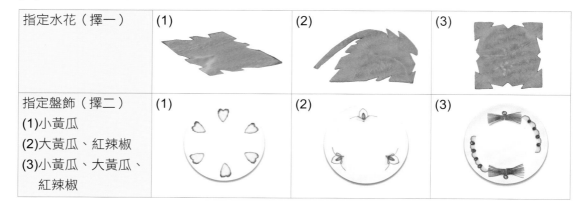

(五)受評檢測陳設方式

    所有切好食材及兩款水花以配菜盤分類裝好，分成受評（放在外側接近中島區處）與不受評（放在內側接近水槽處）兩部分。兩款盤飾需以瓷盤裝飾完成，置於熟食區待評。

第二階段：分刀工作品（30分鐘）

應檢人離場休息（監評委員評分，應檢人可利用此時間確認三道菜的烹調方式及調味規定）

第三階段：菜餚製作及善後工作區域清理並完成檢查（70分鐘）

一、菜餚製作

    乾煸杏鮑菇、酸辣筍絲羹、三色煎蛋做法請見p.79~81。

二、清潔工作之建議順序

    清洗器具→工作檯、爐台、水槽→器具擦拭乾淨歸定位→關瓦斯→清潔地面→垃圾依分類倒棄→告知考場人員檢查→領回准考證→離開考場→更換服裝

乾煸杏鮑菇

301-3

❶

作　法

1. 起油鍋至油溫180度，下杏鮑菇片炸至脫水皺縮不焦黑，撈出瀝乾（圖❶）。
2. 兩款紅蘿蔔水花片過油備用。
3. 鍋熱入沙拉油1大匙，加入中薑末、冬菜末、紅辣椒末、芹菜末，共同炒香。
4. 加入杏鮑菇片及醬油、米酒、糖煸炒至均勻收乾水份（圖❷）。
5. 起鍋前加入紅蘿蔔水花片拌勻，再嗆鍋邊白醋提香即完成。

❶

❷

材　料

杏鮑菇	2支（200g）
紅蘿蔔	60g
芹菜	15g
紅辣椒	10g
冬菜	5g
中薑	5g

調味料

醬油	1大匙
糖 1/2大匙	
米酒	1小匙
白醋	1小匙

評分重點

- **烹調規定**：1. 杏鮑菇以熱油炸至脫水皺縮不焦黑，或以煸炒法煸至乾扁脫水皺縮而不焦黑。
  2. 中薑爆香，以炒、煸炒法收汁完成（需含芹菜）。
- **烹調法**：煸（若有少許微焦的斑點，屬合理的狀態）。
- **調味規定**：以鹽、醬油、糖、米酒、味精、水、白醋、香油等調味料自選合宜使用。
- **備註**：焦黑部分不得超過總量之 1/4，不得出油而油膩，規定材料不得短少。

79

酸辣筍絲羹

❷

材料

桶筍	150g
板豆腐	100g
小黃瓜	50g
紅蘿蔔	50g
乾木耳	20g
中薑	10g

調味料

鹽 1小匙	
味精	1小匙
醬油	3大匙
胡椒粉	1小匙
黑醋	2大匙
白醋	2大匙
香油	1大匙
太白粉水	4大匙

作法

1. 將豆腐絲、桶筍絲分別放入滾水中，汆燙後撈出。
2. 鍋熱加入沙拉油1大匙爆香中薑絲，續入紅蘿蔔絲、木耳絲、筍絲炒香。
3. 加入4杯水和豆腐絲，並加入鹽、味精、醬油、胡椒粉調味，煮滾後徐徐加入太白粉水勾芡。
4. 起鍋前再加入小黃瓜絲，煮滾後再加入黑醋、白醋、香油拌勻即可。

①

②

評分重點

- **烹調規定**：以中薑爆香加入配料，調味適中，再以太白粉勾芡。
- **烹調法**：羹
- **調味規定**：以鹽（醬油）、白醋、黑醋、辣椒醬、酒、糖、味精、胡椒粉、香油、太白粉、水等調味料自選合宜使用。
- **備註**：酸辣調味需明顯，規定材料不得短少。

三色煎蛋 301-3

作 法

1. 起水鍋煮滾,將四季豆片、紅蘿蔔片、玉米筍片放入滾水中汆燙撈出。

2. 全蛋以三段式打蛋法檢測後,加入上述燙熟之食材、芹菜末及鹽,共同攪拌均勻。

3. 鍋燒熱入油潤鍋,下沙拉油3大匙,往鍋中間倒入調好的蛋液,一邊攪拌中間蛋液(圖❶)。

4. 一面蛋液熟成呈無液狀時,以瓷盤蓋上鍋裡,連同鍋子翻面,反覆兩次,將蛋兩面煎熟呈金黃色(圖❷)。

5. 將蛋移至白色砧板上,以熟食菜刀切成六等份,排入盤中即完成。

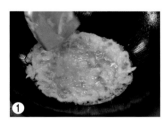

材 料

雞蛋	5顆
玉米筍	2支
四季豆	2支
紅蘿蔔	50g
芹菜	20g

調味料

鹽　1小匙

- **烹調規定**:所有材料煎成一大圓片,熟而金黃上色。
- **烹調法**:煎(改刀6片)。
- **調味規定**:以鹽、糖、味精、胡椒粉、香油、太白粉、水等調味料自選合宜使用。
- **備註**:全熟,可焦黃但不焦黑,須以熟食砧板刀具做熟食切割,規定材料不得短少。

評分重點

301-4

素燴杏菇捲、燜燒辣味茄條、炸海苔芋絲

第一階段：清洗、切配、工作區域清理（90分鐘）

一、材料明細

名稱	規格描述	重量（數量）	備註
乾香菇	外型完整，直徑4公分以上	5朵	
海苔片	合格廠商效期內	2張	20公分*25公分
桶筍	合格廠商效期內	淨重120克以上	若為空心或軟爛不足需求量，應檢人可反應更換
杏鮑菇	型大結實飽滿	2支	100克以上／支
小黃瓜	鮮度足，不可大彎曲	2條	80克以上／條
大黃瓜	表面平整不皺縮不潰爛	1截	6公分長
茄子	鮮度足無潰爛	2條	180克以上／每條
紅辣椒	表面平整不皺縮不潰爛	1條	
芹菜	新鮮翠綠	70克	
芋頭	表面平整不皺縮不潰爛	120克	
紅蘿蔔	表面平整不皺縮不潰爛	300克	空心須補發
中薑	夠切絲的長段無潰爛	70克	

二、清洗流程

(一)清洗器具：瓷碗盤→配料碗盤盆→鍋具→烹調用具（菜鏟、炒杓、大漏杓、調味匙、筷）→刀具（噴酒精）→砧板（噴酒精）→抹布（噴酒精）。

(二)預備工作：炒菜鍋裝水5分滿。

(三)清洗食材順序：

    1.乾貨類：泡洗乾香菇。

    2.加工食品類：桶筍洗淨

    3.不需去皮蔬果類：杏鮑菇→小黃瓜去頭尾→大黃瓜洗淨→茄子去蒂頭→紅辣椒去蒂頭→芹菜去葉子及尾部。

    4.需去皮根莖類：紅蘿蔔去皮→中薑去皮→芋頭去皮。

三、切配流程

(一)菜名與食材切配依據

菜餚名稱	主要刀工	烹調法	主材料類別	材料組合	水花款式	盤飾款式
素燴杏菇捲	剞刀厚片	燴	杏鮑菇	桶筍、杏鮑菇、小黃瓜、紅蘿蔔、中薑	參考規格明細	參考規格明細
燜燒辣味茄條	條、末	燒	茄子	乾香菇、茄子、紅辣椒、芹菜		
炸海苔芋絲	絲	酥炸	芋頭	乾香菇、海苔片、芋頭、紅蘿蔔		

(二)受評刀工規格明細

材料	規格描述（長度單位：公分）	數量	備註
紅蘿蔔水花片兩款	自選1款及指定1款，指定款須參考下列指定圖（形狀大小需可搭配菜餚）	各6片以上	
配合材料擺出兩種盤飾	下列指定圖3選2	各1盤	
香菇絲	寬、高（厚）各為0.2～0.4，長度依食材規格	2朵	
香菇末	直徑0.3以下碎末	1朵	
海苔絲	寬為0.2～0.4，長4～6	2張切完	
剞刀杏鮑菇片	長4～6，高（厚）1～1.5，寬依杏鮑菇。格子間隔0.3～0.5，深度達1/2深的剞刀片塊	160克以上	
辣椒末	直徑0.3以下碎末	6克以上	
茄條	長4～6，茄子依圓徑切四分之一	290克以上	
中薑片	長2～3，寬1～2，高（厚）0.2～0.4，可切菱形片	6片	
芋頭絲	寬、高（厚）各為0.2～0.4，長4～6	50克以上	
紅蘿蔔絲	寬、高（厚）各為0.2～0.4，長4～6	30克以上	

(三)切配順序

1.乾貨類：(1)泡開香菇2朵切絲，寬、高（厚）各為0.2～0.4公分。 受評
　　　　　(2)泡開香菇1朵切直徑0.3公分以下碎末。 受評

2.加工食品類：(1)海苔片切絲，寬為0.2～0.4，長4～6公分。 受評
　　　　　　　(2)桶筍切菱形片。

3.不需去皮蔬果類：(1)杏鮑菇切剞刀片，長4～6，高（厚）1～1.5公分，寬依杏鮑菇。格子間隔0.3～0.5公分，深度達1/2。 受評
　　　　　　　　　(2)小黃瓜切盤飾。 受評
　　　　　　　　　(3)小黃瓜切菱形片。
　　　　　　　　　(4)大黃瓜切盤飾。 受評
　　　　　　　　　(5)紅辣椒切盤飾。 受評
　　　　　　　　　(6)紅辣椒切0.3公分以下碎末。 受評
　　　　　　　　　(7)茄子切長4～6公分長段，再依圓徑切成四分之一。 受評
　　　　　　　　　(8)芹菜切末。

4.需去皮根莖類：(1)芋頭切絲，寬、高（厚）各為0.2～0.4，長4～6公分。 受評
      (2)紅蘿蔔切水花兩款。 受評
      (3)紅蘿蔔切絲（50克），寬、高各為 0.2～0.4，長 4～6公分。 受評
      (4)中薑菱形片，長2～3，寬1～2，高（厚）0.2～0.4公分。 受評

(四)水花及盤飾參考

指定水花（擇一）	(1)	(2)	(3)
指定盤飾（擇二） (1)大黃瓜、紅蘿蔔 (2)大黃瓜、小黃瓜、 紅辣椒 (3) 小黃瓜	(1)	(2)	(3)

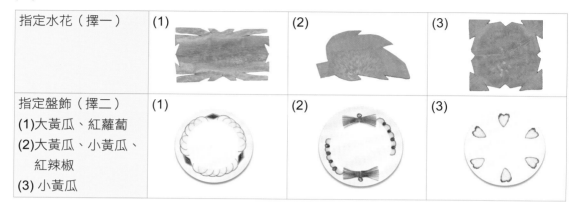

(五)受評檢測陳設方式

  所有切好食材及兩款水花以配菜盤分類裝好，分成受評（放在外側接近中島區處）與不受評（放在內側接近水槽處）兩部分。兩款盤飾需以瓷盤裝飾完成，置於熟食區待評。

第二階段：分刀工作品（30分鐘）

應檢人離場休息（監評委員評分，應檢人可利用此時間確認三道菜的烹調方式及調味規定）

第三階段：菜餚製作及善後工作區域清理並完成檢查（70分鐘）

一、菜餚製作

  素燴杏菇捲、燜燒辣味茄條、炸海苔芋絲做法請見p.85~87。

二、清潔工作之建議順序

  清洗器具→工作檯、爐台、水槽→器具擦拭乾淨歸定位→關瓦斯→清潔地面→垃圾依分類倒棄→告知考場人員檢查→領回准考證→離開考場→更換服裝

素燴杏菇捲 301-4

❶

材料

杏鮑菇	200g
紅蘿蔔	60g
桶筍	50g
小黃瓜	30g
中薑	10g

調味料

醬油	1大匙
糖　1小匙	
胡椒粉	1/4小匙
香油	1小匙
太白粉水	1大匙
麵糊	
（麵粉2大匙、水3大匙）	
地瓜粉	5大匙

 作 法

1. 鍋中加水燒開，放入杏鮑菇剞刀片燙熟撈出，再放入紅蘿蔔水花片、小黃瓜菱形片、桶筍菱形片汆燙撈出，泡入冷水中沖涼備用。
2. 將燙熟杏鮑菇剞刀片擠乾水份並捲起，以牙籤加以固定（圖❶），沾上調和好的麵糊，再沾上地瓜粉備用。
3. 起油鍋以油溫180度將杏鮑菇炸至金黃酥脆（圖❷），讓杏菇捲成型，撈起瀝油並拔除牙籤。
4. 鍋燒熱加入1大匙沙拉油，爆香菱形薑片，再加入1杯水及配料、醬油、糖、胡椒粉一同煮開。
5. 加入太白粉水勾芡，調至適當濃稠度，加入炸好的杏鮑菇捲和香油拌合燴煮均勻即可。

評分重點

- **烹調規定**：1.杏菇捲後，熱油定形。
  2.小黃瓜、紅蘿蔔水花需脫生，小黃瓜要保持綠色。
  3.中薑爆香，加入配料調味再燴成菜。
- **烹調法**：燴
- **調味規定**：以醬油、鹽、酒、糖、味精、胡椒粉、香油、太白粉、水等調味料自選合宜使用。
- **備註**：杏菇捲不得散開不成形，需有燴汁，規定材料不得短少。

❶

❷

燜燒辣味茄條

❷

材料

茄子	300g
乾香菇	10g
紅辣椒	10g
芹菜	10g

調味料

豆瓣醬	1/2大匙
辣椒醬	1/2大匙
醬油	1大匙
酒	1小匙
糖	1小匙
味精	1/2小匙
胡椒粉	1/4小匙
太白粉水	1大匙

作法

1. 起油鍋加熱至油溫200度,將茄子條炸至金黃色撈出(圖❶)。
2. 鍋燒熱入沙拉油1小匙,下紅辣椒末、香菇末爆香。
3. 放入豆瓣醬、辣椒醬、醬油、酒、糖、味精、胡椒粉一同炒香,再加入半杯水煮開,加入茄子條燒至入味(圖❷)。
4. 再以太白粉水勾芡,加入芹菜末拌合均勻即可。

❶

❷

評分重點

- 烹調規定:1.茄條炸過以保紫色而透。
  2.香菇爆香加入配料調味,再入主料,加入芹菜勾淡芡收汁。
- 烹調法:燒
- 調味規定:以豆辦醬、辣椒醬、醬油、酒、糖、味精、烏醋、胡椒粉、香油、太白粉、水等調味料自選合宜使用。
- 備註:規定材料不得短少。

炸海苔芋絲

❸

材料

芋頭	120g
紅蘿蔔	50g
乾香菇	30g
海苔片	2張

調味料

低筋麵粉	6大匙
花椒粉	1/2小匙
胡椒粉	1/2小匙
鹽 1/2小匙	
味精	1小匙

 作 法

1. 將芋頭絲、香菇絲、紅蘿蔔絲混合拌在一起，均勻地撒上低筋麵粉，沾上薄薄一層（圖❶）。
2. 起油鍋至油溫180度，下海苔絲炸酥撈起備用。
3. 再放入沾好麵粉的芋頭絲、香菇絲、紅蘿蔔絲炸至酥脆，撈起瀝乾（圖❷）。
4. 將瀝乾的芋頭絲、香菇絲、紅蘿蔔絲倒入鍋中，加入花椒粉、胡椒粉、鹽、味精一起拌合均勻。
5. 將炸好的海苔絲放入瓷碗中，加入少許鹽調味拌勻，鋪入盤中圍一圈，中間再放入拌好的芋頭絲、香菇絲、紅蘿蔔絲即可。

 評分重點

- 烹調規定：1.海苔以熱油炸酥，調味入盤圍邊。
  2.芋頭和其他食材，分別沾乾粉用熱油炸酥，再調味入盤中。
- 烹調法：炸
- 調味規定：以花椒粉、胡椒粉、鹽、糖、味精、香油、低筋麵粉、水等調味料自選合宜使用。
- 備註：規定材料不得短少。

❶

❷

301-5

鹽酥香菇塊、銀芽炒雙絲、茄汁豆包卷

第一階段：清洗、切配、工作區域清理（90分鐘）

一、材料明細

名稱	規格描述	重量（數量）	備註
生豆包	形體完整、無破損、無酸味	3塊	50克／塊
五香大豆乾	形體完整、無破損、無酸味，直徑4公分以上	1塊	35克以上／塊
鮮香菇	新鮮無軟爛，直徑5公分	10朵	
紅辣椒	表面平整不皺縮不潰爛	2條	10克
青椒	表面平整不皺縮不潰爛	60克以上	1/2個，120克以上／個
小黃瓜	鮮度足，不可大彎曲	1條	80克以上／條
大黃瓜	表面平整不皺縮不潰爛	1截	6公分長
黃甜椒	表面平整不皺縮不潰爛	70克以上	1/2個，140克以上／個
綠豆芽	新鮮不潰爛	150克	
芹菜	新鮮翠綠	70克	
中薑	夠切絲的長段無潰爛	80克	
紅蘿蔔	表面平整不皺縮不潰爛	300克	空心須補發
芋頭	表面平整不皺縮不潰爛	150克	

二、清洗流程

(一)清洗器具：瓷碗盤→配料碗盤盆→鍋具→烹調用具（菜鏟、炒杓、大漏杓、調味匙、筷）
→刀具（噴酒精）→砧板（噴酒精）→抹布（噴酒精）。

(二)預備工作：炒菜鍋裝水5分滿。

(三)清洗食材順序：

1.加工食品類：生豆包→五香大豆乾洗淨。

2.不需去皮蔬果類：鮮香菇去蒂頭→紅辣椒去蒂頭→青椒去頭尾對剖開，去籽去內膜白梗→
大黃瓜洗淨→小黃瓜去頭尾→黃甜椒去頭尾對剖開，去籽去內膜白梗→綠豆芽摘去頭尾→
芹菜去葉子及尾部。

3.需去皮根莖類：中薑去皮→紅蘿蔔去皮→芋頭去皮。

三、切配流程

(一)菜名與食材切配依據

菜餚名稱	主要刀工	烹調法	主材料類別	材料組合	水花款式	盤飾款式
鹽酥香菇塊	塊	酥炸	鮮香菇	鮮香菇、紅辣椒、芹菜、中薑		參考規格明細
銀芽炒雙絲	絲	炒	綠豆芽	豆乾、青椒、紅辣椒、綠豆芽、中薑		
茄汁豆包卷	條	滑溜	芋頭、豆包	生豆包、小黃瓜、黃甜椒、紅蘿蔔、芋頭	參考規格明細	

(二)受評刀工規格明細

材料	規格描述（長度單位：公分）	數量	備註
紅蘿蔔水花片兩款	自選1款及指定1款，指定款須參考下列指定圖（形狀大小需可搭配菜餚）	各6片以上	
配合材料擺出兩種盤飾	下列指定圖3選2	各1盤	
豆乾絲	寬、高（厚）各為 0.2～0.4，長 4～6	25 克以上	
紅辣椒絲	寬、高（厚）各為 0.3以下，長 4～6	5 克以上	
青椒絲	寬、高（厚）各為 0.2～0.4，長 4～6	25 克以上	
芹菜粒	長、寬、高（厚）各為 0.2～0.4	30 克以上	
紅蘿蔔條	寬、高（厚）各為 0.5～1，長 4～6	6條以上	
中薑末	直徑0.3以下碎末	10 克以上	
中薑絲	寬、高（厚）各為 0.3以下，長 4～6	10 克以上	
芋頭條	寬、高（厚）各為 0.5～1，長 4～6	80 克以上	

(三)切配順序

1. 加工食品類：(1)生豆包不切備用。

   (2)大豆乾切絲，寬、高（厚）各為 0.2～0.4，長 4～6公分。 受評

2. 不需去皮蔬果類：(1)鮮香菇切塊。

   (2)紅辣椒切盤飾。 受評

   (3)紅辣椒切絲，寬、高（厚）各為 0.3以下，長 4～6公分。 受評

   (4)紅辣椒切末。

   (5)青椒切絲，寬、高（厚）各為 0.2～0.4，長 4～6公分。 受評

   (6)小黃瓜切菱形片。

   (7)小黃瓜切盤飾。 受評

   (8)大黃瓜切盤飾。 受評

   (9)黃甜椒切菱形片。

   (10)去頭尾的綠豆芽泡水備用。

   (11)芹菜切粒，長、寬、高（厚）各為0.2～0.4公分。 受評

3. 需去皮根莖類：(1)紅蘿蔔切水花兩款。 受評

   (2)紅蘿蔔切條，寬、高（厚）各為 0.5～1，長 4～6公分。 受評

(3)中薑切末，直徑0.3公分以下。 受評

(4)中薑切絲，寬、高（厚）各為 0.3以下，長 4～6公分。 受評

(5)芋頭切條，寬、高（厚）各為 0.5～1，長 4～6公分。 受評

(四)水花及盤飾參考

指定水花（擇一）	(1)	(2)	(3)
指定盤飾（擇二） (1)小黃瓜 (2)大黃瓜、紅辣椒 (3)大黃瓜、小黃瓜、 　　紅辣椒	(1)	(2)	(3)

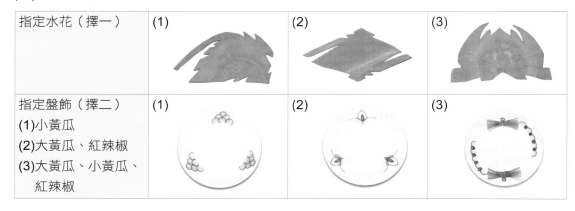

(五)受評檢測陳設方式

所有切好食材及兩款水花以配菜盤分類裝好，分成受評（放在外側接近中島區處）與不受評（放在內側接近水槽處）兩部分。兩款盤飾需以瓷盤裝飾完成，置於熟食區待評。

第二階段：評分刀工作品（30分鐘）

應檢人離場休息（監評委員評分，應檢人可利用此時間確認三道菜的烹調方式及調味規定）

第三階段：菜餚製作及善後工作區域清理並完成檢查（70分鐘）

一、菜餚製作

鹽酥香菇塊、銀芽炒雙絲、茄汁豆包卷做法請見p.91~93。

二、清潔工作之建議順序

清洗器具→工作檯、爐台、水槽→器具擦拭乾淨歸定位→關瓦斯→清潔地面→垃圾依分類倒棄→告知考場人員檢查→領回准考證→離開考場→更換服裝

鹽酥香菇塊

❶

 作 法

1. 將調味料A攪拌調合成麵糊。
2. 將香菇塊汆燙過水,擠乾水分,拌上調味B,然後裹上麵糊(圖❶)。
3. 起油鍋至180度油溫,放入裹上麵糊的鮮香菇油炸,炸至金黃酥脆撈起(圖❷)。
4. 鍋燒熱入油潤鍋,加入薑末、芹菜粒、辣椒末、炸好鮮香菇及調味料C,拌炒均勻即可起鍋。

❶

❷

材 料

鮮香菇	150g(10朵)
芹菜	10g
紅辣椒	5g
中薑	5g

調味料

A:	麵粉	100g
	太白粉	20g
	沙拉油	1大匙
	水	120cc
B:	鹽	1/2小匙
	胡椒粉	1/4小匙
C:	鹽	1/2小匙
	花椒粉	1/2小匙
	胡椒粉	1/2小匙
	味精	1/2小匙

評分重點

- **烹調規定**:鮮香菇醃入辛香料,沾乾粉或麵糊炸至表皮酥脆,再以椒鹽調味。
- **烹調法**:酥炸
- **調味規定**:鹽、花椒粉、胡椒粉、糖、味精、地瓜粉等調味料自選合宜使用。
- **備註**:香菇酥脆不得含油,規定材料不得短少。

301-5 銀芽炒雙絲

❷

材　料

綠豆芽	150g
大豆乾	1塊
青椒	50g
紅辣椒	10g
中薑	10g

調味料

鹽	1/2小匙
味精	1/2小匙
香油	1小匙

作　法

1. 分別將銀芽、青椒絲汆燙撈出備用（圖❶）。
2. 鍋燒熱入沙拉油1大匙，加入薑絲、辣椒絲爆香。
3. 續加入大豆乾絲炒香。
4. 再下銀芽、青椒絲、鹽、味精共同拌炒均勻，起鍋前淋上香油即可（圖❷）。

評分重點

- **烹調規定**：1. 豆乾可先泡熱水、油炸或直接炒皆可。
  2. 銀芽、青椒等配料需脫生或保色，以中薑炒香入所有食材加調味料拌炒或熟炒均勻皆可。
- **烹調法**：炒
- **調味規定**：以鹽、酒、糖、味精、胡椒粉、香油、太白粉、水等調味料自選合宜使用。
- **備註**：綠豆芽未去頭尾，不符合題意，規定材料不得短少。

茄汁豆包卷  301-5

❸

材料

豆包	3片
芋頭	150g
紅蘿蔔	80g
小黃瓜	60g
黃甜椒	50g

調味料

A：	麵粉	100g
	太白粉	20g
	沙拉油	1大匙
	水	120cc
B：	番茄醬	3大匙
	糖	3大匙
	鹽	1/8小匙
	水	1/2杯
C：	太白粉水	1大匙

作法

1. 起油鍋至油溫180度，下芋頭條炸至金黃色。
2. 另起鍋加入水煮開，放入菱形黃椒片、小黃瓜片、紅蘿蔔水花片、紅蘿蔔條汆燙過備用。
3. 將生豆包攤開鋪平，放上芋頭條、紅蘿蔔條，向前捲緊，接口處以調味料A調合的麵糊黏緊（圖❶）。
4. 起油鍋至油溫180度，放入豆包捲炸至金黃酥脆，撈出瀝乾油，放置白色砧板上，以熟食菜刀將豆包捲斜切對半（圖❷）。
5. 鍋燒熱入1小匙沙拉油，加入調味料B和菱形黃椒片、小黃瓜片、紅蘿蔔水花片共同煮開。
6. 以調味料C太白粉水勾芡，調至適當濃稠度，加入豆包捲燴煮拌合均勻，盛入盤中即可。

- **烹調規定**：1. 芋頭條炸熟，紅蘿蔔條汆燙，將豆包捲入材料成圓筒狀，再炸定形（可沾麵糊）。
  2. 小黃瓜、黃甜椒需脫生保色，以茄汁調味燴煮。
  3. 加入紅蘿蔔水花拌合點綴。
- **烹調法**：滑溜
- **調味規定**：以番茄醬、鹽、白醋、糖、香油、太白粉、水等調味料自選合宜使用。
- **備註**：1. 不得嚴重出油，規定材料不得短少。
  2. 豆包卷不可鬆脫。

301-6

三珍鑲冬瓜、炒竹筍梳片、炸素菜春捲

第一階段：清洗、切配、工作區域清理（90分鐘）

一、材料明細

名稱	規格描述	重量（數量）	備註
冬菜	合格廠商效期內	5克	
乾香菇	外型完整，直徑4公分以上	6朵	
桶筍	合格廠商效期內	300克	若為空心或軟爛不足需求量，應檢人可反應更換
五香大豆乾	形體完整、無破損、無酸味，直徑4公分以上	1塊	35克以上／塊
生豆包	形體完整、無破損、無酸味	1塊	50克／塊
春捲皮	合格廠商效期內	8張	冷凍正方形或新鮮圓形春捲皮
紅蘿蔔	表面平整不皺縮不潰爛	300克	空心須補發
中薑	夠切絲的長段無潰爛	80克	
高麗菜	新鮮翠綠	120克	
冬瓜	表面平整不皺縮不潰爛	500克	厚度3公分、長度4公分以上
青江菜	新鮮翠綠	3顆	30克以上／棵
芹菜	新鮮翠綠	80克以上	
紅辣椒	表面平整不皺縮不潰爛	1條	
大黃瓜	表面平整不皺縮不潰爛	1截	6公分長
小黃瓜	鮮度足，不可大彎曲	1條	80克以上／條

二、清洗流程

(一)清洗器具：瓷碗盤→配料碗盤盆→鍋具→烹調用具（菜鏟、炒杓、大漏杓、調味匙、筷）→刀具（噴酒精）→砧板（噴酒精）→抹布（噴酒精）。

(二)預備工作：炒菜鍋裝水5分滿、蒸籠底鍋裝水3分滿。

(三)清洗食材順序：

　　1.乾貨類：泡洗乾香菇。

　　2.加工食品類：冬菜泡水→桶筍→大豆乾→生豆包洗淨。

　　3.不需去皮蔬果類：高麗菜剝葉→青江菜去外葉洗淨泥沙→小黃瓜去頭尾→大黃瓜洗淨→紅辣椒去蒂頭→芹菜去葉子及尾部。

　　4.需去皮根莖類：紅蘿蔔去皮→中薑去皮→冬瓜去皮去籽。

三、切配流程

(一)菜名與食材切配依據

菜餚名稱	主要刀工	烹調法	主材料類別	材料組合	水花款式	盤飾款式
三珍鑲冬瓜	長方塊、末	蒸	冬瓜	乾香菇、冬菜、生豆包、冬瓜、青江菜、紅蘿蔔、中薑		參考規格明細
炒竹筍梳片	梳子片	炒	桶筍	乾香菇、桶筍、小黃瓜、紅蘿蔔、中薑	參考規格明細	
炸素菜春捲	絲	炸	春捲皮	乾香菇、豆乾、春捲皮、桶筍、芹菜、高麗菜、紅蘿蔔		

(二)受評刀工規格明細

材料	規格描述（長度單位：公分）	數量	備註
紅蘿蔔水花片兩款	自選1款及指定1款，指定款須參考下列指定圖（形狀大小需可搭配菜餚）	各6片以上	
配合材料擺出兩種盤飾	下列指定圖3選2	各1盤	
香菇絲	寬、高（厚）各為0.2～0.4，長度依食材規格	2朵	
香菇末	直徑0.3以下碎末	1朵	
冬菜末	直徑0.3以下碎末	5克以上	
豆乾絲	寬、高（厚）各為0.2～0.4，長4～6	25克以上	
筍絲	寬、高（厚）各為0.2～0.4，長4～6	40克以上	
竹筍梳子片	長4～6，寬2～4，高（厚）0.2～0.4的梳子花刀片（花刀間隔為0.5以下）	200克以上	
小黃瓜片	長4～6，寬2～4，高（厚）0.2～0.4，可切菱形片	6片	
中薑末	直徑0.3以下碎末	10克以上	
紅蘿蔔絲	寬、高（厚）各為0.2～0.4，長4～6	25克以上	

(三)切配順序

1. 乾貨類：(1)泡開乾香菇2朵去蒂頭切片。

   (2)泡開乾香菇2朵去蒂頭切絲，寬、高（厚）各為0.2～0.4公分。 受評

   (3)泡開乾香菇2朵去蒂頭切末，直徑0.3公分以下碎末。 受評

2. 加工食品類：(1)冬菜切末，直徑0.3公分以下碎末。 受評

   (2)桶筍切絲，寬、高（厚）各為0.2～0.4，長4～6公分。 受評

   (3)桶筍切梳子片，長4～6，寬2～4，高（厚）0.2～0.4公分。 受評

   (4)生豆包切末。

   (5)大豆乾切絲，寬、高（厚）各為0.2～0.4，長4～公分。 受評

3. 不需去皮蔬果類：(1)高麗菜切絲。

   (2)青江菜修蒂頭葉子，對切兩半。

   (3)小黃瓜切片，長4～6，寬2～4、高（厚）0.2～0.4公分。 受評

   (4)小黃瓜切盤飾。 受評

   (5)大黃瓜切盤飾。 受評

   (6)芹菜切段。

   (7)紅辣椒切盤飾。 受評

4.需去皮根莖類：(1)紅蘿蔔切水花兩款。 受評

　　　　　　　　(2)紅蘿蔔切絲，寬、高（厚）各為0.2～0.4，長4～6公分。 受評

　　　　　　　　(3)紅蘿蔔切末。

　　　　　　　　(4)中薑切片。

　　　　　　　　(5)中薑切末，直徑0.3公分以下碎末。 受評

　　　　　　　　(6)冬瓜切成塊狀，中間挖成凹槽。

(四)水花及盤飾參考

指定水花（擇一）	(1)	(2)	(3)
指定盤飾（擇二） (1)大黃瓜、小黃瓜、 　紅辣椒 (2)大黃瓜 (3) 小黃瓜	(1)	(2)	(3)

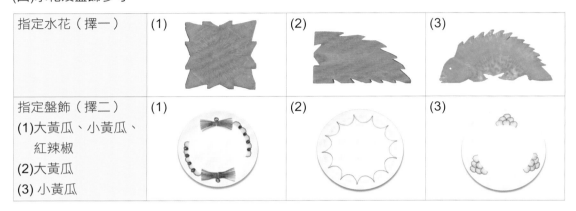

(五)受評檢測陳設方式

　　所有切好食材及兩款水花以配菜盤分類裝好，分成受評（放在外側接近中島區處）與不受評（放在內側接近水槽處）兩部分。兩款盤飾需以瓷盤裝飾完成，置於熟食區待評。

第二階段：評分刀工作品（30分鐘）

應檢人離場休息（監評委員評分，應檢人可利用此時間確認三道菜的烹調方式及調味規定）

第三階段：菜餚製作及善後工作區域清理並完成檢查（70分鐘）

一、菜餚製作

　　三珍鑲冬瓜、炒竹筍梳片、炸素菜春捲做法請見p.97~99。

二、清潔工作之建議順序

　　清洗器具→工作檯、爐台、水槽→器具擦拭乾淨歸定位→關瓦斯→清潔地面→垃圾依分類倒棄→告知考場人員檢查→領回准考證→離開考場→更換服裝

三珍鑲冬瓜

301-6

❶

🥢 材 料

冬瓜	500g
青江菜	3棵
乾香菇	2朵
生豆包	1塊
紅蘿蔔	20g
中薑	10g
冬菜	5g

🧂 調味料

A：	醬油	1大匙
	糖	1小匙
	味精	1/2小匙
	胡椒粉	1/4小匙
	香油	1大匙
B：	太白粉	2大匙
C：	鹽	1小匙
	香油	1小匙
	太白粉水	1大匙

 作 法

1. 鍋中加水煮滾，將冬瓜塊放入滾水中汆燙1分鐘，撈出瀝乾；再將青江菜入放滾水中汆燙熟，撈出瀝乾。

2. 鍋燒熱入1大匙沙拉油，爆香中薑末、香菇末，再放入冬菜末、豆包末、紅蘿蔔末炒香，放入調味料A拌炒均勻為餡。

3. 冬瓜塊擦乾水份，中間凹槽處抹上太白粉（圖❶），再將炒好餡料塞填入凹槽中，上方整形為圓滿狀（圖❷），放入蒸籠裡大火蒸10分鐘。

4. 蒸好的冬瓜塊和燙熟的青江菜擺入盤中，另鍋中加水半杯煮滾，加入調味料C勾芡，淋在菜餚上即完成。

 評分重點

- **烹調規定**：1. 以中薑爆炒香菇末、豆包末、紅蘿蔔末，冬菜末炒熟調味，再鑲入挖空冬瓜塊內蒸熟。
  2. 以青江菜擺盤調味勾芡淋上。
- **烹調法**：蒸
- **調味規定**：以鹽、醬油、酒、糖、味精、胡椒粉、香油、太白粉、水等調味料自選合宜使用。
- **備註**：鑲冬瓜約為長、寬各4〜6公分之長方體，高（厚）度依食材規格，規定材料不得短少。

❶

❷

炒竹筍梳片

❷

材料

桶筍	250g
紅蘿蔔	60g
乾香菇	2朵
小黃瓜	50g
中薑	10g

調味料

鹽	1小匙
胡椒粉	1/4小匙
味精	1/2小匙
香油	1小匙

作法

1. 鍋中加水煮滾，下桶筍梳片汆燙2分鐘，去除酸味，撈出瀝乾（圖❶）。
2. 鍋燒熱加1大匙沙拉油，放入中薑片、香菇片爆香。
3. 再放入紅蘿蔔水花片、桶筍梳片、小黃瓜片一起拌炒均勻（圖❷）。
4. 加入所有調味料及3大匙水，炒至煮開收汁即完成。

❶

❷

評分重點

- **烹調規定**：中薑片、香菇片爆香，竹筍梳子片加入配料、水花片拌炒調味。
- **烹調法**：炒
- **調味規定**：以鹽、醬油、胡椒粉、糖、味精、黑醋、香油、太白粉、水等調味料自選合宜使用。
- **備註**：油汁不得過多，規定材料不得短少。

炸素菜春捲

❸

作 法

1. 鍋燒熱加入1大匙沙拉油，放入香菇絲、芹菜段爆香，再加入豆乾絲、桶筍絲、高麗菜絲、紅蘿蔔絲及調味料A共同拌炒入味，再以太白粉水勾芡成餡料。

2. 春捲皮攤開鋪平，前端上緣處抹上麵糊（圖❶）。

3. 取適量餡料放置於春捲皮下方處，兩邊向內摺至適當長度，再向前捲緊成圓筒狀，接口處用麵糊確實緊黏（圖❷）。

4. 起油鍋至油溫至180度，放入春捲炸至金黃酥脆，即可撈出盛盤。

❶

❷

材 料

高麗菜	120g
桶筍	50g
芹菜	50g
乾香菇	30g
紅蘿蔔	30g
大豆乾	1塊
春捲皮	6張

調味料

A：醬油	1小匙
鹽	1/4小匙
糖	1/2小匙
胡椒粉	1/4小匙
香油	1小匙
B：太白粉水	1大匙
C：麵糊（等量麵粉及水調勻）	3大匙

評分重點

- **烹調規定**：1.香菇、芹菜爆香與配料炒熟調味。
  2.以春捲皮包入炒熟餡料捲起，油炸至酥上色。
- **烹調法**：炸
- **調味規定**：以鹽、醬油、酒、糖、味精、胡椒粉、香油、麵粉、太白粉、水等調味料自選合宜使用。
- **備註**：春捲需緊實無破損，規定材料不得短少。

301-7

乾炒素小魚乾、燴三色山藥片、辣炒蒟蒻絲

第一階段：清洗、切配、工作區域清理（90分鐘）

一、材料明細

名稱	規格描述	重量（數量）	備註
乾木耳	葉面泡開有4公分以上	1大片	10克以上／片
乾香菇	外型完整，直徑4公分以上	3朵	
海苔片	合格廠商效期內	6張	20公分*25公分
千張豆皮	合格廠商效期內	6張	20公分*25公分
白蒟蒻	外形完整、無裂痕	200克以上	1塊
桶筍	合格廠商效期內	淨重100克以上	若為空心或軟爛不足需求量，應檢人可反應更換
小黃瓜	鮮度足，不可大彎曲	1條	80克以上／條
大黃瓜	表面平整不皺縮不潰爛	1截	6公分長
紅辣椒	表面平整不皺縮不潰爛	2條	
青椒	表面平整不皺縮不潰爛	60克以上	120克以上／個
芹菜	新鮮翠綠	90克	
紅蘿蔔	表面平整不皺縮不潰爛	300克	空心須補發
中薑	夠切絲的長段無潰爛	150克	
白山藥	表面平整不皺縮不潰爛	300克	

二、清洗流程

(一)清洗器具：瓷碗盤→配料碗盤盆→鍋具→烹調用具（菜鏟、炒杓、大漏杓、調味匙、筷）
　　→刀具（噴酒精）→砧板（噴酒精）→抹布（噴酒精）。

(二)預備工作：炒菜鍋裝水5分滿。

(三)清洗食材順序：

1.乾貨類：泡洗乾香菇→泡洗乾木耳。

2.加工食品類：白蒟蒻→桶筍洗淨。

3.不需去皮蔬果類：小黃瓜去頭尾→大黃瓜洗淨→紅辣椒去蒂頭→青椒去頭尾對剖開，去籽去內膜白梗→芹菜去葉子及尾部。

4.需去皮根莖類：紅蘿蔔去皮→中薑去皮→山藥去皮。

三、切配流程

(一)菜名與食材切配依據

菜餚名稱	主要刀工	烹調法	主材料類別	材料組合	水花款式	盤飾款式
乾炒素小魚乾	條	炸、炒	海苔片、千張豆皮	海苔片、千張豆皮、紅辣椒、芹菜、中薑		參考規格明細
燴三色山藥片	片	燴	白山藥	乾木耳、小黃瓜、白山藥、紅蘿蔔、中薑	參考規格明細	
辣炒蒟蒻絲	絲	炒	白蒟蒻（長方型）	乾香菇、桶筍、白蒟蒻、紅辣椒、青椒、中薑		

(二)受評刀工規格明細

材料	規格描述（長度單位：公分）	數量	備註
紅蘿蔔水花片	指定1款，指定款須參考下列指定圖（形狀大小需可搭配菜餚）	6片以上	
薑水花片	自選1款	6片以上	
配合材料擺出兩種盤飾	下列指定圖3選2	各1盤	
香菇絲	寬、高（厚）各為0.2～0.4，長度依食材規格	3朵	
白蒟蒻絲	寬、高（厚）各為 0.2～0.4，長 4～6	160克以上	
筍絲	寬、高（厚）各為0.2～0.4，長4～6	80克以上	
小黃瓜片	長4～6，寬2～4、高（厚）0.2～0.4，可切菱形片	6片	
紅辣椒絲	寬、高（厚）各為0.3以下，長4～6	10克以上	
中薑絲	寬、高（厚）各為0.3以下，長4～6	20克以上	
中薑末	直徑0.3以下碎末	20克以上	
白山藥片	長4～6，寬2～4、高（厚）0.4～0.6	200克以上	

(三)切配順序

1.乾貨類：(1)泡開乾香菇去蒂頭切絲，寬、高（厚）各為0.2～0.4公分。 受評
　　　　　(2)泡開乾木耳切片。

2.加工食品類：(1)白蒟蒻切絲，寬、高（厚）各為 0.2～0.4，長 4～6公分。 受評
　　　　　　　(2)桶筍切絲，寬、高（厚）各為0.2～0.4，長4～6公分。 受評

3.不需去皮蔬果類：(1)青椒切絲。
　　　　　　　　　(2)紅辣椒切絲，寬、高（厚）各為0.3以下，長4～6公分。 受評
　　　　　　　　　(3)紅辣椒切末。
　　　　　　　　　(4)紅辣椒切盤飾。 受評
　　　　　　　　　(5)小黃瓜切片，長4～6，寬2～4，高（厚）0.2～0.4公分。 受評
　　　　　　　　　(6)小黃瓜切盤飾。 受評
　　　　　　　　　(7)大黃瓜切盤飾。 受評
　　　　　　　　　(8)芹菜切末。

4.需去皮根莖類：(1)紅蘿蔔切水花1款。 受評

(2)中薑切水花1款。 受評

(3)中薑切絲,寬、高(厚)各為0.3以下,長4～6公分。 受評

(4)中薑切末,直徑0.3公分以下碎末。 受評

(5)白山藥切片,長4～6,寬2～4、高(厚)0.4～0.6公分。 受評

(四)水花及盤飾參考

指定水花（擇一）	(1)	(2)	(3)
	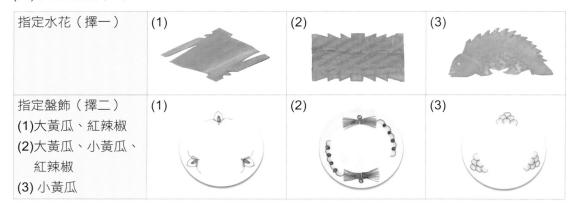		
指定盤飾（擇二） (1)大黃瓜、紅辣椒 (2)大黃瓜、小黃瓜、 　　紅辣椒 (3) 小黃瓜	(1)	(2)	(3)

(五)受評檢測陳設方式

　　所有切好食材及兩款水花以配菜盤分類裝好,分成受評(放在外側接近中島區處)與不受評(放在內側接近水槽處)兩部分。兩款盤飾需以瓷盤裝飾完成,置於熟食區待評。

第二階段:評分刀工作品(30分鐘)

應檢人離場休息(監評委員評分,應檢人可利用此時間確認三道菜的烹調方式及調味規定)

第三階段:菜餚製作及善後工作區域清理並完成檢查(70分鐘)

一、菜餚製作

乾炒素小魚乾、燴三色山藥片、辣炒蒟蒻絲做法請見p.103~105。

二、清潔工作之建議順序

清洗器具→工作檯、爐台、水槽→器具擦拭乾淨歸定位→關瓦斯→清潔地面→垃圾依分類倒棄→告知考場人員檢查→領回准考證→離開考場→更換服裝

乾炒素小魚乾

材料

海苔片	6張
千張豆皮	6張
芹菜	20g
紅辣椒	10g
中薑	10g

調味料

A：	麵粉	6大匙
	水	8大匙
B：	太白粉	1/2杯
C：	鹽	1/4小匙
	糖	1/2小匙
	味精	1/2小匙
	胡椒粉	1/4小匙
	花椒粉	1/4小匙

作法

1.麵粉加水（調味料A）調拌成麵糊，不能有顆粒狀。

2.將千張豆皮鋪平，均勻抹上麵糊，再疊上一張海苔，在於海苔上再抹上一層麵糊，依序重複做三層（圖❶），每一層抹上麵糊再疊時須壓緊實，3張千張豆皮、3張海苔做一份，共做兩份。

3.將千張海苔片切成條狀，寬 0.3-0.6、長 4-6公分（圖❷）（製作完時可先移至冷凍待變硬，較好切不容易滑刀）。

4.將素小魚乾均勻撒上太白粉，起油鍋至油溫160度，炸至金黃酥脆撈出。

5.鍋燒熱加入1大匙沙拉油，爆香中薑末、紅辣椒末、芹菜末，再加入炸好的素小魚乾及調味料C，拌炒均勻即可起鍋盛盤。

評分重點

- 烹調規定：三張千張豆皮和三張海苔一層一層沾上麵糊貼緊，再改刀切成（寬 0.3-0.6、長 4-6公分）條形，以熱油炸酥，和三種爆香料及椒鹽調味。
- 烹調法：炸、炒
- 調味規定：以鹽、油、糖、味精、花椒粉、胡椒粉、香油、麵粉等調味料自選合宜使用。
- 備註：海苔條炸酥不含油，規定材料不得短少。

❶

❷

燴三色山藥片

❷

材　料

白山藥	200g
小黃瓜	30g
紅蘿蔔	30g
中薑	20g
乾木耳	10g

調味料

鹽	1/2小匙
味精	1/4小匙
香油	1小匙
太白粉水	2大匙

作　法

1. 鍋中加水煮滾，依序分別汆燙山藥片（圖❶）、紅蘿蔔水花片、木耳片、小黃瓜片，至半熟即可撈出，小黃瓜泡入冷水中保持翠綠備用。
2. 鍋燒熱，加入1大匙沙拉油，爆香薑水花片。
3. 再加入汆燙好的山藥片、紅蘿蔔水花片、木耳片及1杯水煮滾，並加鹽、味精調味（圖❷）。
4. 下太白粉水勾芡，加入小黃瓜片煮熱，起鍋前淋上香油拌勻，即可盛盤。

❶

❷

評分重點

- 烹調規定：1.山藥可汆燙、油炸或直接炒皆可。
  - 2.其他配料需汆燙脫生，小黃瓜需保持綠色。
  - 3.以薑水花爆香和配料燴煮調味。
- 烹調法：燴
- 調味規定：以鹽、酒、糖、味精、胡椒粉、香油、太白粉、水等調味料自選合宜使用。
- 備註：需有燴汁，規定材料不得短少。

辣炒蒟蒻絲

作 法

鍋中加水煮滾，分別汆燙桶筍絲、青椒絲，撈出備用。

在滾水中加入1小匙鹽，放入白蒟蒻絲汆燙以去除鹼味（圖❶），撈出沖水備用。

鍋燒熱，加入1大匙沙拉油，爆香薑絲、香菇絲、紅辣椒絲。

再加入其他汆燙過食材，以鹽、味精、辣油拌炒均勻，即可起鍋盛盤（圖❷）。

材 料

白蒟蒻	200g
桶筍	80g
青椒	30g
乾香菇	3朵
紅辣椒	10g
中薑	10g

調味料

鹽	1小匙
味精	1小匙
辣油	1大匙

評分重點

- **烹調規定**：1.蒟蒻需過熱水去除鹼味。
  2.以中薑和香菇爆香加入配料拌炒調味。
- **烹調法**：炒
- **調味規定**：以鹽、醬油、酒、糖、味精、辣油、黑醋、香油等調味料自選合宜使用。
- **備註**：鹹味過重扣分（調味與火候），規定材料不得短少。

301-8

燴素什錦、三椒炒豆乾絲、咖哩馬鈴薯排

第一階段：清洗、切配、工作區域清理（90分鐘）

一、材料明細

名稱	規格描述	重量（數量）	備註
麵筋泡	無油耗味	8粒	
乾香菇	外型完整，直徑4公分以上	3朵	
乾木耳	葉面泡開有4公分以上	2大片	10克以上／片
桶筍	合格廠商效期內	150克	若為空心或軟爛不足需求量，應檢人可反應更換
五香大豆乾	形體完整、無破損、無酸味，直徑4公分以上	1塊	35克以上／塊
小黃瓜	鮮度足，不可大彎曲	2條	80克以上／條
大黃瓜	表面平整不皺縮不潰爛	1截	6公分長
紅辣椒	表面平整不皺縮不潰爛	1條	
青椒	表面平整不皺縮不潰爛	60克以上	1/2個，120克以上／個
黃甜椒	表面平整不皺縮不潰爛	70克以上	1/2個，140克以上／個
紅甜椒	表面平整不皺縮不潰爛	70克以上	1/2個，140克以上／個
芹菜	新鮮翠綠	40克	
馬鈴薯	表面平整不皺縮不潰爛	300克	
紅蘿蔔	表面平整不皺縮不潰爛	300克	空心須補發
中薑	夠切絲的長段無潰爛	80克	

二、清洗流程

(一)清洗器具：瓷碗盤→配料碗盤盆→鍋具→烹調用具（菜鏟、炒杓、大漏杓、調味匙、筷）→刀具（噴酒精）→砧板（噴酒精）→抹布（噴酒精）。

(二)預備工作：炒菜鍋裝水5分滿、蒸籠底鍋裝水3分滿。

(三)清洗食材順序：

    1.乾貨類：泡洗乾香菇→泡洗乾木耳。

    2.加工食品類：浸泡麵筋泡→桶筍→大豆乾洗淨。

    3.不需去皮蔬果類：小黃瓜去頭尾→大黃瓜洗淨→青椒、黃甜椒、紅甜椒去頭尾對剖開，去籽去內膜白梗→紅辣椒去蒂頭→芹菜去葉子及尾部。

    4.需去皮根莖類：馬鈴薯去皮→紅蘿蔔去皮→中薑去皮。

三、切配流程

(一)菜名與食材切配依據

菜餚名稱	主要刀工	烹調法	主材料類別	材料組合	水花款式	盤飾款式
燴素什錦	片	燴	乾香菇、桶筍	乾香菇、桶筍、麵筋泡、小黃瓜、紅蘿蔔、中薑	參考規格明細	參考規格明細
三椒炒豆乾絲	絲	熟炒	豆乾	乾木耳、豆乾、紅甜椒、黃甜椒、青椒、中薑		
咖哩馬鈴薯排	泥、片	炸、淋	馬鈴薯	乾木耳、小黃瓜、芹菜、馬鈴薯、中薑、紅蘿蔔		

(二)受評刀工規格明細

材料	規格描述（長度單位：公分）	數量	備註
紅蘿蔔水花片兩款	自選1款及指定1款，指定款須參考下列指定圖（形狀大小需可搭配菜餚）	各6片以上	
配合材料擺出兩種盤飾	下列指定圖3選2	各1盤	
木耳絲	寬0.2～0.4，長4～6，高（厚）依食材規格	20克以上	
豆乾絲	寬、高（厚）各為0.2～0.4，長4～6	30克以上	
青椒絲	寬、高（厚）各為0.2～0.4，長4～6	50克以上	
黃甜椒絲	寬、高（厚）各為0.2～0.4，長4～6	50克以上	
紅甜椒絲	寬、高（厚）各為0.2～0.4，長4～6	50克以上	
芹菜末	直徑0.3以下碎末	20克以上	
中薑絲	寬、高（厚）各為0.3以下，長4～6	10克以上	.
中薑片	長2～3，寬1～2、高（厚）0.2～0.4，可切菱形片	40克以上	

(三)切配順序

1. 乾貨類：(1)泡開乾香菇去蒂頭切片。
   (2)泡開乾木耳切絲，寬0.2～0.4，長4～6公分。 受評
   (3)泡開乾木耳切片。

2. 加工食品類：(1)桶筍切菱形片。
   (2)大豆乾切絲，寬、高（厚）各為 0.2～0.4，長 4～6公分。 受評

3. 不需去皮蔬果類：(1)小黃瓜切片狀。
   (2)小黃瓜切盤飾。 受評
   (3)大黃瓜切盤飾。 受評
   (4)青椒切絲，寬、高（厚）各為 0.2～0.4，長 4～6公分。 受評
   (5)黃甜椒切絲，寬、高（厚）各為 0.2～0.4，長 4～6公分。 受評
   (6)紅甜椒切絲，寬、高（厚）各為 0.2～0.4，長 4～6公分。 受評
   (7)芹菜切末，直徑0.3公分以下細末。 受評
   (8)紅辣椒切盤飾。 受評

4.需去皮根莖類：(1)馬鈴薯切片。

(2)紅蘿蔔切水花兩款。 受評

(3)紅蘿蔔切菱形片。

(4)中薑切絲，寬、高（厚）各為0.3以下，長4～6公分。 受評

(5)中薑切菱形片，長2～3，寬1～2、高（厚）0.2～0.4公分。 受評

(6)中薑切末。

(四)水花及盤飾參考

指定水花（擇一）	(1)	(2)	(3)
指定盤飾（擇二） (1)大黃瓜、紅辣椒 (2)大黃瓜、紅辣椒 (3)小黃瓜	(1)	(2)	(3)

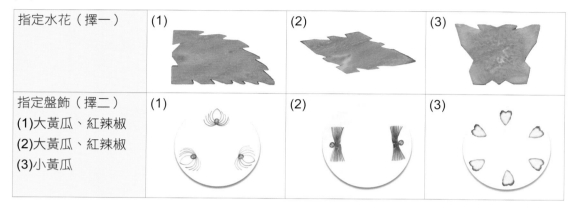

(五)受評檢測陳設方式

所有切好食材及兩款水花以配菜盤分類裝好，分成受評（放在外側接近中島區處）與不受評（放在內側接近水槽處）兩部分。兩款盤飾需以瓷盤裝飾完成，置於熟食區待評。

第二階段：評分刀工作品（30分鐘）

應檢人離場休息（監評委員評分，應檢人可利用此時間確認三道菜的烹調方式及調味規定）

第三階段：菜餚製作及善後工作區域清理並完成檢查（70分鐘）

一、菜餚製作

燴素什錦、三椒炒豆干絲、咖哩馬鈴薯排做法請見p.109~111。

二、清潔工作之建議順序

清洗器具→工作檯、爐台、水槽→器具擦拭乾淨歸定位→關瓦斯→清潔地面→垃圾依分類倒棄→告知考場人員檢查→領回准考證→離開考場→更換服裝

燴素什錦

作 法

1. 鍋中加水煮滾,分別將麵筋泡、桶筍片汆燙1分鐘後撈出。
2. 鍋燒熱,加入1大匙沙拉油爆香中薑片、香菇片(圖❶)。
3. 再加入麵筋泡、桶筍片、紅蘿蔔水花片、小黃瓜片及1杯水,並加入醬油、糖、胡椒粉調味。
4. 煮開融合拌勻,加入太白粉水勾芡(圖❷),起鍋前淋上香油即完成。

材 料

桶筍	50g
紅蘿蔔	50g
乾香菇	3朵
麵筋泡	30g
小黃瓜	30g
中薑	10g

調味料

醬油 1	大匙
糖	1小匙
胡椒粉	1/2小匙
香油	1小匙
太白粉水	2大匙

評分重點

- **烹調規定**:1.麵筋泡、桶筍需汆燙。
  2.以中薑爆香加入配料和紅蘿蔔水花片,調味勾芡。
- **烹調法**:燴
- **調味規定**:以鹽、醬油、糖、油、味精、胡椒粉、香油、太白粉等調味料自選合宜使用。
- **備註**:規定材料不得短少。

2

三椒炒豆乾絲

材料

紅甜椒	60g
黃甜椒	60g
青椒	60g
乾木耳	20g
大豆乾	1塊
中薑	10g

調味料

鹽	1小匙
味精	1小匙
胡椒粉	1/2小匙
香油	1小匙

作法

1. 鍋中加水煮滾，放入紅椒絲、黃椒絲、青椒絲汆燙後撈出備用（圖**❶**）。

2. 鍋中入油燒至三分熱，入豆乾絲炸至表面微黃上色撈出。

3. 鍋燒熱，加入1大匙沙拉油爆香中薑絲，再加入木耳絲、紅椒絲、黃椒絲、青椒絲、豆乾絲一同拌炒均勻（圖**❷**）。

4. 加鹽、味精、胡椒粉調味，快速炒合均勻，起鍋前淋上香油即完成。

評分重點

- **烹調規定**：1.豆乾絲需油炸或直接炒皆可。
  2.紅甜椒、黃甜椒、青椒需脫生。
  3.以中薑絲爆香入配料合炒調味。
- **烹調法**：炒
- **調味規定**：以鹽、酒、糖、味精、胡椒粉、香油、太白粉、水等調味料自選合宜使用。
- **備註**：規定材料不得短少。

咖哩馬鈴薯排 301-8

❸

作法

1.將馬鈴薯去皮切片,放入蒸籠大火蒸 20分鐘,蒸至熟透。

2.取出馬鈴薯放入磁碗裡,加入芹菜末 和調味料A,搗成泥狀一起攪拌均勻。

3.將馬鈴薯泥分成每塊小糰狀約35公 克,再壓扁修整成圓形(圖❶)。

4.起油鍋,將油鍋燒至三分熱,將馬鈴薯排沾上玉米粉後下油鍋,炸 至金黃,熟透後撈出,擺入盤中。

5.另起鍋加入1大匙沙拉油,爆香中薑末,再入半杯水及紅蘿蔔片、 木耳片、小黃瓜片、調味料C一同煮開。

6.加入太白粉水勾芡,成咖哩醬汁,再淋至馬鈴薯排上即完成。

評分重點

- **烹調規定**:1.馬鈴薯去皮切片蒸熟搗泥調味,放入芹菜末拌勻 做成排狀,沾粉炸成金黃色。
  2.咖哩醬調味加入配料勾芡,淋上馬鈴薯排。
- **烹調法**:炸、淋
- **調味規定**:以咖哩粉、鹽、椰漿、糖、味精、香油、太白粉、 水、麵粉等調味料自選合宜使用。
- **備註**:馬鈴薯排(可加玉米粉調和)油炸後不得焦黑夾生,不 得鬆散不成形,形狀大小需均一,規定材料不得短少。

材料

馬鈴薯	300g
小黃瓜	30g
紅蘿蔔	20g
芹菜	20g
中薑	10g
乾木耳	10g

調味料

A:	咖哩粉	1大匙
	鹽	1小匙
	糖	1小匙
	低筋麵粉	2大匙
B:	玉米粉	2大匙
C:	咖哩粉	2小匙
	鹽	1/2小匙
	味精	1/2小匙
	椰漿	1小匙
D:	太白粉水	1大匙

炒牛蒡絲、豆瓣鑲茄段、醋溜芋頭條

第一階段：清洗、切配、工作區域清理（90分鐘）

一、材料明細

名稱	規格描述	重量（數量）	備註
乾香菇	外型完整，直徑4公分以上	2朵	
鳳梨片	合格廠商效期內	2片	罐頭鳳梨片
板豆腐	老豆腐，不得有酸味	1/2塊（100克）	注意保存
青椒	表面平整不皺縮不潰爛	60克以上	1/2個，120克以上／個
紅甜椒	表面平整不皺縮不潰爛	70克以上	1/2個，140克以上／個
紅辣椒	表面平整不皺縮不潰爛	2條	
小黃瓜	鮮度足，不可大彎曲	1條	80克以上／條
大黃瓜	表面平整不皺縮不潰爛	1截	6公分長
茄子	鮮度足無潰爛	2條	180克以上／條
芹菜	新鮮翠綠	80克	
紅蘿蔔	表面平整不皺縮不潰爛	300克	
芋頭	表面平整不皺縮不潰爛	200克	
豆薯	表面平整不皺縮不潰爛	50克	
牛蒡	表面平整不皺縮不潰爛	250克	無空心
中薑	夠切絲的長段無潰爛	80克	

二、清洗流程

(一)清洗器具：瓷碗盤→配料碗盤盆→鍋具→烹調用具（菜鏟、炒杓、大漏杓、調味匙、筷）
→刀具（噴酒精）→砧板（噴酒精）→抹布（噴酒精）。

(二)預備工作：炒菜鍋裝水5分滿。

(三)清洗食材順序：

1.乾貨類：泡洗乾香菇。

2.加工食品類：鳳梨片→板豆腐洗淨。

3.不需去皮蔬果類：青椒、紅甜椒去頭尾對剖開，去籽去內膜白梗→紅辣椒去蒂頭→小黃瓜
去頭尾→大黃瓜洗淨→茄子去蒂頭→芹菜去葉子及尾部。

4.需去皮根莖類：紅蘿蔔去皮→芋頭去皮→豆薯去皮→牛蒡去皮→中薑去皮。

三、切配流程

(一)菜名與食材切配依據

菜餚名稱	主要刀工	烹調法	主材料類別	材料組合	水花款式	盤飾款式
炒牛蒡絲	絲	炒	牛蒡	乾香菇、紅辣椒、芹菜、中薑、牛蒡		參考規格明細
豆瓣鑲茄段	段、末	炸、燒	茄子	板豆腐、茄子、芹菜、中薑、豆薯、紅蘿蔔	參考規格明細	
醋溜芋頭條	條	滑溜	芋頭	鳳梨片、青椒、紅甜椒、中薑、芋頭		

(二)受評刀工規格明細

材料	規格描述（長度單位：公分）	數量	備註
紅蘿蔔水花片兩款	自選1款及指定1款，指定款須參考下列指定圖（形狀大小需可搭配菜餚）	各6片以上	
配合材料擺出兩種盤飾	下列指定圖3選2	各1盤	
香菇絲	寬、高（厚）各為 0.2～0.4，長度依食材規格	2朵	
紅辣椒絲	寬、高（厚）各為 0.3以下，長 4～6	10克以上	
青椒條	寬為 0.5～1，長 4～6，高（厚）依食材規格	50克以上	去內膜
紅甜椒條	寬為 0.5～1，長 4～6，高（厚）依食材規格	50克以上	去內膜
牛蒡絲	寬、高（厚）各為 0.2～0.4，長 4～6	200克以上	
中薑絲	寬、高（厚）各為0.3以下，長4～6	30克以上	
芋頭條	寬、高（厚）各為 0.5～1，長 4～6	150克以上	
豆薯末	直徑0.3以下碎末	30克以上	

(三)切配順序

1.乾貨類：泡開乾香菇去蒂頭切絲，寬、高（厚）各為 0.2～0.4公分。 受評

2.加工食品類：(1)鳳梨片切條。
　　　　　　　(2)板豆腐搗成泥狀，擠乾水份。

3.不需去皮蔬果類：(1)紅辣椒切絲，寬、高（厚）各為 0.3以下，長 4～6公分。 受評
　　　　　　　　　(2)紅辣椒切盤飾。 受評
　　　　　　　　　(3)青椒切條，寬為 0.5～1，長 4～6公分。 受評
　　　　　　　　　(4)紅甜椒切條，寬為 0.5～1，長 4～6公分。 受評
　　　　　　　　　(5)小黃瓜切盤飾。 受評
　　　　　　　　　(6)大黃瓜切盤飾。 受評
　　　　　　　　　(7)茄子以湯匙尾端挖中空。
　　　　　　　　　(8)芹菜切絲。
　　　　　　　　　(9)芹菜切末。

4.需去皮根莖類：(1)紅蘿蔔切水花兩款。 受評
　　　　　　　　(2)牛蒡切絲泡水（避免氧化變黑），寬、高（厚）各為 0.2～0.4，長 4～6公分。 受評

(3)中薑切絲，寬、高（厚）各為0.3以下，長4～6公分。 受評
(4)中薑切末。
(5)中薑切菱形片。
(6)芋頭切條，寬、高（厚）各為 0.5～1，長 4～6公分。 受評
(7)豆薯切末，直徑0.3公分以下細末。 受評

(四)水花及盤飾參考

指定水花（擇一）	(1)	(2)	(3)
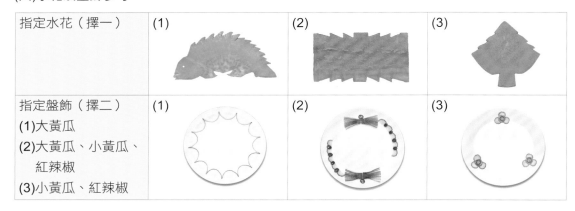
指定盤飾（擇二） (1)大黃瓜 (2)大黃瓜、小黃瓜、 　紅辣椒 (3)小黃瓜、紅辣椒	(1)	(2)	(3)

(五)受評檢測陳設方式

　　所有切好食材及兩款水花以配菜盤分類裝好，分成受評（放在外側接近中島區處）與不受評（放在內側接近水槽處）兩部分。兩款盤飾需以瓷盤裝飾完成，置於熟食區待評。

第二階段：評分刀工作品（30分鐘）

應檢人離場休息（監評委員評分，應檢人可利用此時間確認三道菜的烹調方式及調味規定）

第三階段：菜餚製作及善後工作區域清理並完成檢查（70分鐘）

一、菜餚製作

　　炒牛蒡絲、豆瓣鑲茄段、醋溜芋頭條做法請見p.115~117。

二、清潔工作之建議順序

　　清洗器具→工作檯、爐台、水槽→器具擦拭乾淨歸定位→關瓦斯→清潔地面→垃圾依分類倒棄→告知考場人員檢查→領回准考證→離開考場→更換服裝

炒牛蒡絲 301-9

作 法

1. 鍋中加水煮開，放入牛蒡絲汆燙30
   秒，撈出瀝乾備用（圖❶）。

2. 另起鍋燒熱加入1大匙沙拉油，放入香
   菇絲、中薑絲、紅辣椒絲一起爆香，
   再加入牛蒡絲炒勻至軟。

3. 再加入芹菜絲及調味料拌炒均勻，熟
   透即可盛盤（圖❷）。

材 料

牛蒡	200g
芹菜	30g
乾香菇	2朵
紅辣椒	10g
中薑	10g

調味料

鹽	1/4小匙
醬油	1小匙
糖	1/2小匙
味精	1/2小匙
香油	1小匙

評分重點

- 烹調規定：1.牛蒡絲需汆燙或直接炒熟。
  2.以中薑絲、香菇絲爆香，加入配料調味炒均。
- 烹調法：炒
- 調味規定：以鹽、醬油、糖、味精、胡椒粉、香油等調味料自
  選合宜使用。
- 備註：規定材料不得短少。

豆瓣鑲茄段

材料

茄子	2條
板豆腐	100g
豆薯	50g
紅蘿蔔	50g
芹菜	20g
中薑	20g

調味料

A：鹽	1小匙
白胡椒粉	1/2小匙
香油	1小匙
B：低筋麵粉	50g
水	50cc
C：辣豆瓣醬	1大匙
醬油	1大匙
糖	1小匙
香油	1小匙
白醋	2小匙
太白粉水	1大匙

作法

1. 鍋燒熱加入1大匙沙拉油，加入中薑末、豆薯末、芹菜末炒香備用。
2. 將豆腐壓乾水份搗碎，放入磁碗中，與炒好的材料和調味料A攪拌均勻為餡。
3. 將餡料裝入塑膠袋中，剪個洞口，把餡料擠入挖空的茄子段中（圖❶）。
4. 將調味料B調和成麵糊，起油鍋將油溫燒至180度，把塞滿餡料的茄子段的頭尾兩端沾上麵糊（圖❷），入油鍋中炸熟後撈出。
5. 鍋中放入1大匙沙拉油，加少許中薑片爆香，加入調和好的調味料C及200CC的水調味成醬汁。
6. 放入炸好的茄子段和兩款紅蘿蔔水花片，一同燒至入味起鍋盛盤。

評分重點

- 烹調規定：1. 配料炒香調味加入豆腐泥成餡料。
  2. 茄子切4~6公分長段，挖空茄肉，再塞入餡料沾上麵糊封口油炸熟，以中薑片爆香加辣豆瓣醬調味成醬汁，入兩款水花拌燒。
- 烹調法：炸、燒
- 調味規定：以辣豆瓣醬、醬油、酒、鹽、糖、味精、胡椒粉、香油、白醋、太白粉、水等調味料自選合宜使用。
- 備註：需有適當餡料，規定材料不得短少。

醋溜芋頭條

作 法

1. 水煮開放入青椒條、紅甜椒條，汆燙10秒撈出泡水備用。
2. 將調味料A拌勻調和成麵糊，將芋頭條沾上麵糊（圖❶）。
3. 起油鍋燒至160度，放入沾上麵糊的芋頭條，炸至金黃酥脆熟透，撈出備用（圖❷）。
4. 鍋中加入1大匙沙拉油，爆香中薑絲，再放入調和好的調味料B煮開，並以太白粉水勾芡。
5. 加入青椒條、紅甜椒條、鳳梨條、炸好的芋頭條，拌勻溜煮一下即可起鍋盛盤。

❶

❷

材 料

芋頭	200g
青椒	50g
紅甜椒	50g
鳳梨片	30g
中薑	10g

調味料

A：麵粉	80g
太白粉	20g
沙拉油	1大匙
水	120cc
B：糖	2大匙
白醋	2大匙
番茄醬	3大匙
鹽	1/8小匙
水	120cc
C：太白粉水	1大匙

評分重點

- **烹調規定：** 1. 芋頭條需沾麵糊炸熟。
  2. 青椒需過水汆燙脫生保持翠綠，紅甜椒需脫生。
  3. 以中薑絲爆香放入調味料、配料並勾芡後，續放芋頭條，以滑溜完成。
- **烹調法：** 滑溜
- **調味規定：** 以鹽、醬油、酒、糖、黑醋、白醋、味精、番茄醬、胡椒粉、香油、太白粉、泡打粉、水、麵粉等調味料自選合宜使用。
- **備註：** 規定材料不得短少。

301-10

三色洋芋沙拉、豆薯炒蔬菜鬆、木耳蘿蔔絲球

第一階段：清洗、切配、工作區域清理（90分鐘）

一、材料明細

名稱	規格描述	重量（數量）	備註
乾香菇	外型完整，直徑4公分以上	2朵	
乾木耳	葉面泡開有4公分以上	2大片	10克以上／片
玉米粒	合格廠商效期內	50克	罐頭玉米粒
生豆包	形體完整、無破損、無酸味	1塊	50克／塊
沙拉醬	合格廠商效期內	100克以上	
紅甜椒	表面平整不皺縮不潰爛	50克	140克以上／個
西芹	整把分單支發放	1單支	80克以上
四季豆	長14公分以上鮮度足	3支	
小黃瓜	鮮度足，不可大彎曲	1條	80克以上／條
大黃瓜	表面平整不皺縮不潰爛	1截	6公分長
紅辣椒	表面平整不皺縮不潰爛	1條	
芹菜	新鮮翠綠	100克	淨重
中薑	夠切絲的長段無潰爛	80克	
紅蘿蔔	表面平整不皺縮不潰爛	300克	空心須補發
白蘿蔔	表面平整不皺縮不潰爛	200克	無空心
豆薯	表面平整不皺縮不潰爛	180克	
馬鈴薯	表面平整不皺縮不潰爛	200克	

二、清洗流程

(一)清洗器具：瓷碗盤→配料碗盤盆→鍋具→烹調用具（菜鏟、炒杓、大漏杓、調味匙、筷）→刀具（噴酒精）→砧板（噴酒精）→抹布（噴酒精）。

(二)預備工作：炒菜鍋裝水5分滿、蒸籠底鍋裝水3分滿。

(三)清洗食材順序：

　　1.乾貨類：泡洗乾香菇→泡洗乾木耳。

　　2.加工食品類：玉米粒、豆包。

　　3.不需去皮蔬果類：紅甜椒去頭尾對剖開，去籽去內膜白梗→四季豆剝去頭尾、撕掉兩側纖維絲→小黃瓜去頭尾→大黃瓜洗淨→紅辣椒洗淨→芹菜去葉子及尾部。

　　4.需去皮根莖類：西芹削去粗纖維、去葉→中薑去皮→紅蘿蔔去皮→白蘿蔔去皮→豆薯去皮→馬鈴薯去皮。

三、切配流程

(一)菜名與食材切配依據

菜餚名稱	主要刀工	烹調法	主材料類別	材料組合	水花款式	盤飾款式
三色洋芋沙拉	粒	涼拌	馬鈴薯	玉米粒、沙拉醬、四季豆、西芹、紅蘿蔔、馬鈴薯		參考規格明細
豆薯炒蔬菜鬆	鬆	炒	豆薯	乾香菇、生豆包、紅甜椒、芹菜、中薑、豆薯		
木耳蘿蔔絲球	絲	蒸	白蘿蔔	乾木耳、小黃瓜、白蘿蔔、紅蘿蔔、中薑	參考規格明細	

(二)受評刀工規格明細

材料	規格描述（長度單位：公分）	數量	備註
紅蘿蔔水花片兩款	自選1款及指定1款，指定款須參考下列指定圖（形狀大小需可搭配菜餚）	各6片以上	
配合材料擺出兩種盤飾	下列指定圖3選2	各1盤	
西芹粒	長、寬、高各0.4～0.8	40克以上	
小黃瓜絲	寬、高（厚）各為 0.2～0.4，長 4～6	25克以上	
馬鈴薯粒	長、寬、高各0.4～0.8	170克以上	
紅蘿蔔粒	長、寬、高各0.4～0.8	40克以上	
豆薯鬆	寬、高（厚）各為 0.1～0.3，整齊刀工	150克以上	
中薑末	直徑0.3以下碎末	10克以上	
白蘿蔔絲	寬、高（厚）各為0.2～0.4，長4～6	170克以上	
紅蘿蔔絲	寬、高（厚）各為0.2～0.4，長4～6	50克以上	

(三)切配順序

1.乾貨類：(1)泡開香菇去蒂頭，切米粒狀。

　　　　　(2)泡開木耳切絲。

2.加工食品類：玉米粒瀝乾備用。

3.不需去皮蔬果類：(1)紅甜椒切米粒狀。

　　　　　　　　　(2)四季豆切粒。

　　　　　　　　　(3)小黃瓜切絲，寬、高（厚）各為 0.2～0.4，長 4～6公分。 受評

　　　　　　　　　(4)小黃瓜切盤飾。 受評

　　　　　　　　　(5)大黃瓜切盤飾。 受評

　　　　　　　　　(6)紅辣椒切盤飾。 受評

　　　　　　　　　(7)芹菜切米粒狀。

4.需去皮根莖類：(1)西芹切粒，長、寬、高各0.4～0.8公分。 受評

　　　　　　　　(2)中薑切絲。

　　　　　　　　(3)中薑切末，直徑0.3公分以下碎末。 受評

　　　　　　　　(4)紅蘿蔔切水花兩款。 受評

　　　　　　　　(5)紅蘿蔔切絲，寬、高（厚）各為0.2～0.4，長4～6公分。 受評

(6)紅蘿蔔切粒，長、寬、高各0.4～0.8公分。 受評

(7)白蘿蔔切絲，寬、高（厚）各為0.2～0.4，長4～6公分。 受評

(8)豆薯切鬆，寬、高（厚）各為 0.1～0.3公分。 受評

(9)馬鈴薯切粒，長、寬、高各0.4～0.8公分。 受評

(四)水花及盤飾參考

指定水花（擇一）	(1)	(2)	(3)
指定盤飾（擇二） (1)大黃瓜、紅辣椒 (2)大黃瓜、紅辣椒 (3)小黃瓜	(1)	(2)	(3)

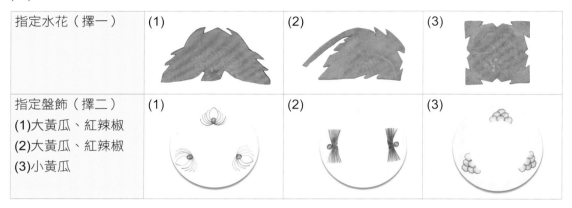

(五)受評檢測陳設方式

所有切好食材及兩款水花以配菜盤分類裝好，分成受評（放在外側接近中島區處）與不受評（放在內側接近水槽處）兩部分。兩款盤飾需以瓷盤裝飾完成，置於熟食區待評。

第二階段：評分刀工作品（30分鐘）

應檢人離場休息（確認三道菜的烹調方式及調味規定）

第三階段：菜餚製作及善後工作區域清理並完成檢查（70分鐘）

一、菜餚製作

三色洋芋沙拉、豆薯炒蔬菜鬆、木耳蘿蔔絲球做法請見p.121~123。

二、清潔工作之建議順序

清洗器具→工作檯、爐台、水槽→器具擦拭乾淨歸定位→關瓦斯→清潔地面→垃圾依分類倒棄→告知考場人員檢查→領回准考證→離開考場→更換服裝

三色洋芋沙拉

作法

1. 馬鈴薯粒放入蒸籠或電鍋中蒸熟，取出放涼。

2. 鍋中加水煮滾，放入四季豆粒、西芹粒、紅蘿蔔粒、玉米粒燙熟撈出（圖❶）。

3. 碗中裝滿冷開水，放入燙熟之食材漂涼後瀝乾。

4. 將所有食材及沙拉醬一同放入瓷碗中，加入調味料一起拌合均勻，拌合好後盛至盤中即完成（圖❷）。

❶

❷

材料

材料	
馬鈴薯	200g
沙拉醬	100g
四季豆	3支
西芹	50g
玉米粒	30g
紅蘿蔔	30g

調味料

調味料	
鹽	1/2小匙
糖	1小匙
胡椒粉	1/8小匙

評分重點

- **烹調規定**：馬鈴薯蒸熟，配料煮熟，放涼後以沙拉醬拌合調味。
- **烹調法**：涼拌
- **調味規定**：以鹽、糖、味精、沙拉醬、胡椒粉、香油、太白粉、水等調味料自選合宜使用。
- **備註**：注重生熟食操作衛生，規定材料不得短少。

301-10 豆薯炒蔬菜鬆

❷

材料

豆薯	180g
紅甜椒	30g
芹菜	30g
乾香菇	2朵
生豆包	1塊
中薑	10g

調味料

鹽	1小匙
糖	1小匙
味精	1/2小匙
黑胡椒粉	1/2小匙
香油	1小匙

作 法

1. 起油鍋至油溫達160度,放入豆包,炸至金黃酥脆後撈出備用(圖❶)。
2. 將炸好的豆包切成小粒狀(圖❷)。
3. 鍋燒熱,加入1大匙沙拉油,爆香薑末及香菇末,再放入豆薯、芹菜、紅甜椒炒熟。
4. 放入豆包粒及調味料,炒香成鬆狀菜餚,盛入盤中即可。

❶

❷

評分重點

- **烹調規定:**1.豆包炸酥切鬆狀,配料汆燙或直接炒熟。
  2.中薑、香菇爆香後放入所有材料,調味炒香成鬆菜。
- **烹調法:**炒
- **調味規定:**以鹽、醬油、酒、糖、味精、黑胡椒粉、香油等調味料自選合宜使用。
- **備註:**不得油膩帶湯汁,規定材料不得短少。

木耳蘿蔔絲球

作法

1. 鍋中加水煮滾，放入白蘿蔔絲、紅蘿蔔絲、木耳絲、少許薑絲，燙熟撈出瀝乾備用。

2. 將汆燙的絲料放進碗中，加入調味料A一起攪拌均勻（圖❶），成黏稠泥狀。

3. 將其平均分成六等份，揉成圓球狀（圖❷）擺放入瓷盤中，兩款紅蘿蔔水花片圍在外圈，一同入蒸籠以大火蒸10分鐘後，取出倒出多餘湯汁，檢視擺放整齊。

4. 另起鍋加入1小匙沙拉油爆香所剩餘中薑，再加入半杯水及調味料B、小黃瓜絲煮滾，入太白粉水芶成水晶芡，淋至菜餚上即完成。

❶

❷

材料

白蘿蔔	200g
紅蘿蔔	60g
乾木耳	30g
小黃瓜	30g
中薑	10g

調味料

A：	鹽	1小匙
	糖	1/2小匙
	味精	1小匙
	胡椒粉	1/4小匙
	香油	1小匙
	低筋麵粉	60g
B：	鹽	1/2小匙
	香油	1小匙
C：	太白粉水	1大匙

評分重點

- **烹調規定**：1.除小黃瓜絲外，其他絲料汆燙熟加入調味料、麵粉拌合製成球形，與紅蘿蔔水花片入蒸籠蒸熟。
  2.以小黃瓜絲勾薄芡回淋。
- **烹調法**：蒸
- **調味規定**：以鹽、糖、味精、胡椒粉、香油、太白粉、麵粉、水等調味料自選合宜使用。
- **備註**：球形完整大小平均，規定材料不得短少。

301-11

家常煎豆腐、青椒炒杏菇條、芋頭地瓜絲糕

第一階段：清洗、切配、工作區域清理（90分鐘）

一、材料明細

名稱	規格描述	重量（數量）	備註
乾木耳	葉面泡開有4公分以上	1大片	10克以上／片
板豆腐	老豆腐，不得有酸味	400克以上	注意保存
杏鮑菇	型大結實飽滿	3支	100克以上／支
大黃瓜	表面平整不皺縮不潰爛	1截	6公分長
小黃瓜	鮮度足，不可大彎曲	1條	80克以上／條
青椒	表面平整不皺縮不潰爛	60克	120克以上／個
紅辣椒	表面平整不皺縮不潰爛	2條	
芹菜	新鮮翠綠	50克	
地瓜	表面平整不皺縮不潰爛	200克	
芋頭	表面平整不皺縮不潰爛	250克	
紅蘿蔔	表面平整不皺縮不潰爛	300克	空心須補發
中薑	夠切絲的長段無潰爛	80克	

二、清洗流程

(一)清洗器具：瓷碗盤→配料碗盤盆→鍋具→烹調用具（菜鏟、炒杓、大漏杓、調味匙、筷）
　　→刀具（噴酒精）→砧板（噴酒精）→抹布（噴酒精）。

(二)預備工作：炒菜鍋裝水5分滿、蒸籠底鍋裝水3分滿。

(三)清洗食材順序：

　　1.乾貨類：泡洗乾木耳。

　　2.加工食品類：洗淨板豆腐。

　　3.不需去皮蔬果類：洗淨杏鮑菇→大黃瓜洗淨→小黃瓜去頭尾→青椒去頭尾對剖開，去籽去
　　　內膜白梗→紅辣椒去蒂頭→芹菜去葉子蒂頭。

　　4.需去皮根莖類：地瓜去皮→芋頭去皮→紅蘿蔔去皮→中薑去皮。

三、切配流程

(一)菜名與食材切配依據

菜餚名稱	主要刀工	烹調法	主材料類別	材料組合	水花款式	盤飾款式
家常煎豆腐	片	煎	板豆腐	乾木耳、板豆腐、小黃瓜、中薑、紅蘿蔔	參考規格明細	參考規格明細
青椒炒杏菇條	條	炒	杏鮑菇	杏鮑菇、青椒、紅辣椒、中薑、紅蘿蔔		
芋頭地瓜絲糕	絲	蒸	芋頭、地瓜	芹菜、芋頭、地瓜		

(二)受評刀工規格明細

材料	規格描述（長度單位：公分）	數量	備註
紅蘿蔔水花片	指定1款，指定款須參考下列指定圖（形狀大小需可搭配菜餚）	6片以上	
薑水花	自選1款	6片以上	
配合材料擺出兩種盤飾	下列指定圖3選2	各1盤	
豆腐片	長4～6，寬2～4、高（厚）0.8～1.5長方片	350克以上	
杏鮑菇條	寬、高（厚）度各為0.5～1，長4～6	250克以上	
小黃瓜片	長4～6，寬2～4、高（厚）0.2～0.4，可切菱形悼	6片	
青椒條	寬為0.5～1，長4～6，高（厚）依食材規格	50克以上	去內膜
芹菜粒	寬、高、長（厚）度各為0.2～0.4	20克以上	
中薑絲	寬、高（厚）各為0.3以下，長4～6	10克以上	
芋頭絲	寬、高（厚）各為0.2～0.4，長4～6	200克以上	
地瓜絲	寬、高（厚）各為0.2～0.4，長4～6	170克以上	

(三)切配順序

1. 乾貨類：(1)泡開木耳切片。
2. 加工食品類：板豆腐切長方片，長4～6，寬2～4、高（厚）0.8～1.5公分。 受評
3. 不需去皮蔬果類：(1)杏鮑菇切條，寬、高（厚）度各為0.5～1，長4～6公分。 受評
   (2)大黃瓜切盤飾。 受評
   (3)小黃瓜切盤飾。 受評
   (4)小黃瓜切片，長4～6，寬2～4、高（厚）0.2～0.4公分。 受評
   (5)青椒切條，寬為0.5～1，長4～6公分。 受評
   (6)紅辣椒切盤飾。 受評
   (7)紅辣椒切絲。
   (8)芹菜切粒，寬、高、長（厚）度各為0.2～0.4公分。 受評
4. 需去皮根莖類：(1)地瓜切絲，寬、高（厚）各為0.2～0.4，長4～6公分。 受評
   (2)芋頭切絲，寬、高（厚）各為0.2～0.4，長4～6公分。 受評
   (3)紅蘿蔔切水花一款。 受評
   (4)紅蘿蔔切條。

(4)中薑切水花一款。 受評

(5)中薑切絲，寬、高（厚）各為0.3以下，長 4～6公分。 受評

(四)水花及盤飾參考

指定水花（擇一）	(1)	(2)	(3)
指定盤飾（擇二） (1)大黃瓜、紅辣椒 (2)大黃瓜 (3)小黃瓜、紅辣椒	(1)	(2)	(3)

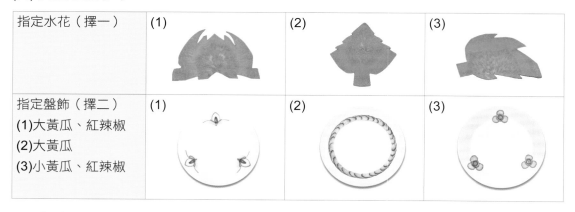

(五)受評檢測陳設方式

所有切好食材及兩款水花以配菜盤分類裝好，分成受評（放在外側接近中島區處）與不受評（放在內側接近水槽處）兩部分。兩款盤飾需以瓷盤裝飾完成，置於熟食區待評。

第二階段：評分刀工作品（30分鐘）

應檢人離場休息（確認三道菜的烹調方式及調味規定）

第三階段：菜餚製作及善後工作區域清理並完成檢查（70分鐘）

一、菜餚製作

家常煎豆腐、青椒炒杏菇條、芋頭地瓜絲糕做法請見p.127~129。

二、清潔工作之建議順序

清洗器具→工作檯、爐台、水槽→器具擦拭乾淨歸定位→關瓦斯→清潔地面→垃圾依分類倒棄→告知考場人員檢查→領回准考證→離開考場→更換服裝

家常煎豆腐 301-11

作法

1. 鍋燒熱,加入3大匙沙拉油潤鍋暈開,放入板豆腐片煎至兩面金黃色,鏟起備用(圖❶)。
2. 另起鍋加入1小匙沙拉油爆香薑水花片,再加入豆腐片、紅蘿蔔水花片、木耳片、調味料與半杯水煮開。
3. 再加入小黃瓜片拌勻(圖❷)。
4. 煮至醬汁微收乾,即可起鍋盛盤。

❶

❷

材料

板豆腐	400g
紅蘿蔔	30g
小黃瓜	20g
乾木耳	10g
中薑	5g

調味料

醬油	2大匙
糖	1小匙
胡椒粉	1/2小匙
香油	1小匙

評分重點

- **烹調規定**:1.豆腐煎雙面至上色。
  2.以中薑水花片爆香加豆腐、配料,紅蘿蔔水花下鍋與醬汁拌合收汁即成。
- **烹調法**:煎
- **調味規定**:以醬油、鹽、酒、糖、味精、胡椒粉、香油等調味料自選合宜使用。
- **備註**:1.豆腐不得沾粉,成品醬汁極少或無醬汁。
  2.煎豆腐需有60%面積上色,焦黑處不得超過10%,不得潰散變形或不成形。

301-11 青椒炒杏菇條

❷

材料

杏鮑菇	2支
青椒	90g
紅蘿蔔	20g
紅辣椒	10g
中薑	10g

調味料

鹽　1小匙

味精	1小匙
胡椒粉	1/2小匙
香油	1小匙

作　法

1. 鍋中加水煮開，放入紅蘿蔔條、杏鮑菇條汆燙至熟，撈出備用。
2. 鍋燒熱加入1大匙沙拉油，爆香中薑絲、紅辣椒絲。
3. 再加入杏鮑菇條、紅蘿蔔條、調味料共同炒合至熟。
4. 最後加入青椒條，拌合均勻即可起鍋盛盤（圖❶）。

評分重點

- **烹調規定**：1.杏鮑菇需汆燙至熟。
　　　　　　　2.中薑爆香加入所有材料及調味料炒熟即可。
- **烹調法**：炒
- **調味規定**：以鹽、酒、糖、味精、胡椒粉、香油等調味料自選合宜使用。
- **備註**：規定材料不得短少。

128

芋頭地瓜絲糕

作法

1. 於碗中加入芋頭絲、地瓜絲、芹菜粒、調味料一起拌合均勻（圖❶）。
2. 取方形餐盒模型鋪上保鮮膜備用（或於模型內周邊抹上少許油）。
3. 將拌好的餡料塞填入於模型中鋪平，並壓緊實，放入蒸籠以大火蒸30分鐘（圖❷）。
4. 取出待涼，以熟食砧板刀具（衛生手法切製），切成六等份適中大小塊，擺入盤中即完成。

❶

❷

材料

芋頭	250g
地瓜	200g
芹菜	20g

調味料

鹽	1小匙
糖	2小匙
味精	1小匙
胡椒粉	1/2小匙
香油	1小匙
地瓜粉	2大匙

評分重點

- **烹調規定：**食材加入乾粉拌合調味放入（方形餐盒模型）蒸熟，切成塊或條狀排盤。
- **烹調法：**蒸
- **調味規定：**以鹽、糖、味精、胡椒粉、香油、玉米粉、地瓜粉、水等調味料自選合宜使用。
- **備註：**成品呈現雙色，全熟，須以熟食砧板刀具做熟食切割，規定材料不得短少。

301-12

香菇柴把湯、素燒獅子頭、什錦煎餅

第一階段：清洗、切配、工作區域清理（90分鐘）

一、材料明細

名稱	規格描述	重量（數量）	備註
乾香菇	外型完整，直徑4公分以上	5朵	
乾木耳	葉面泡開有4公分以上	2大片	10克以上／片
冬菜	合格廠商效期內	5克	
干瓢	無酸味，效期內	8條	20公分／條
桶筍	合格廠商效期內	120克	若為空心或軟爛不足需求量，應檢人可反應更換
酸菜心	不得軟爛	110克以上	1/3棵
板豆腐	老豆腐，不得有酸味	400克	注意保存
麵腸	紮實不軟爛、無酸味	1條	100克以上／條
小黃瓜	鮮度足，不可大彎曲	1條	80克以上／條
大黃瓜	表面平整不皺縮不潰爛	1截	6公分長
紅辣椒	表面平整不皺縮不潰爛	1條	
大白菜	新鮮	200克	
高麗菜	新鮮翠綠	180克	
芹菜	新鮮翠綠	100克	
中薑	夠切絲的長段無潰爛	100克	
紅蘿蔔	表面平整不皺縮不潰爛	300克	空心須補發
豆薯	表面平整不皺縮不潰爛	80克	
雞蛋	外形完整鮮度足	2個	

二、清洗流程

(一)清洗器具：瓷碗盤→配料碗盤盆→鍋具→烹調用具（菜鏟、炒杓、大漏杓、調味匙、筷）
→刀具（噴酒精）→砧板（噴酒精）→抹布（噴酒精）。

(二)預備工作：炒菜鍋裝水5分滿。

(三)清洗食材順序：

1.乾貨類：泡洗乾香菇→泡洗乾木耳。

2.加工食品類：冬菜→干瓢→桶筍→酸菜心→板豆腐→麵腸洗淨。

3.不需去皮蔬果類：小黃瓜去頭尾→大黃瓜洗淨→紅辣椒去蒂頭→大白菜去蒂頭剝葉→高麗菜去蒂頭剝葉→芹菜去葉子蒂頭。

4.需去皮根莖類：中薑去皮→紅蘿蔔去皮→豆薯去皮。

5.蛋類：雞蛋洗淨外殼。

三、切配流程

(一)菜名與食材切配依據

菜餚名稱	主要刀工	烹調法	主材料類別	材料組合	水花款式	盤飾款式
香菇柴把湯	條	煮（湯）	乾香菇	乾香菇、干瓢、麵腸、桶筍、酸菜心、小黃瓜、中薑、紅蘿蔔	參考規格明細	參考規格明細
素燒獅子頭	末、片	紅燒	板豆腐	乾香菇、冬菜、板豆腐、芹菜、大白菜、中薑、豆薯		
什錦煎餅	絲	煎	高麗菜	乾木耳、麵腸、高麗菜、芹菜、中薑、紅蘿蔔、雞蛋		

(二)受評刀工規格明細

材料	規格描述（長度單位：公分）	數量	備註
紅蘿蔔水花片兩款	自選1款及指定1款，指定款須參考下列指定圖（形狀大小需可搭配菜餚）	各6片以上	
配合材料擺出兩種盤飾	下列指定圖3選2	各1盤	
香菇條	寬為0.5～1，高（厚）及長度依食材規格	10條	
木耳絲	寬為0.2～0.4，長4～6，高（厚）依食材規格	15克以上	
酸菜條	寬為0.5～1，長4～6，高（厚）依食材規格	10條	
麵腸條	寬、高度各為0.5～1，長4～6	10條	
中薑片	長2～3，寬0.2～0.4、高（厚）1～2，可切菱形片	50克以上	
中薑末	直徑0.3以下碎末	15克以上	
豆薯末	直徑0.3以下碎末	60克以上	
中薑絲	寬、高（厚）各為0.3以下，長4～6	20克以上	

(三)切配順序

1. 乾貨類：(1)泡開香菇切條，寬為0.5～1公分。 受評
   (2)泡開香菇切塊。
   (3)泡開木耳切絲，寬為0.2～0.4，長4～6公分。 受評 。

2. 加工食品類：(1)冬菜切末。
   (2)桶筍切條。
   (3)酸菜心切條泡水，寬為0.5～1，長4～6公分。 受評
   (4)板豆腐壓碎。
   (5)麵腸切條，寬、高度各為0.5～1，長4～6公分。 受評
   (6)麵腸切絲。

3. 不需去皮蔬果類：(1)小黃瓜切盤飾。 受評
   (2)小黃瓜切片。
   (3)大黃瓜切盤飾。 受評
   (4)大白菜切片。
   (5)高麗菜切絲。
   (6)芹菜切粒。
   (7)紅辣椒切盤飾。 受評

4.需去皮根莖類：(1)紅蘿蔔切水花兩款。 受評

(2)紅蘿蔔切絲。

(3)中薑切片，長2～3，寬0.2～0.4、高（厚）1～2公分。 受評

(3)中薑切絲，寬、高（厚）各為0.3以下，長4～6公分。 受評

(3)中薑切末，直徑0.3公分以下細末。 受評

(4)豆薯切末，直徑0.3公分以下細末。 受評

(5)蛋類：以三段式打蛋法將雞蛋打入馬口碗備用。

(四)水花及盤飾參考

指定水花（擇一）	(1)	(2)	(3)
	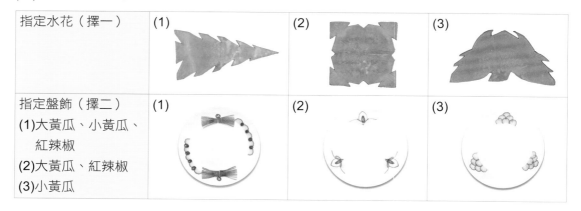		
指定盤飾（擇二） (1)大黃瓜、小黃瓜、 　紅辣椒 (2)大黃瓜、紅辣椒 (3)小黃瓜	(1)	(2)	(3)

(五)受評檢測陳設方式

所有切好食材及兩款水花以配菜盤分類裝好，分成受評（放在外側接近中島區處）與不受評（放在內側接近水槽處）兩部分。兩款盤飾需以瓷盤裝飾完成，置於熟食區待評。

第二階段：評分刀工作品（30分鐘）

應檢人離場休息（確認三道菜的烹調方式及調味規定）

第三階段：菜餚製作及善後工作區域清理並完成檢查（70分鐘）

一、菜餚製作

香菇柴把湯、素燒獅子頭、什錦煎餅做法請見p.133~135。

二、清潔工作之建議順序

清洗器具→工作檯、爐台、水槽→器具擦拭乾淨歸定位→關瓦斯→清潔地面→垃圾依分類倒棄→告知考場人員檢查→領回准考證→離開考場→更換服裝

香菇柴把湯

作法

1. 起油鍋，待油溫至180度，分別下香菇條、麵腸條炸至金黃酥香，撈起備用（圖❶）。

2. 鍋中加水煮滾，分別將酸菜條、桶筍條汆燙後撈出。

3. 取香菇條、麵腸條、酸菜條、桶筍條各一個，用干瓢捆綁成柴把狀，陸續綁好備用（圖❷），共綁10把。

4. 鍋中加入1小匙沙拉油，爆香中薑片，再取碗公加入水8分滿，倒入鍋中，將綁好的柴把、紅蘿蔔水花片、小黃瓜片、調味料一同小火煮滾即可。

評分重點

- **烹調規定**：1.香菇條、麵腸條（均10條）炸出香味。

    2.香菇條、麵腸條、酸菜條、筍條用干瓢綑綁成柴把狀，再放入水花片、小黃瓜片及薑片調味煮成湯。

- **烹調法**：煮（湯）

- **調味規定**：以鹽、酒、糖、味精、胡椒粉、香油等調味料自選合宜使用。

- **備註**：柴把須綁牢不得鬆脫，規定材料不得短少。

材料

麵腸	50g
桶筍	50g
酸菜心	50g
紅蘿蔔	30g
乾香菇	2朵
干瓢	2條
小黃瓜	20g
中薑	10g

調味料

鹽	1小匙
味精	1小匙
香油	1小匙

❷

素燒獅子頭

❷

材料

板豆腐	400g
大白菜	200g
乾香菇	3朵
豆薯	50g
芹菜	20g
中薑	20g
冬菜	5g

調味料

A：	鹽	1小匙
	味精	1/2小匙
	醬油	2大匙
	白胡椒粉	1/2小匙
	香油	1小匙
	低筋麵粉	3大匙
B：	醬油	3大匙
	糖	1小匙
	味精	1小匙
	水	1杯

作法

1. 將板豆腐壓乾水份，搗成泥狀，倒入碗中，加入冬菜末、豆薯末、中薑末、芹菜粒、調味料A一起攪拌均勻。
2. 搓成大小適中圓球狀，起油鍋至油溫達180度，下豆腐丸炸至熟透呈金黃色（圖❶）。
3. 鍋燒熱，加入1大匙沙拉油，爆香香菇塊、中薑絲，再加入大白菜炒軟，再加入調味料B煮開。
4. 加入獅子頭燒至入味（圖❷），起鍋擺盤即完成。

- **烹調規定**：1. 板豆腐壓碎與冬菜末、豆薯末拌勻調味炸成球形（獅子頭）。
  2. 香菇爆香加入所有配料、獅子頭燒成菜。
- **烹調法**：紅燒
- **調味規定**：以鹽、醬油、酒、糖、味精、麵粉、香油、太白粉、水等調味料自選合宜使用。
- **備註**：素獅子頭需大小一致，外形完整，規定材料不得短少。

什錦煎餅

🥄 作 法

1. 碗中加入高麗菜絲、紅蘿蔔絲、芹菜粒、木耳絲、中薑絲、麵腸絲、調味料A拌勻，醃漬10分鐘後，擠乾水份。
2. 蛋以三段式檢視法打散後，加入碗中。
3. 低筋麵粉加水調成麵糊後，一起加入碗中，攪拌均勻成蔬菜蛋麵糊備用（圖❶）。
4. 鍋燒熱，加入適量沙拉油潤鍋晃勻，再將油倒出，另入2大匙沙拉油，加入蔬菜蛋麵糊壓成圓片狀，小火煎熟呈兩面金黃色（圖❷）。
5. 取白色砧板，戴手套，用熟食菜刀將什錦煎餅切割成大小片狀相同六片，擺入盤中即完成。

🗒 評分重點

- **烹調規定**：1. 所有配料加入芹菜、薑絲、調味料、蛋及麵糊拌合。
  2. 煎熟，需切六人份。
- **烹調法**：煎
- **調味規定**：以鹽、醬油、糖、味精、胡椒粉、香油、麵粉、水等調味料自選合宜使用。
- **備註**：全熟，可焦黃但不焦黑，須以熟食砧板刀具做熟食切割，規定材料不得短少。

🔪 材 料

高麗菜	180g
麵腸	30g
紅蘿蔔	20g
芹菜	10g
中薑	10g
乾木耳	10g
雞蛋	2顆

🍶 調味料

A：鹽 1	小匙
味精	1小匙
胡椒粉	1/2小匙
香油	1小匙
B：麵糊	（低筋麵粉100g、水80cc）

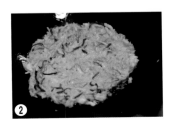

302-1	❶ 紅燒杏菇塊 P.141	❷ 焦溜豆腐片 P.142	❸ 三絲冬瓜捲 P.143
302-2	❶ 麻辣素麵腸片 P.147	❷ 炸杏仁薯球 P.148	❸ 榨菜冬瓜夾 P.149
302-3	❶ 香菇蛋酥燜白菜 P.153	❷ 粉蒸地瓜塊 P.154	❸ 八寶米糕 P.155
302-4	❶ 金沙筍梳片 P.159	❷ 黑胡椒豆包排 P.160	❸ 糖醋素排骨 P.161
302-5	❶ 紅燒素黃雀包 P.165	❷ 三絲豆腐羹 P.166	❸ 西芹炒豆乾片 P.167
302-6	❶ 乾煸四季豆 P.171	❷ 三杯菊花洋菇 P.172	❸ 咖哩茄餅 P.173

302-7	❶ 烤麩麻油飯 P.177	❷ 什錦高麗菜捲 P.178	❸ 脆鱔香菇條 P.179
302-8	❶ 茄汁燒芋頭丸 P.183	❷ 素魚香茄段 P.184	❸ 黃豆醬滷苦瓜 P.185
302-9	❶ 梅粉地瓜條 P.189	❷ 什錦鑲豆腐 P.190	❸ 香菇炒馬鈴薯片 P.191
302-10	❶ 三絲淋蒸蛋 P.195	❷ 三色鮑菇捲 P.196	❸ 椒鹽牛蒡片 P.197
302-11	❶ 五絲豆包素魚 P.201	❷ 乾燒金菇柴把 P.202	❸ 竹筍香菇湯 P.203
302-12	❶ 沙茶香菇腰花 P.207	❷ 麵包地瓜餅 P.208	❸ 五彩拌西芹 P.209

302-1

紅燒杏菇塊、焦溜豆腐片、三絲冬瓜捲

第一階段：清洗、切配、工作區域清理（90分鐘）

一、材料明細

名稱	規格描述	重量（數量）	備註
乾香菇	外型完整，直徑4公分以上	3朵	
板豆腐	老豆腐，不得有酸味	300克	注意保存
桶筍	合格廠商效期內	100克	若為空心或軟爛不足需求量，應檢人可反應更換
杏鮑菇	型大結實飽滿	300克	100克以上／支
玉米筍	新鮮無潰爛	80克	
小黃瓜	鮮度足，不可大彎曲	1條	80克以上／條
大黃瓜	表面平整不皺縮不潰爛	1截	6公分長
紅蘿蔔	表面平整不皺縮無潰爛	300克	空心須補發
青椒	表面平整不皺縮無潰爛	60克以上	120克以上／個
中薑	夠切絲與片的長段無潰爛	100克	須可切片與絲
紅甜椒	表面平整不皺縮無潰爛	60克	140克以上／個
冬瓜	新鮮無潰爛	600克	直徑6公分、長12公分以上
芹菜	新鮮不軟爛	120克	長度15公分以上（可供捆綁）
紅辣椒	新鮮不軟爛	1條	10克上／條

二、清洗流程

(一)清洗器具：瓷碗盤→配料碗盤盆→鍋具→烹調用具（菜鏟、炒杓、大漏杓、調味匙、筷）
→刀具（噴酒精）→砧板（噴酒精）→抹布（噴酒精）。

(二)預備工作：炒菜鍋裝水5分滿、蒸籠底鍋裝水3分滿。

(三)清洗食材順序：

　1.乾貨類：泡洗乾香菇。

　2.加工食品類：板豆腐→桶筍洗淨。

　3.不需去皮蔬果類：杏鮑菇→玉米筍→青椒、紅甜椒去頭尾對剖開，去籽去內膜白梗→小黃瓜去頭尾→大黃瓜洗淨→紅辣椒洗淨→芹菜去葉子及尾部。

　4.需去皮根莖類：紅蘿蔔去皮→中薑去皮→冬瓜去皮去籽。

三、切配流程

(一)菜名與食材切配依據

菜餚名稱	主要刀工	烹調法	主材料類別	材料組合	水花款式	盤飾款式
紅燒杏菇塊	滾刀塊	紅燒	杏鮑菇	杏鮑菇、玉米筍、紅蘿蔔、中薑		參考規格明細
焦溜豆腐片	片	焦溜	板豆腐	板豆腐、紅甜椒、紅蘿蔔、青椒、中薑	參考規格明細	
三絲冬瓜捲	絲、片	蒸	冬瓜	冬瓜、桶筍、乾香菇、紅蘿蔔、芹菜、中薑		

(二)受評刀工規格明細

材料	規格描述（長度單位：公分）	數量	備註
紅蘿蔔水花片兩款	自選1款及指定1款，指定款須參考下列指定圖（形狀大小需可搭配菜餚）	各6片以上	
配合材料擺出兩種盤飾	下列指定圖3選2	各1盤	
豆腐片	長4～6、寬2～4、高（厚）0.8～1.5	250克以上	
桶筍絲	寬、高度各為0.2～0.4，長4～6	90克以上	
杏鮑菇塊	長寬2～4的滾刀塊	280克以上	
紅甜椒片	長 3～5、寬 2～4，高（厚）依食材規格，可切菱形片	50克以上	需去內膜
青椒片	長 3～5、寬 2～4，高（厚）依食材規格，可切菱形片	50克以上	需去內膜
紅蘿蔔塊	長寬2～4的滾刀塊	80克以上	
冬瓜長片	長 12以上，寬 4以上，高（厚）0.3以下	6片	
紅蘿蔔絲	寬、高度各為0.2～0.4，長4～6	60克以上	
中薑絲	寬、高度各為0.3以下，長4～6	20克以上	

(三)切配順序

1. 乾貨類：泡開香菇去蒂頭切絲。
2. 加工食品類：(1)板豆腐切片，長4～6、寬2～4、高（厚）0.8～1.5公分。 受評
   (2)桶筍切絲，寬、高度各為0.2～0.4，長4～6公分。 受評
3. 不需去皮蔬果類：(1)杏鮑菇切滾刀塊，長寬2～4公分。 受評
   (2)玉米筍切斜段。
   (3)青椒切片，長 3～5、寬 2～4公分，可切菱形片。 受評
   (4)紅甜椒切片，長 3～5、寬 2～4公分，可切菱形片。 受評
   (5)小黃瓜切盤飾。 受評
   (6)大黃瓜切盤飾。 受評
   (7)紅辣椒切盤飾。 受評
   (8)芹菜切長段。
4. 需去皮根莖類：(1)紅蘿蔔切水花兩款。 受評

(2)紅蘿蔔切滾刀塊，長寬2～4公分。 受評

(3)紅蘿蔔切絲，寬、高度各為0.2～0.4，長4～6公分。 受評

(4)紅蘿蔔切盤飾。 受評

(5)中薑切片。

(6)中薑切絲，寬、高度各為0.3以下，長4～6公分。 受評

(7)冬瓜切薄長片，長 12以上，寬 4以上，高（厚）0.3公分以下。 受評

(四)水花及盤飾參考

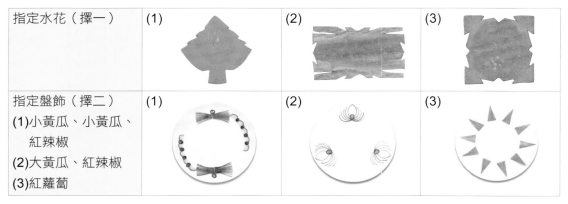

指定水花（擇一）	(1)	(2)	(3)
指定盤飾（擇二） (1)小黃瓜、小黃瓜、 　　紅辣椒 (2)大黃瓜、紅辣椒 (3)紅蘿蔔	(1)	(2)	(3)

(五)受評檢測陳設方式

所有切好食材及兩款水花以配菜盤分類裝好，分成受評（放在外側接近中島區處）與不受評（放在內側接近水槽處）兩部分。兩款盤飾需以瓷盤裝飾完成，置於熟食區待評。

第二階段：評分刀工作品（30分鐘）

應檢人離場休息（確認三道菜的烹調方式及調味規定）

第三階段：菜餚製作及善後工作區域清理並完成檢查（70分鐘）

一、菜餚製作

紅燒杏菇塊、焦溜豆腐片、三絲冬瓜捲做法請見p.141~143。

二、清潔工作之建議順序

清洗器具→工作檯、爐台、水槽→器具擦拭乾淨歸定位→關瓦斯→清潔地面→垃圾依分類倒棄→告知考場人員檢查→領回准考證→離開考場→更換服裝

紅燒杏菇塊

❶

作 法

1. 起油鍋，將油溫燒至180度，分別將杏鮑菇塊、紅蘿蔔滾刀塊炸至金黃色撈出（圖❶）。
2. 鍋燒熱，加入1大匙沙拉油爆香中薑片，再放入所有食材。
3. 加入調味料一起燒至入味收汁（圖❷），即可起鍋盛盤。

❶

❷

材 料

杏鮑菇	280g
玉米筍	80g
紅蘿蔔	80g
中薑	10g

調味料

醬油	2大匙
糖	1小匙
鹽	1/4小匙
白胡椒粉	1/2大匙
水	1杯

評分重點

- **烹調規定**：1.杏鮑菇塊、紅蘿蔔塊炸至表面微上色。
  2.薑爆香後將材料放入燒成菜收汁。
- **烹調法**：紅燒
- **調味規定**：以醬油、鹽、味精、糖、胡椒粉、太白粉、水等調味料自行合宜地選用。
- **備註**：成品之紅燒醬汁不得黏稠結塊、不得燒乾或浮油，規定材料不得短少。

焦溜豆腐片

❷

材料

板豆腐	300g
紅甜椒	60g
青椒	60g
紅蘿蔔	30g
中薑	10g

調味料

A：醬油	3大匙
糖	1大匙
烏醋	1大匙
胡椒粉	1/2小匙
水	2/3杯
香油	1小匙
B：太白粉水	1大匙

作法

1. 起油鍋,將油溫燒至200度,放入豆腐片炸至金黃色(圖❶)。
2. 將紅蘿蔔水花片、紅甜椒片、青椒片過油撈出。
3. 鍋燒熱,加入1大匙沙拉油爆香中薑片,再放入所有材料及調味料A一同燒煮。
4. 加入太白粉水勾芡,食材與醬汁收乾融合,即可起鍋盛盤(圖❷)。

❶

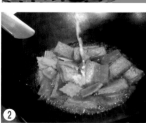

❷

評分重點

- **烹調規定**:1.豆腐不沾粉,油炸至上色。
  2.薑爆香,豆腐與配料、紅蘿蔔水花片入醬汁收乾。
- **烹調法**:焦溜
- **調味規定**:以醬油、鹽、味精、糖、番茄醬、烏醋、白醋、胡椒粉、太白粉、水、香油等調味料自行合宜地選用。
- **備註**:豆腐需金黃色,不潰散,不出油,僅豆腐表面沾附醬汁,盛盤後不得有燴汁,規定材料不得短少。

三絲冬瓜捲

材料

冬瓜	6片
桶筍	100g
乾香菇	3朵
紅蘿蔔	80g
芹菜	20g
中薑	20g

調味料

A：鹽	1/2小匙
白胡椒粉	1/4小匙
B：水	1/2杯
鹽	1/2小匙
糖	1/4小匙
C：太白粉水	1大匙
香油	1小匙

作法

鍋中加水煮滾，分別放入冬瓜片、芹菜、桶筍絲汆燙後撈出，泡水至冷備用。

將香菇絲、紅蘿蔔絲、桶筍絲一起加入調味料A拌合均勻。

取一根芹菜直放，上面再放一片冬瓜片，冬瓜片上面放置薑絲及調味好的三絲（圖），將冬瓜片向前捲成圓筒狀，以芹菜綁緊（圖❷）。

將綁好的三絲冬瓜捲擺入盤中，移入蒸籠中，以大火蒸5分鐘後取出。

另起鍋加調味料B煮開，再加入太白粉水勾成薄芡，滴入香油，淋至三絲冬瓜捲上即完成。

評分重點

- **烹調規定：**1.冬瓜片捲入紅蘿蔔絲、香菇絲、筍絲及薑絲。
  2.以芹菜綁起固定（芹菜需先汆燙泡冷）排盤蒸熟，淋上芡汁。
- **烹調法：**蒸
- **調味規定：**以糖、鹽、味精、香油、胡椒粉、米酒、太白粉、水等調味料自選合宜地使用。
- **備註：**冬瓜捲不得散開不成形，形狀大小均一，湯汁以薄芡為宜，規定材料不得短少。

302-2

麻辣素麵腸片、炸杏仁薯球、榨菜冬瓜夾

第一階段：清洗、切配、工作區域清理（90分鐘）

一、材料明細

名稱	規格描述	重量（數量）	備註
乾香菇	直徑4公分以上無蟲蛀	5朵	須於洗鍋具時優先煮水浸泡於乾貨類切割
杏仁角	有效期限內	120克	
花椒粒	有效期限內	可自取	
乾辣椒	外形完整無霉味	8條	
乾木耳	葉面泡開有4公分以上	1大片	
素麵腸	紮實不軟爛、無酸腐味	250克	
榨菜	體形完整無異味	1個	200克以上／個
芹菜	新鮮無軟爛	40克	
紅辣椒	新鮮不軟爛	1條	10克／條
西芹	新鮮平整無潰爛	100克	整把分單支發放
紅蘿蔔	表面平整不皺縮無潰爛	300克	若為空心須再補發
馬鈴薯	平整不皺縮無芽眼，表皮呈黃色無綠色	300克	
冬瓜	新鮮無潰爛	600克	
中薑	夠切絲與片的長段無潰爛	100克	需可切片
小黃瓜	鮮度足，不可大彎曲	1條	80克以上／條
大黃瓜	表面平整不皺縮不潰爛	1截	6公分長

二、清洗流程

(一)清洗器具：瓷碗盤→配料碗盤盆→鍋具→烹調用具（菜鏟、炒杓、大漏杓、調味匙、筷）
→刀具（噴酒精）→砧板（噴酒精）→抹布（噴酒精）。

(二)預備工作：炒菜鍋裝水5分滿、蒸籠底鍋裝水3分滿。

(三)清洗食材順序：

　　1.乾貨類：泡洗乾香菇→泡洗乾木耳。

　　2.加工食品類：素麵腸→榨菜去除粗纖維。

　　3.不需去皮蔬果類：芹菜去葉子蒂頭→紅辣椒洗淨→小黃瓜去頭尾→大黃瓜洗淨。

　　4.需去皮根莖類：紅蘿蔔去皮→中薑去皮→冬瓜去皮去籽→馬鈴薯去皮→西芹去葉削去粗纖。

三、切配流程

(一)菜名與食材切配依據

菜餚名稱	主要刀工	烹調法	主材料類別	材料組合	水花款式	盤飾款式
麻辣素麵腸片	片	燒、燴	素麵腸	素麵腸、乾木耳、西芹、乾辣椒、中薑、花椒粒		參考規格明細
炸杏仁薯球	末	炸	馬鈴薯	馬鈴薯、芹菜、乾香菇、杏仁角		
榨菜冬瓜夾	雙飛片、片	蒸	冬瓜、榨菜	冬瓜、榨菜、乾香菇、紅蘿蔔、中薑	參考規格明細	

(二)受評刀工規格明細

材料	規格描述（長度單位：公分）	數量	備註
紅蘿蔔水花	指定1款，指定款須參考下列指定圖（形狀大小需可搭配菜餚）	6片以上	
薑水花	自選1款	6片以上	
配合材料擺出兩種盤飾	下列指定圖3選2	各1盤	
乾香菇片	復水去蒂，斜切，寬2〜4、長度及高（厚）度依食材規格	3朵	
乾香菇末	直徑0.3以下	2朵	
素麵腸片	長4〜6，寬依食材規格，高（厚）0.2〜0.4	230克以上	
榨菜片	長4〜6，寬2〜4，高（厚）0.2〜0.4	150克以上	
芹菜粒	長、寬、高（厚）度各為0.2〜0.4	20克以上	
冬瓜夾	長4〜6，寬3以上，厚0.8〜1.2雙飛片	6片夾以上	
中薑片	長2〜3，寬1〜2，高（厚）0.2〜0.4，可切菱形片	20克以上	
西芹片	長3〜5，寬2〜4，高（厚）依食材規格，可切菱形片	80克以上	

(三)切配順序

1. 乾貨類：(1)泡開香菇去蒂頭切片，寬2〜4公分。 受評
   (2)泡開香菇切末，直徑0.3公分以下。 受評
   (3)泡開木耳切片。
   (4)乾辣椒切小段。
2. 加工食品類：(1)素麵腸切片，長4〜6，高（厚）0.2〜0.4公分。 受評
   (2)榨菜切片，長4〜6，寬2〜4，高（厚）0.2〜0.4公分。 受評
3. 不需去皮蔬果類：(1)芹菜切粒，長、寬、高（厚）度各為0.2〜0.4公分。 受評
   (2)小黃瓜切盤飾。 受評
   (3)大黃瓜切盤飾。 受評
   (4)紅辣椒切盤飾。 受評
4. 需去皮根莖類：(1)紅蘿蔔切水花一款。 受評

(2)中薑切水花一款。 受評

(3)中薑切片，長2～3，寬1～2，高（厚）0.2～0.4公分。 受評

(4)冬瓜切雙飛片，長4～6，寬3以上，厚0.8～1.2公分。 受評

(5)馬鈴薯切片。

(6)西芹切片，長3～5，寬2～4公分。 受評

(四)水花及盤飾參考

指定水花（擇一）	(1)	(2)	(3)
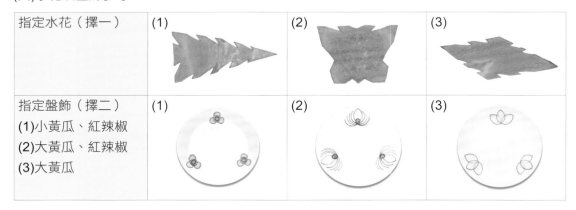			
指定盤飾（擇二） (1)小黃瓜、紅辣椒 (2)大黃瓜、紅辣椒 (3)大黃瓜	(1)	(2)	(3)

(五)受評檢測陳設方式

所有切好食材及兩款水花以配菜盤分類裝好，分成受評（放在外側接近中島區處）與不受評（放在內側接近水槽處）兩部分。兩款盤飾需以瓷盤裝飾完成，置於熟食區待評。

第二階段：評分刀工作品（30分鐘）

應檢人離場休息（確認三道菜的烹調方式及調味規定）

第三階段：菜餚製作及善後工作區域清理並完成檢查（70分鐘）

一、菜餚製作

麻辣素麵腸片、炸杏仁薯球、榨菜冬瓜夾做法請見p.147~149。

二、清潔工作之建議順序

清洗器具→工作檯、爐台、水槽→器具擦拭乾淨歸定位→關瓦斯→清潔地面→垃圾依分類倒棄→告知考場人員檢查→領回准考證→離開考場→更換服裝

麻辣素麵腸片

作　法

1. 鍋中加水煮滾，放入西芹片汆燙撈出，泡水放涼後瀝乾備用。
2. 起油鍋，燒至180度，下麵腸片炸至金黃上色，撈出備用（圖❶）。
3. 鍋燒熱，加入1大匙沙拉油，爆香花椒粒至香味溢出，再將花椒粒撈出。
4. 鍋中再放入乾辣椒、中薑片爆香，再放入麵腸片、木耳片、辣豆瓣醬、醬油、糖、水同燒（圖❷）。
5. 燒至入味後，加入西芹片，並下太白粉水勾芡，起鍋前淋上白醋即完成。

材　料

素麵腸	230g
西芹	80g
乾木耳	30g
乾辣椒	8段
中薑	10g
花椒粒	1小匙

調味料

辣豆瓣醬	1大匙
糖	1/2大匙
醬油	1小匙
水	1/2杯
太白粉水	1大匙
白醋	1小匙

評分重點

- **烹調規定**：1.麵腸片過油上色瀝乾，用餘油爆香花椒粒後撈除。
  2.爆香薑與乾辣椒。
  3.放入所有配料與調味料燒至入味，勾芡即可。
- **烹調法**：燒、燴
- **調味規定**：以辣豆瓣醬、糖、味精、香油、鹽、醬油、白醋、酒、太白粉、水等調味料自行合宜地選用。
- **備註**：成品芡汁不得黏稠結塊、出油，規定材料不得短少。

302-2　炸杏仁薯球

❷

材　料

杏仁角	120g
馬鈴薯	300g
芹菜	30g
乾香菇	2朵

調味料

A：	鹽	1/2小匙
	糖	1小匙
	胡椒粉	1/4小匙
	麵粉	1大匙
	太白粉	2大匙
B：	麵粉	50g
	水	60cc

作　法

1.鍋燒熱，加入1大匙沙拉油，放入香菇末、芹菜粒炒香備用。
2.馬鈴薯蒸熟後，倒入碗中，加入炒香食材和調味料A一起攪拌均勻搗成泥狀（圖❶）。
3.搗成泥狀光滑後，搓成六顆球狀，大小要平均（圖❷）。
4.將調味料B拌合成麵糊，再將薯球沾上麵糊，再沾上杏仁角備用。
5.起油鍋燒至160度，下杏仁薯球炸至金黃熟透，撈起盛盤即完成。

❶

❷

評分重點

• **烹調規定**：1.馬鈴薯去皮切片蒸熟搗成泥，加入香菇末與芹菜粒調味。
　　　　　　　2.加麵粉、太白粉捏球狀沾杏仁角油炸至上色。
• **烹調法**：炸
• **調味規定**：以鹽、味精、沙拉油、麵粉、太白粉、糖、胡椒粉等調味料自行合宜地選用。
• **備註**：每個球狀需大小平均，外形完整不潰散，顏色金黃不焦黑，規定材料不得短少。

榨菜冬瓜夾 302-2

❸

作法

1. 取冬瓜雙飛片撐開,分別夾入一片紅蘿蔔水花片、榨菜片、薑水花片、香菇片(圖❶)。
2. 排整齊後放入蒸籠,以大火蒸8分鐘至熟透後取出擺盤。
3. 鍋中加入調味料A煮開,加入太白粉水勾芡,淋在冬瓜夾上即完成(圖❷)。

❶

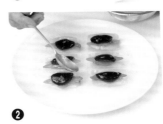

❷

材料

冬瓜	6片夾
榨菜	60g
乾香菇	3朵
紅蘿蔔	30g
中薑	20g

調味料

A：鹽	1/2小匙
糖	1/2小匙
香油	1小匙
水	1/2杯
B：太白粉水	1大匙

評分重點

- **烹調規定**：1.冬瓜夾中夾入榨菜片、香菇片、薑水花片、紅蘿蔔水花片排盤。
  2.入蒸籠蒸至熟透,起鍋後淋薄芡。
- **烹調法**：蒸
- **調味規定**：以鹽、味精、糖、香油、米酒、太白粉、水等調味料自選合宜地使用。
- **備註**：每塊形狀大小平均,外形完整,規定材料不得短少。

302-3

香菇蛋酥燜白菜、粉蒸地瓜塊、八寶米糕

第一階段:清洗、切配、工作區域清理(90分鐘)

一、材料明細

名稱	規格描述	重量(數量)	備註
粉蒸粉	有效期限內	50克	
乾香菇	直徑4公分以上無蟲蛀	5朵	4克/朵(復水去蒂9克以上/朵)
長糯米	米粒完整無霉味	220克	
豆乾	正方形豆乾,表面完整無酸味	1塊	35克以上/塊
生豆包	新鮮無酸味	1片	
桶筍	合格廠商效期內	80克	若為空心或軟爛不足需求量,應檢人可反應更換
大白菜	飽滿不鬆軟、新鮮無潰爛	300克	不可有綠葉
鮮香菇	直徑5公分以上新鮮無軟爛	3朵	25克以上/朵
紅辣椒	新鮮不軟爛	1條	10克/條
芹菜	新鮮不軟爛	60克	
紅蘿蔔	表面平整不皺縮	300克	空心須補發
地瓜	表面平整不皺縮無潰爛	300克	
芋頭	平整紮實無潰爛	80克	
中薑	新鮮無潰爛	80克	
小黃瓜	鮮度足,不可大彎曲	1條	80克以上/條
大黃瓜	表面平整不皺縮不潰爛	1截	6公分長
豆薯	表面平整不皺縮無潰爛	20克	
雞蛋	外形完整鮮度足	2粒	

二、清洗流程

(一)清洗器具:瓷碗盤→配料碗盤盆→鍋具→烹調用具(菜鏟、炒杓、大漏杓、調味匙、筷)→刀具(噴酒精)→砧板(噴酒精)→抹布(噴酒精)。

(二)預備工作:炒菜鍋裝水5分滿、蒸籠底鍋裝水3分滿。

(三)清洗食材順序:

    1.乾貨類:泡洗乾香菇→長糯米洗淨泡水。

    2.加工食品類:豆乾→生豆包→桶筍略洗。

    3.不需去皮蔬果類:大白菜洗淨→鮮香菇去蒂頭→芹菜去葉子及尾部→紅辣椒去蒂頭→小黃瓜去頭尾→大黃瓜洗淨。

    4.需去皮根莖類:紅蘿蔔去皮→中薑去皮→地瓜去皮→芋頭去皮→豆薯去皮。

    5.其他:雞蛋洗淨。

三、切配流程

(一)菜名與食材切配依據

菜餚名稱	主要刀工	烹調法	主材料類別	材料組合	水花款式	盤飾款式
香菇蛋酥燜白菜	片、塊	燜煮	乾香菇、大白菜	乾香菇、大白菜、紅蘿蔔、中薑、雞蛋、桶筍	參考規格明細	參考規格明細
粉蒸地瓜塊	塊	蒸	地瓜	地瓜、鮮香菇、粉蒸粉		
八寶米糕	粒	蒸、拌	長糯米	長糯米、乾香菇、紅蘿蔔、芋頭、中薑、芹菜、豆乾、生豆包、豆薯		

(二)受評刀工規格明細

材料	規格描述（長度單位：公分）	數量	備註
紅蘿蔔水花片兩款	自選1款及指定1款，指定款須參下列指定圖（形狀大小需可搭配菜餚）	各6片以上	
配合材料擺出兩種盤飾	下列指定圖3選2	各1盤	
香菇片	斜切，寬2～4、長度及高（厚）依食材規格	3朵（27克以上）	使用乾香菇
香菇粒	切長、寬各0.4～0.8粒狀，高（厚）依食材規格	2朵（18克以上）	使用乾香菇
豆乾粒	長、寬、高（厚）各0.4～0.8	25克以上	
桶筍片	長4～6以上，寬2～4以上，高（厚）0.2～0.4	70克以上	
地瓜塊	邊長2～4的滾刀塊	250克以上	
紅蘿蔔粒	長、寬、高（厚）各0.4～0.8	50克以上	
芋頭粒	長、寬、高（厚）各0.4～0.8	50克以上	
豆薯粒	長、寬、高（厚）各0.4～0.8	15克以上	
中薑末	直徑0.3以下碎末	20克以上	

(三)切配順序

1. 乾貨類：(1)泡開香菇（3朵）去蒂頭斜切片，斜切，寬2～4公分。 受評
   (2)泡開香菇（2朵）去蒂頭切粒，長、寬各0.4～0.8公分。 受評

2. 加工食品類：(1)豆乾切粒，長、寬、高（厚）各0.4～0.8公分。 受評
   (2)生豆包切粒。
   (3)桶筍切片，長4～6以上，寬2～4以上，高（厚）0.2～0.4公分。 受評

3. 不需去皮蔬果類：(1)大白菜切塊。
   (2)鮮香菇切厚片。
   (3)芹菜切粒。
   (4)小黃瓜切盤飾。 受評
   (5)大黃瓜切盤飾。 受評
   (6)紅辣椒切盤飾。 受評

4. 需去皮根莖類：(1)紅蘿蔔切水花兩款。 受評
   (2)紅蘿蔔切盤飾。 受評

(3)紅蘿蔔切粒，長、寬、高（厚）各0.4〜0.8公分。 受評
(4)中薑切片。
(5)中薑切末，直徑0.3公分以下。 受評
(6)地瓜切滾刀塊，邊長2〜4公分。 受評
(7)芋頭切粒，長、寬、高（厚）各0.4〜0.8公分。 受評
(8)豆薯切粒，長、寬、高（厚）各0.4〜0.8公分。 受評

5.蛋類：雞蛋用三段式打蛋法打入馬口碗中。

(四)水花及盤飾參考

指定水花（擇一）	(1)	(2)	(3)
	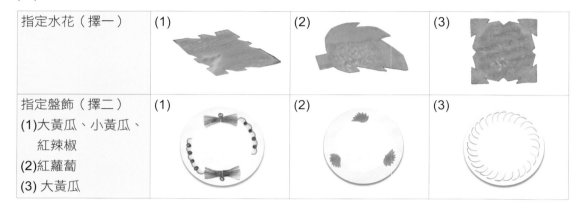		
指定盤飾（擇二） (1)大黃瓜、小黃瓜、 　紅辣椒 (2)紅蘿蔔 (3) 大黃瓜	(1)	(2)	(3)

(五)受評檢測陳設方式

所有切好食材及兩款水花以配菜盤分類裝好，分成受評（放在外側接近中島區處）與不受評（放在內側接近水槽處）兩部分。兩款盤飾需以瓷盤裝飾完成，置於熟食區待評。

第二階段：評分刀工作品（30分鐘）

應檢人離場休息（確認三道菜的烹調方式及調味規定）

第三階段：菜餚製作及善後工作區域清理並完成檢查（70分鐘）

一、菜餚製作

香菇蛋酥燜白菜、粉蒸地瓜塊、八寶米糕做法請見p.153~155。

二、清潔工作之建議順序

清洗器具→工作檯、爐台、水槽→器具擦拭乾淨歸定位→關瓦斯→清潔地面→垃圾依分類倒棄→告知考場人員檢查→領回准考證→離開考場→更換服裝

香菇蛋酥燜白菜 302-3

❶

作 法

1. 鍋中加水燒熱，放入白菜汆燙至熟後撈出（圖❶），桶筍片也汆燙過水備用。

2. 將全蛋充分攪拌均勻，起油鍋、以油溫180度，將蛋液拉高經過濾網流入油鍋中，邊攪拌油鍋中的蛋液，炸至金黃酥脆的蛋酥，撈出瀝油（圖❷）。

3. 鍋燒熱，加入1大匙沙拉油，爆香香菇片、中薑片，再加入白菜、桶筍片、紅蘿蔔水花片、調味料A及蛋酥一同煮開後，轉小火燜煮5分鐘。

4. 燒至入味，剩餘少許湯汁，加入太白粉水勾成薄芡收汁，並入香油拌均即可盛盤。

材 料

乾香菇	3朵
大白菜	300g
桶筍	70克
紅蘿蔔	60g
中薑	10g
雞蛋	2粒

調味料

A：鹽	1/2小匙
醬油	1大匙
糖	1/2小匙
胡椒粉	1/4小匙
水	2/3杯
B：太白粉水	1大匙
香油	1小匙

評分重點

- **烹調規定**：1.白菜切塊汆燙至熟，將全蛋液炸成蛋酥。
  2.以薑片、香菇爆香，入白菜、蛋酥、桶筍與水花片燒至入味，再以淡芡收汁即可。
- **烹調法**：燜煮
- **調味規定**：以鹽、醬油、糖、胡椒粉、太白粉、水、味精、香油、米酒等調味料自行合宜地選用。
- **備註**：蛋酥須成絲狀不得成糰，大白菜須軟且入味，規定材料不得短少。

粉蒸地瓜塊

❷

材料

地瓜	250g
鮮香菇	3朵
粉蒸粉	50g

調味料

甜麵醬	2大匙
辣豆瓣醬	1大匙
胡椒粉	1/4小匙
香油	1小匙
水	1/2杯

作法

1. 起油鍋，燒至180度，分別下地瓜塊和鮮香菇，炸至金黃色撈起備用。
2. 在碗中加入所有調味料，和蒸肉粉一起攪拌均勻，使蒸肉粉吸水膨脹（圖❶）。
3. 再加入地瓜塊、鮮香菇拌合均勻，倒入抹有油的鐵碗中（圖❷）。
4. 移入蒸籠以大火蒸20分鐘，蒸透後取出倒扣於盤中即完成。

❶

❷

評分重點

- **烹調規定**：地瓜去皮切塊、鮮香菇片加調味料及粉蒸粉拌勻蒸熟。
- **烹調法**：蒸
- **調味規定**：以鹽、味精、胡椒粉、辣豆瓣醬、甜麵醬、米酒、麵粉、粉蒸粉等調味料自行合宜地選用。
- **備註**：地瓜刀工需成塊狀大小平均，粉蒸粉不得夾生，規定材料不得短少。

八寶米糕

❸

材 料

長糯米	220g
乾香菇	2朵
紅蘿蔔	60g
芋頭	60g
中薑	20g
芹菜	20g
豆薯	20g
豆乾	1塊
生豆包	1片

調味料

醬油	3大匙
鹽	1/2小匙
糖	1大匙
胡椒粉	1小匙
麻油	1大匙
水	3大匙

作 法

1. 長糯米加水（米與水1比0.7）放入電鍋蒸約20分鐘，燜10分鐘確定熟透，翻開電鍋蓋將蒸熟糯米飯拌勻備用（外鍋1杯水）。

2. 起油鍋，待油溫燒至180度，將香菇粒、豆干粒、生豆包粒、豆薯粒、紅蘿蔔粒、芋頭粒炸至酥香，撈起備用（圖❶）。

3. 鍋燒熱，加入1大匙沙拉油，爆香中薑末、芹菜粒，再加入炸熟食材和醬油、鹽、糖、胡椒粉、麻油一起炒香，再加入水煮開，將食材和味道融合。

4. 加入蒸熟之糯米飯，和鍋中醬料一起拌合均勻。

5. 將拌好的糯米飯盛入鐵碗中填平（碗中可先鋪一層保鮮膜）（圖❷），放入蒸籠回蒸6分鐘，取出倒扣於盤中即完成。

評分重點

- **烹調規定：** 1. 八寶料切粒過油後加醬料炒香。
  2. 糯米蒸熟（或煮熟）後，將醬汁及配料拌入，拌勻後放入瓷碗中壓平，再入蒸籠蒸透，倒扣入盤。
- **烹調法：** 蒸、拌
- **調味規定：** 以醬油、糖、鹽、味精、胡椒粉、麻油、沙拉油等調味料自行合宜地選用。
- **備註：** 米糕需呈扣碗形，糯米不得夾生，規定材料不得短少。

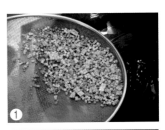

❶

❷

302-4

金沙筍梳片、黑胡椒豆包排、糖醋素排骨

第一階段：清洗、切配、工作區域清理（90分鐘）

一、材料明細

名稱	規格描述	重量（數量）	備註
鳳梨片	有效期限內	1圓片	鳳梨罐頭
半圓豆皮	不可破損、無油耗味	3張	
乾香菇	直徑4公分以上	3朵	須於洗鍋具時優先煮水浸泡，於乾貨類切割，4克／朵（復水去蒂9克以上／朵）
乾木耳	葉面泡開有4公分以上	1大片	12克／片（泡開50克以上／片）
桶筍	合格廠商效期內，若為空心或軟爛不足需求量，應檢人可反應更換	350克	需縱切檢視才分發，烹調時需去酸味，可供切梳片
生豆包	無酸味、有效期限內	4片	
鹹蛋黃	有效期限內	3粒	洗好蒸籠後上蒸
青椒	表面平整不皺縮無潰爛	60克以上	120克以上／個
紅辣椒	新鮮不軟爛	2條	10克以上／條
芹菜	新鮮不軟爛	30克	
紅蘿蔔	表面平整不皺縮	300克	若為空心須補發
中薑	夠切片與末的長段無潰爛	80克	需可切片與末
豆薯	表面平整不皺縮	50克	
芋頭	表面平整不皺縮無潰爛	200克	
大黃瓜	表面平整不皺縮不潰爛	1截	6公分長
小黃瓜	鮮度足，不可大彎曲	1條	80克以上
雞蛋	外型完整鮮度足	1粒	

二、清洗流程

(一)清洗器具：瓷碗盤→配料碗盤盆→鍋具→烹調用具（菜鏟、炒杓、大漏杓、調味匙、筷）→刀具（噴酒精）→砧板（噴酒精）→抹布（噴酒精）。

(二)預備工作：炒菜鍋裝水5分滿、蒸籠底鍋裝水3分滿。

(三)清洗食材順序：

　1.乾貨類：泡洗乾香菇→泡洗乾木耳。

　2.加工食品類：鳳梨片→桶筍→生豆包略洗。

　3.不需去皮蔬果類：青椒去頭尾對剖開，去籽去內膜白梗→芹菜去葉子及尾部→紅辣椒去蒂頭→小黃瓜去頭尾→大黃瓜洗淨。

　4.需去皮根莖類：紅蘿蔔去皮→中薑去皮→芋頭去皮→豆薯去皮。

　5.蛋類：鹹蛋黃洗淨→雞蛋洗淨。

三、切配流程

(一)菜名與食材切配依據

菜餚名稱	主要刀工	烹調法	主材料類別	材料組合	水花款式	盤飾款式
金沙筍梳片	梳子片	炒	桶筍	桶筍、乾香菇、鹹蛋黃、中薑、芹菜		參考規格明細
黑胡椒豆包排	末	煎	生豆包	生豆包、乾木耳、紅蘿蔔、中薑、豆薯、雞蛋		
糖醋素排骨	塊	脆溜	半圓豆皮	半圓豆皮、青椒、紅辣椒、鳳梨片、芋頭、紅蘿蔔	參考規格明細	

(二)受評刀工規格明細

材料	規格描述（長度單位：公分）	數量	備註
紅蘿蔔水花片兩款	自選1款及指定1款，指定款須參考下列指定圖（形狀大小需可搭配菜餚）	各6片以上	
配合材料擺出兩種盤飾	下列指定圖3選2	各1盤	
乾香菇片	復水去蒂，斜切，寬2～4、長度及高（厚）依食材規格	3朵（27克以上）	
乾木耳末	直徑0.3以下碎末	10克以上	
桶筍梳子片	長4～6，寬2～4，高（厚）度為0.2～0.4的梳子花刀片（花刀間隔為0.5以下）	300克以上	
生豆包末	直徑0.3以下碎末	4片（200克以上）	
青椒片	長3～5、寬2～4，高（厚）依食材規格，可切菱形片	50克以上	需去內膜
紅辣椒片	長2～3、寬1～2，高（厚）0.2～0.4，可切菱形片	15克以上	
紅蘿蔔末	直徑0.3以下碎末	30克以上	
芋頭條	寬、高（厚）度各為0.5～1，長4～6	150克以上	

(三)切配順序

1. 乾貨類：(1)泡開香菇去蒂頭切片，寬2～4公分。 受評
　　　　　(2)泡開木耳切末，直徑0.3公分以下。 受評
　　　　　(3)半圓豆皮切1/3尖形狀。

2. 加工食品類：(1)鳳梨片一切八片。
　　　　　　　(2)桶筍切梳子片，長4～6，寬2～4，高（厚）度為0.2～0.4公分。 受評
　　　　　　　(3)生豆包切末，直徑0.3公分以下。 受評

3. 不需去皮蔬果類：(1)青椒切片（菱形片），長3～5、寬2～4公分。 受評
　　　　　　　　　(2)芹菜切末。
　　　　　　　　　(3)紅辣椒切片（菱形片），長2～3、寬1～2，高（厚）0.2～0.4公分。 受評
　　　　　　　　　(4)紅辣椒切盤飾。 受評
　　　　　　　　　(5)小黃瓜切盤飾。 受評
　　　　　　　　　(6)大黃瓜切盤飾。 受評

4.需去皮根莖類：(1)紅蘿蔔切水花兩款。　受評
　　　　　　　　(2)紅蘿蔔切末，直徑0.3公分以下。　受評
　　　　　　　　(3)中薑切末。
　　　　　　　　(4)芋頭切條，寬、高（厚）度各為0.5～1，長4～6公分。　受評
　　　　　　　　(5)豆薯切末。
5.蛋類：(1)鹹蛋黃放入蒸籠蒸熟。
　　　　(2)雞蛋以三段式打蛋法打入馬口碗內。

(四)水花及盤飾參考

指定水花（擇一）	(1)	(2)	(3)
指定盤飾（擇二） (1)大黃瓜、小黃瓜、 　紅辣椒 (2)大黃瓜、紅蘿蔔 (3)小黃瓜	(1)	(2)	(3)

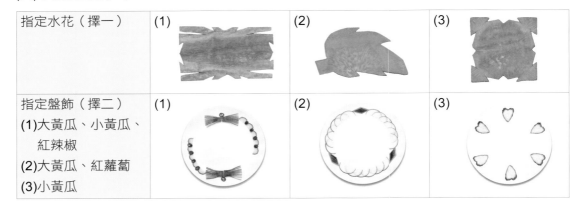

(五)受評檢測陳設方式

所有切好食材及兩款水花以配菜盤分類裝好，分成受評（放在外側接近中島區處）與不受評（放在內側接近水槽處）兩部分。兩款盤飾需以瓷盤裝飾完成，置於熟食區待評。

第二階段：評分刀工作品（30分鐘）

應檢人離場休息（確認三道菜的烹調方式及調味規定）

第三階段：菜餚製作及善後工作區域清理並完成檢查（70分鐘）

一、菜餚製作

金沙筍梳片、黑胡椒豆包排、糖醋素排骨做法請見p.159~161。

二、清潔工作之建議順序

清洗器具→工作檯、爐台、水槽→器具擦拭乾淨歸定位→關瓦斯→清潔地面→垃圾依分類倒棄→告知考場人員檢查→領回准考證→離開考場→更換服裝

金沙筍梳片

作 法

1. 將筍梳片放入滾水中汆燙後撈出瀝乾，另起油鍋，以油溫180度將筍梳片炸至微乾上色撈起瀝油。
2. 將蒸熟的鹹蛋黃放在保鮮膜上，上面再鋪一層保鮮膜，以刀背將鹹蛋黃壓碎（圖❶）。
3. 鍋燒熱，加入2大匙沙拉油及鹹蛋黃炒至起泡。
4. 加入中薑末、香菇片、筍梳片拌炒均勻（圖❷）。
5. 最後加入調味料及芹菜末再次炒合，金沙均勻附著於食材上，即可盛盤。

材 料

桶筍	350g
乾香菇	3朵
鹹蛋黃	3粒
芹菜	20g
中薑	10g

調味料

糖	1/2小匙
鹽	1/4小匙
胡椒粉	1/4小匙

- **烹調規定**：1.筍梳片汆燙後炸至上色，鹹蛋黃炒散。
  2.薑、香菇、筍梳片炒熟，加入芹菜調味炒均勻。
- **烹調法**：炒
- **調味規定**：以醬油、糖、鹽、味精、香油、胡椒粉等調味料自行合宜地選用。
- **備註**：鹹蛋黃細沙需沾附均勻，規定材料不得短少。

評分重點

302-4

黑胡椒豆包排

❷

材 料

生豆包	4片
豆薯	50g
紅蘿蔔	30g
乾木耳	20g
中薑	10g
雞蛋	1粒

調味料

A： 鹽	1小匙
胡椒粉	1/2小匙
麵粉	2大匙
香油	1大匙
黑胡椒粒	1小匙
B： 太白粉	1大匙

作 法

1. 將紅蘿蔔末、木耳末、豆薯末炒熟（或燙熟後瀝乾）。
2. 在碗中加入生豆包末、中薑末、紅蘿蔔末、木耳末、豆薯末、蛋液及調味料A一起攪拌均勻。
3. 攪拌均勻至有黏性，塑捏成圓扁排狀，表面撒上少許太白粉（圖❶）。
4. 鍋燒熱，加入3大匙沙拉油潤鍋暈開油，放入黑胡椒豆包排，煎至兩面金黃色熟透即可（圖❷）。

❶

❷

評分重點

- 烹調規定：1.紅蘿蔔、黑木耳、豆薯燙熟瀝乾。
  - 2.豆包切末拌入薑、紅蘿蔔、黑木耳、豆薯與黑胡椒粒等醬料調味後，塑成圓扁排狀（加入少許蛋液增加黏性）煎上色。
- 烹調法：煎
- 調味規定：以糖、鹽、味精、胡椒粉、麵粉、太白粉、香油、黑胡椒粒等調味料自行合宜地選用。
- 備註：豆包需完整不得破碎，豆包排不得夾生，規定材料不得短少。

糖醋素排骨

302-4

❸

作 法

1. 起油鍋，油溫燒至180度，放入芋頭條炸酥上色。
2. 將調味料A調合成麵糊，再將半圓豆皮一切三，成圓尖三角形。
3. 將豆皮先鋪平，放上4至5條芋頭條，兩側先向內摺，再向前捲緊，接口處抹上麵糊黏緊，成為素排骨。
4. 將素排骨沾上麵糊，放入油鍋中以油溫180度，炸至上色熟透。
5. 將紅蘿蔔水花片、青椒片過油瀝乾。
6. 鍋燒熱，加入1大匙沙拉油，加入鳳梨片、紅辣椒片及調味料B一起煮開，加入素排骨和所有食材，拌合包芡成脆溜即完成。

材 料

半圓豆皮	3張
芋頭	150g
青椒	60g
紅蘿蔔	30g
紅辣椒	10g
鳳梨片	1片

調味料

A：	麵粉	100g
	太白粉	20g
	沙拉油	1大匙
	水	120cc
B：	番茄醬	3大匙
	糖	2大匙
	白醋	2大匙
	水	3大匙
	鹽	1/8小匙
	太白粉水	1小匙

評分重點

- **烹調規定**：芋頭切條炸酥，半圓豆皮一張改三片，捲起芋頭條，沾麵糊炸上色，與紅蘿蔔水花片、青椒、紅辣椒、鳳梨片拌裹調味包芡成脆溜。
- **烹調法**：脆溜
- **調味規定**：以番茄醬、糖、鹽、味精、麵粉、太白粉、水、白醋等調味料自行合宜地選用。
- **備註**：素排骨不得過火或含油，規定材料不得短少。

161

302-5

紅燒素黃雀包、三絲豆腐羹、西芹炒豆乾片

第一階段：清洗、切配、工作區域清理（90分鐘）

一、材料明細

名稱	規格描述	重量（數量）	備註
乾木耳	葉面泡開有4公分以上	1大片	12克以上／片（泡開50克以上／片）
乾香菇	直徑4公分以上無蟲蛀	3朵	4克以上／朵（復水去蒂9克以上／朵）
半圓豆皮	有效期限內	3張	直徑長35公分
桶筍	合格廠商效期內。若為空心或軟爛不足需求量，應檢人可反應更換。	120克	需縱切檢視才分發，烹調時需去酸味
板豆腐	老豆腐，新鮮無酸味	150克（1/2盒）	
五香大豆乾	正方形豆乾，表面完整無酸味	3塊	35克以上／塊
紅甜椒	表面平整不皺縮無潰爛	70克	140克以上／個
黃甜椒	表面平整不皺縮無潰爛	70克	140克以上／個
紅辣椒	新鮮不軟爛	1條	10克以上／條
芹菜	新鮮無軟爛	30克	
香菜	新鮮無軟爛	10克	
西芹	新鮮挺直無軟爛	200克	整把分單隻發放
紅蘿蔔	表面平整不皺縮無潰爛	300克	空心須補發
豆薯	表面平整不皺縮	30克	
中薑	夠切絲與片的長段無潰爛	80克	需可切粒與片
小黃瓜	鮮度足，不可大彎曲	1條	80克以上
大黃瓜	表面平整不皺縮不潰爛	1截	6公分長

二、清洗流程

(一)清洗器具：瓷碗盤→配料碗盤盆→鍋具→烹調用具（菜鏟、炒杓、大漏杓、調味匙、筷）→刀具（噴酒精）→砧板（噴酒精）→抹布（噴酒精）。

(二)預備工作：炒菜鍋裝水5分滿。

(三)清洗食材順序：

　　1.乾貨類：泡洗乾香菇→泡洗乾木耳。

　　2.加工食品類：豆乾→桶筍→板豆腐略洗。

　　3.不需去皮蔬果類：紅、黃甜椒去頭尾對剖開，去籽去內膜白梗→紅辣椒洗淨→芹菜去葉子及尾部→香菜洗淨→小黃瓜去頭尾→大黃瓜洗淨。

　　4.需去皮根莖類：紅蘿蔔去皮→中薑去皮→豆薯去皮→西芹去葉削去粗纖維。

三、切配流程

(一)菜名與食材切配依據

菜餚名稱	主要刀工	烹調法	主材料類別	材料組合	水花款式	盤飾款式
紅燒素黃雀包	粒	紅燒	半圓豆皮	半圓豆皮、紅蘿蔔、桶筍、乾香菇、中薑、豆薯、香菜、豆乾		參考規格明細
三絲豆腐羹	絲	羹	板豆腐	板豆腐、紅蘿蔔、乾木耳、桶筍、芹菜	參考規格明細	
西芹炒豆乾片	片	炒	西芹	西芹、豆乾、紅蘿蔔、紅甜椒、黃甜椒、中薑		

(二)受評刀工規格明細

材料	規格描述（長度單位：公分）	數量	備註
紅蘿蔔水花片兩款	自選1款及指定1款，指定款須參考下列指定圖（形狀大小需可搭配菜餚）	各6片以上	
配合材料擺出兩種盤飾	下列指定圖3選2	各1盤	
香菇粒	復水去蒂，切長、寬各0.4～0.8粒狀，高（厚）度依食材規格	3朵（27克以上）	
木耳絲	寬0.2～0.4，長4.0～6.0，高（厚）度依食材規格	45克以上	
桶筍粒	長、寬、高（厚）各0.4～0.8	40克以上	
桶筍絲	寬、高（厚）度各為0.2～0.4，長4～6	60克以上	
黃甜椒片	長3～5、寬2～4，高（厚）依食材規格，可切菱形片	45克以上	需去內膜
西芹片	長3～5、寬2～4，高（厚）依食材規格，可切菱形片	185克以上	
紅蘿蔔粒	長、寬、高（厚）各0.4～0.8	70克以上	
豆薯粒	長、寬、高（厚）各0.4～0.8	20克以上	
紅蘿蔔絲	寬、高（厚）度各為0.2～0.4，長4～6	80克以上	

(三)切配順序

1. 乾貨類：(1)泡開香菇去蒂頭切粒，長、寬、高各0.4～0.8公分。 受評
   (2)泡開木耳切絲，寬為0.2～0.4，長4.0～6.0公分。 受評
2. 加工食品類：(1)半圓豆皮一切二。
   (2)豆乾切片。
   (3)豆乾切粒。
   (4)桶筍切絲，寬、高（厚）度各為0.2～0.4，長4～6公分。 受評
   (5)桶筍切粒，長、寬、高各0.4～0.8公分。 受評
   (6)板豆腐去除硬邊切絲。
3. 不需去皮蔬果類：(1)紅甜椒切片。
   (2)黃甜椒切片（可菱形片），長3～5、寬2～4公分。 受評
   (3)芹菜切末。
   (4)香菜切小段。
   (5)小黃瓜切盤飾。 受評
   (6)大黃瓜切盤飾。 受評

(6)紅辣椒切盤飾。 受評

4.需去皮根莖類：(1)紅蘿蔔切水花兩款。 受評

(2)紅蘿蔔切盤飾。 受評

(3)紅蘿蔔切絲，寬、高（厚）度各為0.2～0.4，長4～6公分。 受評

(4)紅蘿蔔切粒，長、寬、高各0.4～0.8公分。 受評

(5)中薑切片。

(6)中薑切末。

(7)豆薯切粒，長、寬、高各0.4～0.8公分。 受評

(8)西芹切片（可菱形片），長 3～5、寬 2～4公分。 受評

(四)水花及盤飾參考

指定水花（擇一）	(1)	(2)	(3)
指定盤飾（擇二） (1)大黃瓜 (2)紅蘿蔔 (3)大黃瓜、小黃瓜、 　　紅辣椒	(1)	(2)	(3)

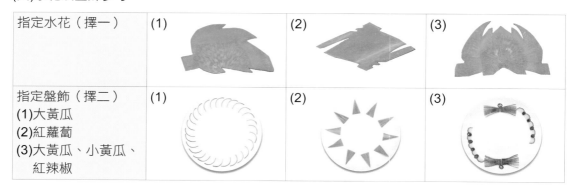

(五)受評檢測陳設方式

　　所有切好食材及兩款水花以配菜盤分類裝好，分成受評（放在外側接近中島區處）與不受評（放在內側接近水槽處）兩部分。兩款盤飾需以瓷盤裝飾完成，置於熟食區待評。

第二階段：評分刀工作品（30分鐘）

應檢人離場休息（確認三道菜的烹調方式及調味規定）

第三階段：菜餚製作及善後工作區域清理並完成檢查（70分鐘）

一、菜餚製作

　　紅燒素黃雀包、三絲豆腐羹、西芹炒豆乾片做法請見p.165~167。

二、清潔工作之建議順序

　　清洗器具→工作檯、爐台、水槽→器具擦拭乾淨歸定位→關瓦斯→清潔地面→垃圾依分類倒棄→告知考場人員檢查→領回准考證→離開考場→更換服裝

紅燒素黃雀包

作法

1. 鍋燒熱,加入1大匙沙拉油爆香中薑末,再加入紅蘿蔔粒、桶筍粒、香菇粒、豆薯粒、豆乾粒及調味料A,共同炒香熟透成為餡料。
2. 將切好的豆皮鋪平,放上餡料,向前捲緊(圖❶),再打結成黃雀狀(圖❷)。
3. 起油鍋,燒至油溫180度,放入黃雀炸至金黃酥香撈起。
4. 另起鍋,加入調味料B煮開成紅燒汁,放入炸好黃雀及香菜,燒至入味即可盛盤。

材料

材料	份量
半圓豆皮	3張
紅蘿蔔	50g
豆薯	30g
桶筍	30g
豆乾	1塊
乾香菇	3朵
中薑	10g
香菜	5g

調味料

A:	糖	1/2小匙
	鹽	1/4小匙
	胡椒粉	1/4小匙
	香油	1小匙
B:	糖	1/2大匙
	醬油	2大匙
	胡椒粉	1/4小匙
	香油	1小匙
	水	2/3杯

評分重點

- **烹調規定**:1.薑與材料爆香調味成餡料。
  2.半圓豆皮1張對開成2張,包入餡料捲起,打結如黃雀狀,過油炸成金黃色。
  3.調紅燒醬汁,黃雀包下醬汁拌入香菜燒煮。
- **烹調法**:紅燒
- **調味規定**:以鹽、味精、糖、醬油、胡椒粉、香油、太白粉、水等調味料自行合宜地選用。
- **備註**:素黃雀包形狀需大小相似,不得破碎露出內餡,規定材料不得短少。

165

302-5 三絲豆腐羹

❷

材料

板豆腐	150g
桶筍	80g
紅蘿蔔	50g
乾木耳	20g
芹菜	20g

調味料

醬油	3大匙
鹽	1/2小匙
糖	1小匙
胡椒粉	1/2小匙
太白粉水	1/3杯
香油	1小匙

作法

1. 鍋中加水煮滾，放入紅蘿蔔絲、木耳絲、桶筍絲汆燙後撈出（圖❶）。
2. 另起鍋，取羹盤量水八分滿入鍋，再將汆燙過食材入鍋。
3. 加入醬油、鹽、糖、胡椒粉調味，煮滾後再以太白粉水勾芡（圖❷）。
4. 加入豆腐條煮熟，起鍋前加入香油、芹菜末拌勻，即可盛盤。

評分重點

- 烹調規定：三絲下湯汁調味後再放入豆腐絲烹煮，以羹方式呈現。
- 烹調法：羹
- 調味規定：以醬油、鹽、味精、糖、香油、胡椒粉、太白粉、水、白醋等調味料自行合宜地選用。
- 備註：豆腐破碎不得超過1/3以上，規定材料不得短少。

西芹炒豆乾片

❸

作 法

1. 鍋中加水煮滾，放入西芹片、紅甜椒片、黃甜椒片、紅蘿蔔水花片一同汆燙後撈出，浸水冷卻再撈出瀝乾（圖❶）。
2. 起油鍋，油溫燒至180度，放入豆乾片炸至金黃色撈出（圖❷）。
3. 鍋燒熱，加入1大匙沙拉油爆香中薑片，再加入所有食材和調味料，共同炒香入味後即可盛盤。

❶

❷

材 料

西芹	180g
紅蘿蔔	60g
紅甜椒	50g
黃甜椒	50g
豆乾	2塊
中薑	10g

調味料

鹽	1小匙
糖	1/2小匙
水	1/3杯
香油	1小匙
胡椒粉	1/4小匙

評分重點

- **烹調規定**：1. 豆乾過油上色，西芹、紅蘿蔔水花片汆燙。
  2. 薑爆香放入其他配料炒香，再放入豆乾與西芹、紅蘿蔔水花片拌炒調味。
- **烹調法**：炒
- **調味規定**：以鹽、味精、糖、烏醋、胡椒粉、香油、沙拉油等調味料自行合宜地選用。
- **備註**：豆乾破損不得超過1/3，規定材料不得短少。

302-6

乾煸四季豆、三杯菊花洋菇、咖哩茄餅

第一階段：清洗、切配、工作區域清理（90分鐘）

一、材料明細

名稱	規格描述	重量（數量）	備註
乾香菇	直徑4公分無蟲蛀	3朵	4克以上／朵（復水去蒂9克以上／朵）
冬菜	有效期限內	10克	
板豆腐	老豆腐，新鮮無酸味	100克（1/3盒）	
四季豆	飽滿鮮度足	250克	每支長14公分以上
洋菇	新鮮不軟爛，直徑3公分以上	600克	大朵，需能切花刀。如因季節因素或離島地區可購買罐頭替代。
茄子	表面平整不皺縮無潰爛	1條	180克以上／條
紅甜椒	表面平整不皺縮無潰爛	70克	140克以上／個
青椒	表面平整不皺縮無潰爛	60克	120克以上／個
紅辣椒	新鮮無軟爛	2條	10克以上／條
芹菜	新鮮無軟爛	50克	
九層塔	新鮮無變黑無潰爛	30克	
中薑	夠切末與片的長段無潰爛	80克	
紅蘿蔔	表面平整不皺縮無潰爛	300克	空心須補發
豆薯	表面平整不皺縮	50克	
小黃瓜	鮮度足，不可大彎曲	1條	80克以上
大黃瓜	表面平整不皺縮不潰爛	1截	6公分長

二、清洗流程

(一)清洗器具：瓷碗盤→配料碗盤盆→鍋具→烹調用具（菜鏟、炒杓、大漏杓、調味匙、筷）→刀具（噴酒精）→砧板（噴酒精）→抹布（噴酒精）。

(二)預備工作：炒菜鍋裝水5分滿。

(三)清洗食材順序：

　　1.乾貨類：泡洗乾香菇。

　　2.加工食品類：冬菜→板豆腐略洗。

　　3.不需去皮蔬果類：洋菇→四季豆剝去頭尾、撕掉兩側纖維絲→茄子去蒂頭→紅甜椒去頭尾對剖開，去籽去內膜白梗→青椒去頭尾對剖開，去籽去內膜白梗→紅辣椒去蒂頭→芹菜去葉子及尾部→九層塔→小黃瓜去頭尾→大黃瓜洗淨。

　　4.需去皮根莖類：紅蘿蔔去皮→中薑去皮→豆薯去皮。

三、切配流程

(一)菜名與食材切配依據

菜餚名稱	主要刀工	烹調法	主材料類別	材料組合	水花款式	盤飾款式
乾煸四季豆	段、末	煸	四季豆	四季豆、冬菜、乾香菇、中薑、芹菜		參考規格明細
三杯菊花洋菇	剞刀	燜燒	洋菇	洋菇、紅蘿蔔、九層塔、中薑、紅辣椒		
咖哩茄餅	雙飛片、末	炸、拌炒	茄子	茄子、豆薯、板豆腐、乾香菇、紅甜椒、青椒、紅蘿蔔	參考規格明細	

(二)受評刀工規格明細

材料	規格描述（長度單位：公分）	數量	備註
紅蘿蔔水花片兩款	自選1款及指定1款，指定款須參考下列指定圖（形狀大小需可搭配菜餚）	各6片以上	
配合材料擺出兩種盤飾	下列指定圖3選2	各1盤	
香菇末	直徑0.3以下碎末	切完（泡開重量27克以上）	3朵分2道菜使用
冬菜末	直徑0.3以下碎末	切完（8克以上）	
洋菇花	長、寬依食材規格。格子間格0.3～0.5，深度達1/2深的剞刀片塊	切完（550克以上）	從洋菇蒂面切花
茄夾	長4～6，寬3以上，高（厚）0.8～1.2雙飛片	切完170克以上	雙飛夾
紅甜椒片	長 3～5，寬 2～4，高（厚）依食材規格，可切菱形片	50克以上	需去內膜
青椒片	長 3～5，寬 2～4，高（厚）依食材規格，可切菱形片	50克以上	需去內膜
紅辣椒片	長 2～3，寬 1～2，高（厚）0.2～0.4，可切菱形片	10克以上	
薑末	直徑0.3以下碎末	10克以上	
中薑片	長 2～3，寬 1～2，高（厚）0.2～0.4，可切菱形片	50克以上	

(三)切配順序

1. 乾貨類：泡開香菇去蒂頭切末，直徑0.3公分以下碎末。 受評
2. 加工食品類：(1)冬菜切末，直徑0.3公分以下碎末。 受評
   　　　　　　(2)板豆腐去除硬邊壓泥。
3. 不需去皮蔬果類：(1)洋菇切十字花刀（剞刀），格子間格0.3～0.5，深度達1/2深。 受評
   　　　　　　　　(2)紅甜椒切片（可菱形片），長 3～5，寬2～4公分。 受評
   　　　　　　　　(3)青椒切片（可菱形片），長 3～5，寬2～4公分。 受評
   　　　　　　　　(4)茄子斜切夾片（雙飛夾），長4～6，寬3以上，高（厚）0.8～1.2公分。 受評
   　　　　　　　　(5)紅辣椒切盤飾。 受評
   　　　　　　　　(6)紅辣椒切片（可菱形片），長 2～3，寬1～2，高（厚）0.2～0.4公分。 受評
   　　　　　　　　(7)四季豆切段。

(8)芹菜切末。

(9)九層塔摘葉片。

(10)小黃瓜切盤飾。 受評

(11)大黃瓜切盤飾。 受評

4.需去皮根莖類：(1)紅蘿蔔切水花兩款。 受評

(2)紅蘿蔔切塊。

(3)中薑切片（可菱形片），長2～3，寬1～2，高（厚）0.2～0.4公分。 受評

(4)中薑切末，直徑0.3公分以下碎末。 受評

(5)豆薯切末。

(四)水花及盤飾參考

指定水花（擇一）	(1)	(2)	(3)
指定盤飾（擇二） (1)紅蘿蔔 (2)小黃瓜 (3)大黃瓜、小黃瓜、 　　紅辣椒	(1)	(2)	(3)

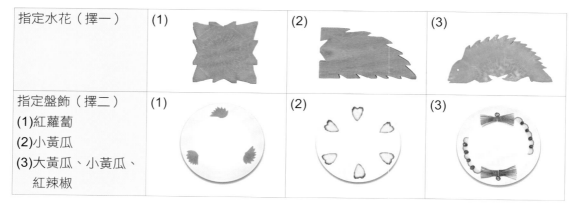

(五)受評檢測陳設方式

　　所有切好食材及兩款水花以配菜盤分類裝好，分成受評（放在外側接近中島區處）與不受評（放在內側接近水槽處）兩部分。兩款盤飾需以瓷盤裝飾完成，置於熟食區待評。

第二階段：評分刀工作品（30分鐘）

應檢人離場休息（確認三道菜的烹調方式及調味規定）

第三階段：菜餚製作及善後工作區域清理並完成檢查（70分鐘）

一、菜餚製作

乾煸四季豆、三杯菊花洋菇、咖哩茄餅做法請見p.171~173。

二、清潔工作之建議順序

清洗器具→工作檯、爐台、水槽→器具擦拭乾淨歸定位→關瓦斯→清潔地面→垃圾依分類倒棄→告知考場人員檢查→領回准考證→離開考場→更換服裝

乾煸四季豆 302-6

作 法

1. 起油鍋，將油溫燒至200度，放入四季豆炸至表面皺縮呈黃綠色，撈出備用（圖❶）。
2. 鍋燒熱，加入1大匙沙拉油爆香香菇末、中薑末、冬菜末。
3. 加入醬油、糖、鹽、四季豆煸炒收汁入味。
4. 起鍋前加入芹菜末拌勻，用烏醋提鍋邊香，撒上胡椒粉，即可盛盤（圖❷）。

❶

❷

材 料

四季豆	250g
中薑	20g
芹菜	20g
冬菜	10g
乾香菇	2朵

調味料

醬油	1大匙
糖	1小匙
鹽	1/2小匙
胡椒粉	1/2小匙
烏醋	1小匙

評分重點

- **烹調規定：** 1.四季豆過油（或煸炒），表面皺縮呈黃綠色不焦黑。
  2.配料末炒香，放入四季豆煸炒收汁完成。
- **烹調法：** 煸
- **調味規定：** 以鹽、味精、糖、香油、白醋、烏醋、醬油、水等調味料自行合宜地選用。
- **備註：** 焦黑部分不得超過總量1/4，不得出油而油膩，規定材料不得短少。

三杯菊花洋菇

❷

材料

洋菇	550g
紅蘿蔔	120g
中薑	30g
九層塔	10g
紅辣椒	1條

調味料

糖	1/2大匙
醬油	2大匙
麻油	2大匙
米酒	2大匙
水	1/3杯

作法

1. 起油鍋,將油溫燒至200度,分別下紅蘿蔔塊、洋菇花炸至金黃色撈起備用(圖❶)。
2. 鍋燒熱加入麻油,爆香中薑片、紅辣椒片。
3. 再入紅蘿蔔塊、洋菇花拌炒均勻。
4. 加入醬油、糖、米酒、水一起燜燒至入味收汁,起鍋前加入九層塔拌炒均勻(圖❷),即可盛盤。

❶

❷

評分重點

- 烹調規定:1.洋菇花過油,成金黃色不焦黑。
  - 2.紅蘿蔔切滾刀汆燙或過油,加薑片調味炒香,洋菇、九層塔下鍋燜燒收汁。
- 烹調法:燜燒
- 調味規定:以鹽、味精、糖、醬油、麻油、胡椒粉、米酒等調味料自行合宜地選用。
- 備註:洋菇須展現花形且不得破損、焦黑,規定材料不得短少。

咖哩茄餅 302-6

❸

材料

茄子	180g
板豆腐	100g
豆薯	50g
紅甜椒	50g
青椒	50g
紅蘿蔔	30g
乾香菇	1朵

調味料

A：	鹽	1/2小匙
	胡椒粉	1/4小匙
	香油	1小匙
B：	太白粉	20g
C：	麵粉	100g
	沙拉油	1大匙
	水	120cc
D：	咖哩粉	1/2大匙
	太白粉	1小匙
	糖	1/2小匙
	鹽	1/2小匙
	胡椒粉	1/4小匙
	水	1/2杯
	椰漿	1大匙

 ## 作　法

1. 將紅蘿蔔水花片、紅甜椒片、青椒片放入滾水中汆燙至熟，撈起備用。
2. 於碗中加入豆腐泥、豆薯末、香菇末及調味料A共同拌均勻，成為餡料。
3. 將茄子夾撐開，裡面抹上少許太白粉，把餡料鑲入茄子夾中填平。
4. 將調味料C調合成麵糊，再將茄子夾裹上麵糊，入油鍋以油溫180度炸至金黃酥脆熟透撈出。
5. 另起鍋，加入調味料D煮成濃稠狀咖哩醬汁。
6. 加入紅蘿蔔水花片、紅甜椒片、青椒片及炸好的茄餅，拌炒均勻即可盛盤。

評分重點

- **烹調規定：** 1. 豆薯末、香菇末拌入豆腐泥調味成餡料，紅蘿蔔水花片汆燙。
  2. 茄子鑲入餡料，裹麵糊炸上色。
  3. 爆香調味成咖哩醬汁，放入茄餅、配料與紅蘿蔔水花片拌炒入味。
- **烹調法：** 炸、拌炒
- **調味規定：** 以咖哩粉、糖、味精、鹽、麵粉、椰漿、胡椒粉、香油、太白粉、水等調味料自行合宜地選用。
- **備註：** 茄餅顏色需金黃不得焦黑，不得浮油而油膩，規定材料不得短少。

302-7

烤麩麻油飯、什錦高麗菜捲、脆鱔香菇條

第一階段：清洗、切配、工作區域清理（90分鐘）

一、材料明細

名稱	規格描述	重量（數量）	備註
乾香菇	直徑4公分以上	23朵	4克以上／朵（復水去蒂9克以上／朵）
乾紅棗	飽滿無蟲蛀	8顆	
乾木耳	葉面泡開有4公分以上	1大片	12克／片（泡開50克以上／片）
長糯米	米粒飽滿無蛀蟲	250克	
白芝麻	乾燥無異味	5克	
五香大豆乾	正方形豆乾，表面完整無酸味	1塊	35克以上／塊
桶筍	合格廠商效期內，若為空心或軟爛不足需求量，應檢人可反應更換	70克	需縱切檢視才分發，烹調時需去酸味
烤麩	有效期限內、無異味	100克	
高麗菜	新鮮青脆無潰爛	7葉	整顆撥葉發放
香菜	新鮮無軟爛	20克	
紅辣椒	表面平整不皺縮	3條	10克以上／條
紅蘿蔔	表面平整不皺縮	300克	若為空心須補發
中薑	長段無潰爛	80克	需可切絲及末
老薑	表面完整無潰爛	80克	
大黃瓜	表面平整不皺縮不潰爛	1截	6公分長
小黃瓜	鮮度足，不可大彎曲	1條	80克以上

二、清洗流程

(一)清洗器具：瓷碗盤→配料碗盤盆→鍋具→烹調用具（菜鏟、炒杓、大漏杓、調味匙、筷）→刀具（噴酒精）→砧板（噴酒精）→抹布（噴酒精）。

(二)預備工作：炒菜鍋裝水5分滿，蒸籠底鍋加水3分滿。

(三)清洗食材順序：

  1.乾貨類：泡洗乾香菇→泡洗乾木耳→泡洗長糯米→泡洗乾紅棗。

  2.加工食品類：烤麩→豆乾→桶筍略洗。

  3.不需去皮蔬果類：高麗菜挖除中心梗及黃葉→紅辣椒去蒂頭→香菜→小黃瓜去頭尾→大黃瓜洗淨。

  4.需去皮根莖類：紅蘿蔔去皮→中薑去皮→老薑洗淨。

三、切配流程

(一)菜名與食材切配依據

菜餚名稱	主要刀工	烹調法	主材料類別	材料組合	水花款式	盤飾款式
烤麩麻油飯	片	生米燜煮	烤麩	烤麩、乾香菇、長糯米、老薑、乾紅棗		參考規格明細
什錦高麗菜捲	絲	蒸	高麗菜	高麗菜、紅蘿蔔、乾木耳、桶筍、豆乾、中薑、紅辣椒	參考規格明細	
脆鱔香菇條	條	炸、溜	乾香菇	乾香菇、白芝麻、香菜、中薑、紅辣椒		

(二)受評刀工規格明細

材料	規格描述（長度單位：公分）	數量	備註
紅蘿蔔水花片兩款	自選1款及指定1款，指定款須參考下列指定圖（形狀大小需可搭配菜餚）	各6片以上	
配合材料擺出兩種盤飾	下列指定圖3選2	各1盤	
香菇條	寬0.5～1，長4～6，高（厚）度依食材規格	20朵（180克以上）	
木耳絲	寬0.2～0.4，長4～6，高（厚）度依食材規格	30克以上	
豆乾絲	寬、高（厚）各為0.2～0.4，長4～6	25克以上	
桶筍絲	寬、高（厚）各為0.2～0.4，長4～6	60克以上	
香菇片	去蒂，斜切，寬2～4、長度及高（厚）依食材規格	3朵（27克以上）	
紅辣椒絲	寬、高（厚）各為0.3以下，長4～6	10克以上	
中薑絲	寬、高（厚）各為0.3以下，長4～6	20克以上	
紅蘿蔔絲	寬、高（厚）各為0.2～0.4，長4～6	70克以上	

(三)切配順序

1.乾貨類：(1)泡開香菇（3朵）去蒂頭斜切片，寬2～4公分。 受評
　　　　　(2)泡開香菇（20朵）去蒂剪長條狀（沿香菇外緣剪至菇中心，寬度0.5~1公分，長度4~6公分）。 受評
　　　　　(3)泡開木耳切絲，寬0.2～0.4，長4～6公分。 受評
　　　　　(4)乾紅棗劃開。

2.加工食品類：(1)烤麩切小塊。
　　　　　　　(2)豆乾切絲，寬、高各為0.2～0.4，長4～6公分。 受評
　　　　　　　(3)桶筍切絲，寬、高各為0.2～0.4，長4～6公分。 受評

3.不需去皮蔬果類：(1)高麗菜取整葉大片。
　　　　　　　　　(2)紅辣椒切盤飾。 受評
　　　　　　　　　(3)紅辣椒切絲，寬、高各為0.3以下，長4～6公分。 受評
　　　　　　　　　(4)紅辣椒切末。
　　　　　　　　　(5)香菜切末。

(6)小黃瓜切盤飾。 受評

(7)大黃瓜切盤飾。 受評

　4.需去皮根莖類：(1)紅蘿蔔切水花兩款。 受評

(2)紅蘿蔔切絲，寬0.2～0.4，長4～6公分。 受評

(3)中薑切絲，寬、高各為0.3以下，長4～6公分。 受評

(4)中薑切末。

(5)老薑切片。

(四)水花及盤飾參考

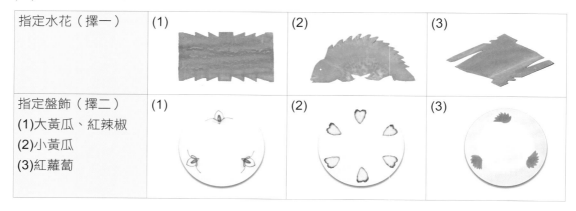

指定水花（擇一）	(1)	(2)	(3)

指定盤飾（擇二） (1)大黃瓜、紅辣椒 (2)小黃瓜 (3)紅蘿蔔	(1)	(2)	(3)

(五)受評檢測陳設方式

　　所有切好食材及兩款水花以配菜盤分類裝好，分成受評（放在外側接近中島區處）與不受評（放在內側接近水槽處）兩部分。兩款盤飾需以瓷盤裝飾完成，置於熟食區待評。

第二階段：評分刀工作品（30分鐘）

應檢人離場休息（確認三道菜的烹調方式及調味規定）

第三階段：菜餚製作及善後工作區域清理並完成檢查（70分鐘）

一、菜餚製作

烤麩麻油飯、什錦高麗菜捲、脆鱔香菇條做法請見p.177~179。

二、清潔工作之建議順序

清洗器具→工作檯、爐台、水槽→器具擦拭乾淨歸定位→關瓦斯→清潔地面→垃圾依分類倒棄→告知考場人員檢查→領回准考證→離開考場→更換服裝

烤麩麻油飯 302-7

 作 法

1. 鍋燒熱，加入2大匙麻油，先爆香老薑片（圖❶），再加香菇片爆香。
2. 加入烤麩拌炒至金黃色，表面微乾。
3. 加入米酒提香煮至揮發，再加入紅棗、醬油、鹽、糖、胡椒粉及2杯水煮滾。
4. 加入長糯米翻拌均勻（圖❷），蓋上鍋蓋小火燜煮15分鐘，中途需開鍋蓋翻拌數次，至米粒煮熟即可盛盤（米心需熟透，鍋底部鍋粑不可焦黑）。

❶

❷

材 料

長糯米	250g
烤麩	100g
老薑	80g
乾香菇	3朵
乾紅棗	8顆

調味料

糖	1小匙
鹽	1/2小匙
醬油	3大匙
胡椒粉	1/2小匙
麻油	2大匙
米酒	1/3杯

評分重點

- 烹調規定：以麻油爆香老薑片（不去皮），炒料，生糯米燜煮。
- 烹調法：生米燜煮
- 調味規定：以糖、鹽、味精、醬油、胡椒粉、麻油、米酒等調味料自行合宜地選用。
- 備註：燜煮法若有鍋粑需為金黃色，規定材料不得短少。

302-7 什錦高麗菜捲

❷

材料

高麗菜	6全葉
紅蘿蔔	80g
桶筍	70g
中薑	20g
乾木耳	10g
豆乾	1塊
紅辣椒	10g

調味料

A：鹽	1/2小匙
胡椒粉	1/4小匙
香油	1小匙
B：水	1杯
鹽	1/2小匙
太白粉水	1大匙
香油	1/2大匙

作 法

1. 鍋中加水煮滾，放入高麗菜葉燙軟，撈出泡冷水至涼瀝乾。
2. 鍋燒熱，加入1大匙沙拉油，爆香中薑絲、紅辣椒絲，再加入紅蘿蔔絲、木耳絲、桶筍絲、豆乾絲和調味料A，拌炒均勻熟透成為餡料。
3. 將高麗菜葉修切成大小整齊片狀，切除較硬的葉梗。
4. 將餡料放置高麗菜葉上，捲成圓筒狀（圖❶）。
5. 將做好的高麗菜捲和紅蘿蔔水花排入盤中，移至蒸籠裡，以大火蒸5分鐘，取出後倒除多餘水份。
6. 另鍋中加入水、鹽煮滾，再以太白粉水勾芡，再加入香油拌勻，最後淋至菜餚上即完成。

評分重點

- 烹調規定：1.薑、紅辣椒絲及配料調味炒香。
  2.高麗菜燙軟後，包入配料成捲狀，紅蘿蔔水花片排盤，蒸熟後淋薄芡。
- 烹調法：蒸
- 調味規定：以糖、鹽、味精、香油、太白粉、水、胡椒粉等調味料自行合宜地選用。
- 備註：高麗菜捲需成型、大小均一，不得爆餡破碎，規定材料不得短少。

❶

脆鱔香菇條 302-7

作法

1. 將香菇條拌入調味料A略醃，再將微濕的香菇條沾上拌好的麵粉、玉米粉拌勻（圖❶）。
2. 起油鍋，以小火油溫，將香菇條炸至金黃酥脆，撈出備用（圖❷）。
3. 鍋燒熱，用香油爆香薑末、辣椒末，再加入調味料D，小火煮滾至濃稠狀。
4. 加入炸好的香菇條及香菜末翻溜至均勻上色，起鍋前撒上白芝麻，即可盛盤。

❶

❷

材料

乾香菇	20朵
香菜	10g
中薑	10g
紅辣椒	10g
白芝麻	5g

調味料

A：	鹽	1/4小匙
	胡椒粉	1/4小匙
	香油	1小匙
B：	麵粉	2大匙
	玉米粉	2大匙
C：	香油	1小大匙
D：	烏醋	2大匙
	醬油	1小匙
	糖	4大匙
	水	3大匙

評分重點

- **烹調規定：** 1. 乾香菇泡軟後擠乾去蒂，繞菇傘外緣剪至菇心成條狀。
  2. 乾香菇醃料後沾粉油炸至上色。
  3. 調酸甜味加入配料拌勻。
- **烹調法：** 炸、溜
- **調味規定：** 以鹽、味精、糖、胡椒粉、烏醋、醬油、玉米粉、香油等調味料自行合宜地選用。
- **備註：** 香菇條須酥脆不得焦黑含油，規定材料不得短少。

302-8

茄汁燒芋頭丸、素魚香茄段、黃豆醬滷苦瓜

第一階段：清洗、切配、工作區域清理（90分鐘）

一、材料明細

名稱	規格描述	重量（數量）	備註
黃豆醬	有效期限內	60克	
乾木耳	葉面泡開有4公分以上	1大片	12克／片（泡開50克以上／片）
青椒	表面平整不皺縮	60克	120克以上／個
茄子	表面平整不皺縮無潰爛	2條	180克以上／每條
鮮香菇	直徑5公分以上	2朵	25克以上／朵
紅辣椒	新鮮無軟爛	2條	10克以上／條
苦瓜	表面新鮮不皺縮	300克	300克以上／條
黃甜椒	表面平整不皺縮	70克	140克以上／個
芹菜	新鮮無潰爛	30克	
九層塔	新鮮不變黑無潰爛	20克	
香菜	新鮮無潰爛	20克	
玉米筍	新鮮無軟爛	50克	可用罐頭替代
芋頭	表面平整不皺縮無潰爛	300克	
紅蘿蔔	表面平整不皺縮	300克	若為空心須補發
中薑	新鮮長段無潰爛	50克	
小黃瓜	鮮度足，不可大彎曲	1條	80克以上

二、清洗流程

(一)清洗器具：瓷碗盤→配料碗盤盆→鍋具→烹調用具（菜鏟、炒杓、大漏杓、調味匙、筷）
→刀具（噴酒精）→砧板（噴酒精）→抹布（噴酒精）。

(二)預備工作：炒菜鍋裝水5分滿，蒸籠底鍋加水3分滿。

(三)清洗食材順序：

1.乾貨類：泡洗乾木耳

2.加工食品類：無。

3.不需去皮蔬果類：青椒、黃甜椒去頭尾對剖開，去籽去內膜白梗→鮮香菇剪去蒂頭→紅辣椒去蒂頭→茄子去蒂頭→九層塔洗淨→芹菜去葉子及尾部→苦瓜去頭尾對剖開挖除籽→香菜去梗及枯黃葉→玉米筍→小黃瓜去頭尾。

4.需去皮根莖類：紅蘿蔔去皮→中薑去皮→芋頭去皮。

三、切配流程

(一)菜名與食材切配依據

菜餚名稱	主要刀工	烹調法	主材料類別	材料組合	水花款式	盤飾款式
茄汁燒芋頭丸	片、泥	蒸、燒	芋頭	芋頭、紅蘿蔔、黃甜椒、乾木耳、青椒	參考規格明細	參考規格明細
素魚香茄段	段	燒	茄子	茄子、鮮香菇、芹菜、九層塔、紅辣椒、中薑		
黃豆醬滷苦瓜	條	滷	苦瓜	苦瓜、黃豆醬、紅蘿蔔、香菜、玉米筍		

(二)受評刀工規格明細

材料	規格描述（長度單位：公分）	數量	備註
紅蘿蔔水花片兩款	自選1款及指定1款，指定款須參考下列指定圖（形狀大小需可搭配菜餚）	各6片以上	
配合材料擺出兩種盤飾	下列指定圖3選2	各1盤	
木耳片	長3～5，寬2～4，高（厚）依食材規格，可切菱形片	30克以上	
黃甜椒片	長3～5，寬2～4，高（厚）依食材規格，可切菱形片	50克以上	需去內膜
青椒片	長3～5，寬2～4，高（厚）依食材規格，可切菱形片	50克以上	需去內膜
茄段	長4～6直段或斜段，直徑依食材規格可剖開	320克以上	
紅辣椒末	直徑0.3以下碎末	15克以上	
芹菜末	直徑0.3以下碎末	15克以上	
苦瓜條	寬、高（厚）各為0.8～1.2，長4～6	250克以上	
紅蘿蔔條	寬、高（厚）各為0.5～1，長4～6	70克以上	
中薑末	直徑0.3以下碎末	30克以上	

(三)切配順序

1. 乾貨類：泡開木耳切片（可切菱形片），長3～5，寬2～4公分。 受評
2. 加工食品類: 無
3. 不需去皮蔬果類：(1)青椒切片（可切菱形片），長3～5、寬2～4公分。 受評

    (2)黃甜椒切片（可切菱形片），長3～5、寬2～4公分。 受評

    (3)鮮香菇切粒。

    (4)紅辣椒切末，直徑0.3公分以下。 受評

    (5)茄子切半圓段，長4～6公分直段或斜段。 受評

    (6)九層塔取葉。

    (7)芹菜切末，直徑0.3公分以下。 受評

    (8)苦瓜切條，寬、高（厚）各為0.8～1.2，長4～6公分。 受評

    (9)香菜取葉。

    (10)玉米筍切條。

　　　　　　　　　(11)小黃瓜切盤飾。受評
4.需去皮根莖類：(1)紅蘿蔔切水花兩款。受評
　　　　　　　　(2)紅蘿蔔切盤飾。受評
　　　　　　　　(3)紅蘿蔔切條，寬、高（厚）各為0.5～1，長4～6公分。受評
　　　　　　　　(4)中薑切末，直徑0.3公分以下。受評
　　　　　　　　(5)芋頭切片。

(四)水花及盤飾參考

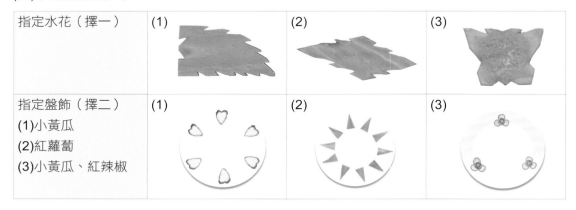

指定水花（擇一）	(1)	(2)	(3)
指定盤飾（擇二） (1)小黃瓜 (2)紅蘿蔔 (3)小黃瓜、紅辣椒	(1)	(2)	(3)

(五)受評檢測陳設方式

　　所有切好食材及兩款水花以配菜盤分類裝好，分成受評（放在外側接近中島區處）與不受評（放在內側接近水槽處）兩部分。兩款盤飾需以瓷盤裝飾完成，置於熟食區待評。

第二階段：評分刀工作品（30分鐘）

應檢人離場休息（確認三道菜的烹調方式及調味規定）

第三階段：菜餚製作及善後工作區域清理並完成檢查（70分鐘）

一、菜餚製作

　　茄汁燒芋頭丸、素魚香茄段、黃豆醬滷苦瓜做法請見p.183~185。

二、清潔工作之建議順序

　　清洗器具→工作檯、爐台、水槽→器具擦拭乾淨歸定位→關瓦斯→清潔地面→垃圾依分類倒棄→告知考場人員檢查→領回准考證→離開考場→更換服裝

茄汁燒芋頭丸

作 法

1. 將芋頭放入蒸籠中，大火蒸20分鐘至軟，取出放入碗中，加入調味料A攪拌均勻，壓成泥狀（圖❶）。

2. 將芋泥搓成大小適中的圓球狀，每顆大小要相同。

3. 起油鍋，將油溫燒至170度，把芋頭丸放入炸至金黃熟透，撈出備用。

4. 把紅蘿蔔水花片、青椒片、黃甜椒片、木耳片放入滾水中汆燙至熟，撈出瀝乾。

5. 將調味料B混合攪拌均勻，倒入鍋中煮滾。

6. 放入芋頭丸和所有配料一同燒至上色，加入太白粉水勾芡，翻拌均勻即可盛盤。

- **烹調規定**：1.芋頭蒸熟壓成泥加粉調味，成球狀炸上色定型。
  2.茄汁調味入配料、紅蘿蔔水花片及芋丸燒入味收汁。
- **烹調法**：蒸、燒
- **調味規定**：以番茄醬、味精、糖、麵粉、太白粉、沙拉油、白醋、鹽等調味料自行合宜地選用。
- **備註**：芋丸需成形不得鬆散，每顆大小相似，規定材料不得短少。

材 料

芋頭	300g
青椒	60g
黃甜椒	50g
紅蘿蔔	30g
乾木耳	10g

調味料

A：	麵粉	2大匙
	太白粉	1大匙
	鹽	1/2小匙
	糖	1大匙
B：	番茄醬	3大匙
	糖	2大匙
	鹽	1/4小匙
	水	1/2杯
C：	太白粉水	1小匙

素魚香茄段

❷

材　料

茄子	2條
鮮香菇	2朵
芹菜	20g
紅辣椒	10g
中薑	10g
九層塔	10g

調味料

辣豆瓣	1小匙
番茄醬	1大匙
醬油	1大匙
糖	1/2小匙
水	1/2杯
太白粉水	1大匙

作　法

1. 起油鍋，油溫燒至200度，放入茄子段炸至亮紫金黃色，切勿含油（圖❶）。
2. 鍋燒熱，加入1小匙沙拉油，爆香鮮香菇粒、中薑末、紅辣椒末、芹菜末。
3. 加入辣豆瓣、番茄醬、醬油、糖炒香，再加入半杯水煮滾。
4. 加入茄子段燒至入味，起鍋前放入九層塔（圖❷）。
5. 用太白粉水勾芡，翻拌均勻即可盛盤。

❶

❷

評分重點

- 烹調規定：1.茄子油炸呈亮紫色。
  2.以薑末爆香調味，放入配料燒入味，勾薄芡。
- 烹調法：燒
- 調味規定：以辣豆瓣、番茄醬、白醋、鹽、味精、糖、香油、麵粉、太白粉、水等調味料自行合宜地選用。
- 備註：茄段需大小均一，不可含油，規定材料不得短少。

黃豆醬滷苦瓜

3

作法

1. 起油鍋，油溫燒至180度，放入苦瓜條炸至金黃色撈出（圖❶）。

2. 鍋燒熱，加入1小匙沙拉油，放入黃豆醬、醬油、糖、米酒一同炒香。

3. 加入1杯水和苦瓜條、紅蘿蔔條、玉米筍條一同拌合均勻（圖❷）。

4. 煮滾後，轉小火滷10分鐘至收汁軟透，起鍋前加入香菜拌勻，即可盛盤。

❶

❷

材料

苦瓜	250g
紅蘿蔔	50g
玉米筍	50g
香菜	10g

調味料

黃豆醬	2大匙
醬油	1大匙
糖	1大匙
米酒	1大匙
水	1杯

評分重點

- **烹調規定**：苦瓜條過油炸上色，加配料、調味料滷至軟嫩入味。
- **烹調法**：滷
- **調味規定**：以黃豆醬、糖、鹽、味精、醬油、米酒、香油等調味料自行合宜地選用。
- **備註**：成品勿浮油，注意黃豆醬鹹度，成品不可有汁，規定材料不得短少。

302-9

梅粉地瓜條、什錦鑲豆腐、香菇炒馬鈴薯片

第一階段：清洗、切配、工作區域清理（90分鐘）

一、材料明細

名稱	規格描述	重量（數量）	備註
梅子粉	有效期限內，乾燥無受潮	30克	
乾香菇	直徑4公分以上	1朵	4克／朵（復水去蒂9克以上／朵）
玉米粒	有效期限內	30克	罐頭
板豆腐	老豆腐，新鮮無酸味	300克（1盒）	
五香大豆乾	正方形豆乾，表面完整無酸味	1塊	35克以上／塊
四季豆	新鮮平整不皺縮無潰爛	80克	
鮮香菇	直徑5公分以上，新鮮無軟爛	3朵	25克以上／朵
紅辣椒	新鮮無軟爛	1條	10克以上／條
地瓜	新鮮平整不皺縮無潰爛	300克	
紅蘿蔔	表面平整不皺縮	300克	若為空心須補發
豆薯	表面平整不皺縮	40克	
馬鈴薯	無芽眼、無潰爛	250克	
中薑	新鮮無潰爛	80克	
小黃瓜	鮮度足，不可大彎曲	1條	80克以上
大黃瓜	表面平整不皺縮無潰爛	1截	6公分長

二、清洗流程

(一)清洗器具：瓷碗盤→配料碗盤盆→鍋具→烹調用具（菜鏟、炒杓、大漏杓、調味匙、筷）
→刀具（噴酒精）→砧板（噴酒精）→抹布（噴酒精）。

(二)預備工作：炒菜鍋裝水5分滿，蒸籠底鍋加水3分滿。

(三)清洗食材順序：

1.乾貨類：泡洗乾香菇。

2.加工食品類：玉米粒→豆乾→板豆腐洗淨。

3.不需去皮蔬果類：四季豆剝去頭尾，撕掉兩側纖維絲→鮮香菇剪去蒂頭→小黃瓜去頭尾→
大黃瓜洗淨→紅辣椒洗淨。

4.需去皮根莖類：紅蘿蔔去皮→中薑去皮→地瓜去皮→馬鈴薯去皮→豆薯去皮。

三、切配流程

(一)菜名與食材切配依據

菜餚名稱	主要刀工	烹調法	主材料類別	材料組合	水花款式	盤飾款式
梅粉地瓜條	條	酥炸	地瓜	地瓜、四季豆、梅子粉		參考規格明細
什錦鑲豆腐	末、塊	蒸	板豆腐	板豆腐、紅蘿蔔、乾香菇、玉米粒、中薑、豆薯、豆乾		
香菇炒馬鈴薯片	片	炒	馬鈴薯、鮮香菇	馬鈴薯、鮮香菇、紅蘿蔔、小黃瓜、中薑	參考規格明細	

(二)受評刀工規格明細

材料	規格描述（長度單位：公分）	數量	備註
紅蘿蔔水花片兩款	自選1款及指定1款，指定款須參考下列指定圖（形狀大小需可搭配菜餚）	各6片以上	
配合材料擺出兩種盤飾	下列指定圖3選2	各1盤	
香菇末	直徑0.3以下碎末	9克以上	
豆乾末	直徑0.3以下碎末	30克以上	
鮮香菇片	去蒂，斜切，寬2～4，長度及高（厚）度依食材規格	65克以上	
小黃瓜片	長4～6、寬2～4，高（厚）0.2～0.4，可切菱形片	40克以上	
地瓜條	寬、高（厚）各為0.5～1，長4～6	250克以上	
紅蘿蔔末	直徑0.3以下碎末	60克以上	
豆薯末	直徑0.3以下碎末	25克以上	
馬鈴薯片	長4～6、寬2～4，高（厚）0.4～0.6	200克以上	

(三)切配順序

1. 乾貨類：泡開香菇切末，直徑公分0.3以下。 受評
2. 加工食品類：(1)豆乾切末，直徑公分0.3以下。 受評
   　　　　　　　(2)板豆腐切菱形塊。
3. 不需去皮蔬果類：(1)四季豆切段。
   　　　　　　　　　(2)鮮香菇切片，斜切，寬2～4公分。 受評
   　　　　　　　　　(3)小黃瓜切盤飾。 受評
   　　　　　　　　　(4)小黃瓜切片，長4～6、寬2～4，高0.2～0.4公分。 受評
   　　　　　　　　　(5)大黃瓜切盤飾。 受評
   　　　　　　　　　(6)紅辣椒切盤飾。 受評
4. 需去皮根莖類：(1)紅蘿蔔切水花兩款。 受評
   　　　　　　　　(2)紅蘿蔔切末，直徑公分0.3以下。 受評
   　　　　　　　　(3)中薑切片。
   　　　　　　　　(4)中薑切末。
   　　　　　　　　(5)地瓜切條，寬、高（厚）各為0.5～1，長4～6公分。 受評

(6)馬鈴薯切片，長4～6、寬2～4，高0.4～0.6公分。 受評

(7)豆薯切末，直徑公分0.3以下。 受評

(四)水花及盤飾參考

指定水花（擇一）	(1)	(2)	(3)
	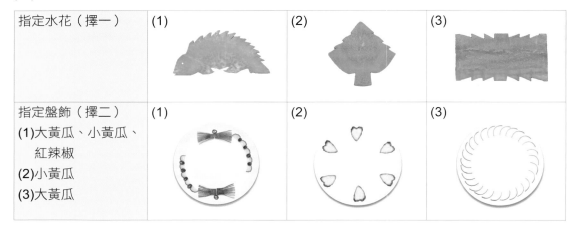		
指定盤飾（擇二） (1)大黃瓜、小黃瓜、 　　紅辣椒 (2)小黃瓜 (3)大黃瓜	(1)	(2)	(3)

(五)受評檢測陳設方式

　　所有切好食材及兩款水花以配菜盤分類裝好，分成受評（放在外側接近中島區處）與不受評（放在內側接近水槽處）兩部分。兩款盤飾需以瓷盤裝飾完成，置於熟食區待評。

第二階段：評分刀工作品（30分鐘）

應檢人離場休息（確認三道菜的烹調方式及調味規定）

第三階段：菜餚製作及善後工作區域清理並完成檢查（70分鐘）

一、菜餚製作

　　梅粉地瓜條、什錦鑲豆腐、香菇炒馬鈴薯片做法請見p.189~191。

二、清潔工作之建議順序

　　清洗器具→工作檯、爐台、水槽→器具擦拭乾淨歸定位→關瓦斯→清潔地面→垃圾依分類倒棄→告知考場人員檢查→領回准考證→離開考場→更換服裝

梅粉地瓜條 302-9

❶

作 法

1. 將調味料全部混合一起，攪拌調合成麵糊。

2. 起油鍋，將油溫燒至160度，分別取四季豆、地瓜條沾上麵糊，入鍋裡炸至金黃酥脆，撈出瀝油（圖❶）。

3. 將炸好的四季豆、地瓜條倒入瓷碗中，撒上梅子粉翻拌均勻，擺入盤中即完成（圖❷）。

❶

❷

材 料

地瓜	250g
四季豆	80g
梅子粉	10g

調味料

麵粉	100g
太白粉	20g
泡打粉	1小匙
沙拉油	1大匙
水	120cc

評分重點

- 烹調規定：1.四季豆須切段。
　　　　　　2.地瓜與四季豆沾麵糊炸熟上色，灑梅子粉調味。
- 烹調法：酥炸
- 調味規定：以鹽、味精、糖、麵粉、太白粉、地瓜粉、胡椒粉、泡打粉、梅子粉等調味料自行合宜地選用。
- 備註：外型大小均一，沾粉均勻，不得脫粉、夾生、含油，規定材料不得短少。

302-9 什錦鑲豆腐

❷

材料

板豆腐	300g
紅蘿蔔	60g
豆薯	40g
玉米粒	30g
乾香菇	1朵
中薑	10g
豆乾	1塊

調味料

A：醬油　　　1大匙
　　糖　　　　1小匙
　　白胡椒粉　1/2小匙
　　水　　　　3大匙
B：太白粉　　1大匙
C：鹽　　　　1/2小匙
　　糖　　　　1/2小匙
　　太白粉水　1大匙
　　香油　　　1小匙

作法

1. 起油鍋，將油溫燒至200度，下豆腐塊炸至金黃酥脆，撈出瀝油。
2. 鍋燒熱，加入1大匙沙拉油爆香香菇末、中薑末，再放入豆乾末、豆薯末、紅蘿蔔末、玉米粒一起炒香。
3. 加入調味料A拌炒均勻至乾，將炒好餡料盛至碗中，趁熱加入太白粉攪拌均勻至有黏性。
4. 用湯匙將炸好的板豆腐中間挖出凹槽，把餡料鑲入凹槽填滿壓實。
5. 將鑲豆腐移入蒸籠，以大火蒸8分鐘蒸熟取出，倒除多餘湯汁。
6. 另起鍋，加入1杯水和調味料C中的鹽、糖煮滾，以太白粉水勾芡，再加入香油拌勻，將芡汁淋於鑲豆腐上即完成。

評分重點

- **烹調規定**：1.配料調味炒成內餡。
　　　　　　　2.豆腐塊炸上色，挖出豆腐塞入餡料，蒸熟後淋上芡汁。
- **烹調法**：蒸
- **調味規定**：以鹽、味精、醬油、白胡椒、糖、香油、太白粉、水等調味料自行合宜地選用。
- **備註**：豆腐不得破碎、焦黑，不得大小不一，規定材料不得短少。

香菇炒馬鈴薯片

❸

🍳 作 法

1. 切片馬鈴薯泡入水中漂水，至澱粉質去除水清澈，撈出瀝乾，另起油鍋至180度，下油鍋炸至金黃色。
2. 鍋中加水煮滾，分別將鮮香菇片、紅蘿蔔水花片汆燙後，撈出瀝乾備用（圖❶）。
3. 鍋燒熱，加入1大匙沙拉油爆香中薑片，再放入汆燙過食材和馬鈴薯片共同拌炒均勻。
4. 加入鹽、糖、白胡椒粉、水一同拌炒。
5. 起鍋前再入小黃瓜片、香油拌勻熟透，即可盛盤（圖❷）。

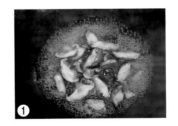

❶

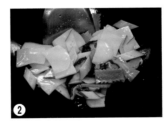

❷

🔪 材 料

馬鈴薯	250g
紅蘿蔔	30g
小黃瓜	30g
鮮香菇	3朵
中薑	10g

調味料

糖	1/2小匙
鹽	1小匙
胡椒粉	1/4小匙
香油	1大匙
水	1/2杯

評分重點

- 烹調規定：1.馬鈴薯去皮切片炸上色，紅蘿蔔水花片汆燙。
  2.馬鈴薯與配料調味拌炒至熟。
- 烹調法：炒
- 調味規定：以糖、鹽、味精、胡椒粉、香油等調味料自行合宜地選用。
- 備註：馬鈴薯片不得鬆散、夾生或不成形，規定材料不得短少。

302-10

三絲淋蒸蛋、三色鮑菇捲、椒鹽牛蒡片

第一階段：清洗、切配、工作區域清理（90分鐘）

一、材料明細

名稱	規格描述	重量（數量）	備註
乾香菇	直徑4公分以上	2朵	4克／朵（復水去蒂9克以上／朵）
乾木耳	葉面泡開有4公分以上	1大片	12克／片（泡開50克以上／片）
桶筍	合格廠商效期內	50克	若為空心或軟爛不足需求量，應檢人可反應更換
小黃瓜	新鮮挺直無潰爛	2條	80克以上／條
大黃瓜	表面平整不皺縮無潰爛	1截	6公分長
鮑魚菇	新鮮不軟爛	4大片	60克／片
黃甜椒	新鮮無軟爛	70克	140克以上／個
青椒	新鮮無軟爛	60克	120克以上／個
紅辣椒	表面平整不皺縮無潰爛	2條	10克以上／條
芹菜	新鮮無潰爛	30克	
紅蘿蔔	表面平整不皺縮	300克	若為空心須補發
牛蒡	表面平整不皺縮	200克	
中薑	長段無潰爛	120克	可供切片與絲
雞蛋	表面完整鮮度足	4顆	

二、清洗流程

(一)清洗器具：瓷碗盤→配料碗盤盆→鍋具→烹調用具（菜鏟、炒杓、大漏杓、調味匙、筷）→刀具（噴酒精）→砧板（噴酒精）→抹布（噴酒精）。

(二)預備工作：炒菜鍋裝水5分滿，蒸籠底鍋加水3分滿。

(三)清洗食材順序：

    1.乾貨類：泡洗乾香菇→泡洗乾木耳。

    2.加工食品類：桶筍洗淨。

    3.不需去皮蔬果類：鮑魚菇→青椒、黃甜椒去頭尾對剖開，去籽去內膜白梗→芹菜去葉子及尾部→紅辣椒去蒂頭→小黃瓜去頭尾→大黃瓜洗淨。

    4.需去皮根莖類：紅蘿蔔去皮→中薑去皮→牛蒡去皮。

    5.蛋類：雞蛋洗淨外殼。

(一)菜名與食材切配依據

菜餚名稱	主要刀工	烹調法	主材料類別	材料組合	水花款式	盤飾款式
三絲淋蒸蛋	絲	蒸、羹	雞蛋	雞蛋、乾香菇、桶筍、小黃瓜、紅蘿蔔、中薑		參考規格明細
三色鮑菇捲	剞刀	炒	鮑魚菇	鮑魚菇、紅蘿蔔、黃甜椒、乾木耳、中薑、青椒	參考規格明細	
椒鹽牛蒡片	片	酥炸	牛蒡	牛蒡、芹菜、紅辣椒、中薑		

(二)受評刀工規格明細

材料	規格描述（長度單位：公分）	數量	備註
紅蘿蔔水花片兩款	自選1款及指定1款，指定款須參考下列指定圖（形狀大小需可搭配菜餚）	各6片以上	
配合材料擺出兩種盤飾	下列指定圖3選2	各1盤	
香菇絲	寬、高（厚）各為0.2～0.4，長度依食材規格	2朵（18克以上）	
桶筍絲	寬、高（厚）各為0.2～0.4，長4～6	40克以上	
小黃瓜絲	寬、高（厚）各為0.2～0.4，長4～6	50克以上	
鮑魚菇片	長、寬依食材規格。格子間格0.3～0.5，深度達1/2深的剞刀片	200克以上	
黃甜椒片	長3～5、寬2～4，高（厚）依食材規格，可切菱形片	60克以上	需去內膜
青椒片	長3～5、寬2～4，高（厚）依食材規格，可切菱形片	50克以上	需去內膜
紅蘿蔔絲	寬、高（厚）各為0.2～0.4，長4～6	50克以上	
牛蒡片	長4～6，寬依食材規格，高（厚）0.2～0.4	180克以上	去皮、斜刀切片

(三)切配順序

1.乾貨類：(1)泡開香菇去蒂頭切絲，寬、高（厚）各為0.2～0.4公分。 受評

　　　　　(2)泡開木耳切片。

2.加工食品類：桶筍切絲，寬、高各為0.2～0.4，長4～6公分。 受評

3.不需去皮蔬果類：(1)鮑魚菇切十字花刀（剞刀），格子間格0.3～0.5公分，深度達1/2深。 受評

　　　　　　　　(2)黃甜椒切片（可切菱形片），長3～5、寬2～4公分。 受評

　　　　　　　　(3)青椒切片（可切菱形片），長3～5、寬2～4公分。 受評

　　　　　　　　(4)芹菜切末。

　　　　　　　　(5)紅辣椒切末。

　　　　　　　　(6)紅辣椒切盤飾。 受評

　　　　　　　　(7)小黃瓜切絲，寬、高各為0.2～0.4，長4～6公分。 受評

　　　　　　　　(8)大黃瓜切盤飾。 受評

　　　　　　　　(9)小黃瓜切盤飾。 受評

4.需去皮根莖類：(1)紅蘿蔔切水花兩款。 受評

(2)紅蘿蔔切盤飾。 受評

(3)紅蘿蔔切絲，寬、高各為0.2～0.4，長4～6公分。 受評

(4)中薑切片。

(5)中薑切絲 。

(6)中薑切末。

(7)牛蒡切片，長4～6，高0.2～0.4公分。 受評

5.蛋類：以三段式打蛋法將雞蛋打入麻口碗內。

(四)水花及盤飾參考

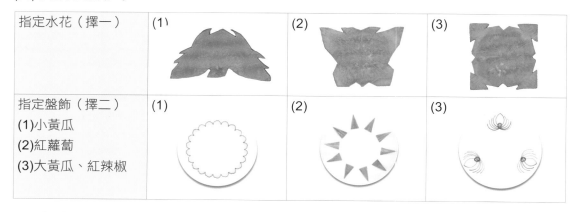

指定水花（擇一）	(1)	(2)	(3)
指定盤飾（擇二） (1)小黃瓜 (2)紅蘿蔔 (3)大黃瓜、紅辣椒	(1)	(2)	(3)

(五)受評檢測陳設方式

所有切好食材及兩款水花以配菜盤分類裝好，分成受評（放在外側接近中島區處）與不受評（放在內側接近水槽處）兩部分。兩款盤飾需以瓷盤裝飾完成，置於熟食區待評。

第二階段：評分刀工作品（30分鐘）

應檢人離場休息（確認三道菜的烹調方式及調味規定）

第三階段：菜餚製作及善後工作區域清理並完成檢查（70分鐘）

一、菜餚製作

三絲淋蒸蛋、三色鮑菇捲、椒鹽牛蒡片做法請見p.195~197。

二、清潔工作之建議順序

清洗器具→工作檯、爐台、水槽→器具擦拭乾淨歸定位→關瓦斯→清潔地面→垃圾依分類倒棄→告知考場人員檢查→領回准考證→離開考場→更換服裝

三絲淋蒸蛋 302-10

❶

材料

雞蛋	4顆
乾香菇	2朵
桶筍	50g
小黃瓜	30g
紅蘿蔔	30g
中薑	10g

調味料

A：鹽	1小匙
水	2杯
B：鹽	1/2小匙
糖	1/4小匙
白胡椒粉	1/4小匙
水	1杯
太白粉水	2大匙

作法

1. 將調味料A加入蛋液中攪拌均勻。
2. 把打散均勻之蛋液，過篩到水盤中，移入蒸籠中以中小火蒸15分鐘，至熟透凝固取出（蒸籠蓋留個缺口不需全蓋密）（圖❶）。
3. 將桶筍絲、紅蘿蔔絲、小黃瓜絲放入滾水中汆燙後撈起瀝乾。
4. 香菇絲放入油鍋中炸至金黃色備用。
5. 鍋燒熱，加入1小匙沙拉油炒香中薑絲，並加入1杯水和鹽、糖、白胡椒粉煮滾，再加入香菇絲、桶筍絲、紅蘿蔔絲、小黃瓜絲，並以太白粉水勾芡，最後加香油拌勻。
6. 把煮好三絲羹淋在蒸蛋上即完成（為晶瑩剔透的琉璃芡、淋至水盤中約為六、七分滿）。

❶

評分重點

- 烹調規定：1.蒸蛋需水嫩且表面平滑，以水羹盤盛裝。
  2.乾香菇過油，紅蘿蔔、桶筍、小黃瓜汆燙即可。
  3.薑絲做為香配料的點綴。
  4.以流璃芡淋於蒸蛋上，絲料及芡汁（約六、七分滿）適宜取量。
- 烹調法：蒸、羹
- 調味規定：以鹽、味精、糖、白醋、胡椒粉、米酒、香油、太白粉、水等調味料自行合宜地選用。
- 備註：1.4顆蛋份量的蒸蛋；2.允許有少許氣孔之嫩蒸蛋，不得為蒸過火的蜂巢狀，或變色之綠色蒸蛋，也火候不足之未凝固作品；3.規定材料不得短少。

三色鮑菇捲

2

材　料

鮑魚菇	240g
青椒	50g
黃甜椒	50g
紅蘿蔔	30g
乾木耳	20g
中薑	10g

調味料

A：太白粉	3大匙
B：鹽	1小匙
糖	1/2小匙
胡椒粉	1/2小匙
香油	1小匙
水	3大匙

作　法

1. 鍋中加水煮滾，分別將鮑魚菇剞刀片、紅蘿蔔水花片、青椒片、黃甜椒片、木耳片放入滾水中汆燙，撈出後泡泠水至涼瀝乾。
2. 將鮑魚菇片擠乾水份，再於背面抹上太白粉，向前捲緊，刀紋面向外（圖**❶**）。
3. 起油鍋，將油溫燒至180度，放入鮑菇捲炸至金黃色定型，撈出瀝油。
4. 鍋燒熱，加入1大匙沙拉油爆香中薑片，再加入鮑菇卷和其餘配料、調味料B一起拌炒均勻，入味後即可盛盤。

❶

評分重點

- **烹調規定：** 1.鮑菇捲沾粉成捲狀，炸上色。
  2.薑爆香，加配料調味與鮑菇捲、紅蘿蔔水花炒入味。
- **烹調法：** 炒
- **調味規定：** 以鹽、味精、糖、太白粉、水、米酒、胡椒粉、麵粉、香油等調味料自行合宜地選用。
- **備註：** 鮑魚菇需呈捲狀，表面有花紋，不得含油焦黑，規定材料不得短少。

椒鹽牛蒡片 302-10

❸

作法

1. 將調味料A混合攪拌調成麵糊。
2. 將牛蒡片瀝乾水份裹上麵糊，放入油鍋，以油溫170度炸至金黃酥脆，撈出瀝油（圖❶）。
3. 鍋燒熱，加入1小匙沙拉油爆香中薑末、紅辣椒末、芹菜末，直至香味溢出、材料煸乾。
4. 加入炸酥牛蒡片、調味料B共同拌炒均勻，即可起鍋盛盤（圖❷）。

❶

❷

材料

牛蒡	200g
芹菜	30g
中薑	20g
紅辣椒	10g

調味料

A：麵粉	100g
太白粉	20g
沙拉油	1大匙
水	120cc
B：鹽	1/2小匙
味精	1/4小匙
胡椒粉	1/2小匙

評分重點

- 烹調規定：1.牛蒡片沾麵糊炸酥。
  2.配料須爆香與牛蒡片一起灑上椒鹽拌勻。
- 烹調法：酥炸
- 調味規定：以鹽、味精、胡椒粉、麵粉、泡打（達）粉、花椒粉、太白粉、地瓜粉、水等調味料自行合宜地選用。
- 備註：牛蒡片不可焦黑含油、椒鹽需均勻沾附，規定材料不得短少。

302-11

五絲豆包素魚、乾燒金菇柴把、竹筍香菇湯

第一階段：清洗、切配、工作區域清理（90分鐘）

一、材料明細

名稱	規格描述	重量（數量）	備註
酒釀	有效期限內	20克	公共材料區
海苔片	乾燥無受潮、有效期限內	2大張	
乾木耳	葉面泡開有4公分以上	1大片	12克／片（泡開50克以上／片）
半圓豆皮	有效期限內	1張	直徑長35公分以上
生豆包	有效期限內，無酸味	4片	
酸菜仁	新鮮無軟爛	30克	
桶筍	合格廠商效期內	100克	若為空心或軟爛不足需求量，應檢人可反應更換
金針菇	新鮮無軟爛	200克	
鮮香菇	直徑5公分以上	4朵	25克以上／朵
紅甜椒	表面平整不皺縮無潰爛	30克	140克以上／個
黃甜椒	表面平整不皺縮無潰爛	30克	140克以上／個
紅辣椒	表面平整不皺縮	2條	10克以上／條
芹菜	新鮮無潰爛	20克	
紅蘿蔔	表面平整不皺縮	300克	若為空心須補發
豆薯	表面平整不皺縮無潰爛	30克	
中薑	新鮮長段無潰爛	100克	夠切末、絲、片
大黃瓜	表面平整不皺縮無潰爛	1截	6公分長
小黃瓜	新鮮挺直無潰爛	1條	80克以上

二、清洗流程

(一)清洗器具：瓷碗盤→配料碗盤盆→鍋具→烹調用具（菜鏟、炒杓、大漏杓、調味匙、筷）
→刀具（噴酒精）→砧板（噴酒精）→抹布（噴酒精）。

(二)預備工作：炒菜鍋裝水5分滿，蒸籠底鍋加水3分滿。

(三)清洗食材順序：

    1.乾貨類：泡洗乾木耳。

    2.加工食品類：酸菜仁剝葉→生豆包→桶筍洗淨。

    3.不需去皮蔬果類：金針菇去除根部土壤→鮮香菇剪去蒂頭→紅甜椒、黃甜椒去頭尾對剖開，去籽去內膜白梗→芹菜去葉子及尾部→紅辣椒去蒂頭→小黃瓜去頭尾→大黃瓜洗淨。

    4.需去皮根莖類：紅蘿蔔去皮→中薑去皮→豆薯去皮。

三、切配流程

(一)菜名與食材切配依據

菜餚名稱	主要刀工	烹調法	主材料類別	材料組合	水花款式	盤飾款式
五絲豆包素魚	絲	脆溜	生豆包	生豆包、海苔片、半圓豆皮、桶筍、乾木耳、紅蘿蔔、紅辣椒、中薑、酸菜仁		參考規格明細
乾燒金菇柴把	末	乾燒	金針菇	金針菇、海苔片、紅甜椒、黃甜椒、中薑、芹菜、豆薯、酒釀		
竹筍香菇湯	片	煮（湯）	鮮香菇、桶筍	鮮香菇、桶筍、小黃瓜、紅蘿蔔、中薑	參考規格明細	

(二)受評刀工規格明細

材料	規格描述（長度單位：公分）	數量	備註
紅蘿蔔水花片兩款	自選1款及指定1款，指定款須參考下列指定圖（形狀大小需可搭配菜餚）	各6片以上	
配合材料擺出兩種盤飾	下列指定圖3選2	各1盤	
木耳絲	寬0.2～0.4，長4～6，高（厚）依食材規格	30克以上	
酸菜仁絲	寬、高（厚）各為0.2～0.4，長4～6	20克以上	
桶筍片	長4～6，寬2～4，高（厚）0.2～0.4，可切菱形片	70克以上	
鮮香菇片	去蒂，斜切，寬2～4、長度及高（厚）度依食材規格	85克以上	
紅甜椒末	直徑0.3以下碎末	20克以上	需去內膜
黃甜椒末	直徑0.3以下碎末	20克以上	需去內膜
紅辣椒絲	寬、高（厚）各為0.3以下，長4～6	8克以上	
中薑絲	寬、高（厚）各為0.3以下，長4～6	30克以上	
紅蘿蔔絲	寬、高（厚）各為0.2～0.4，長4～6	50克以上	
豆薯末	直徑0.3以下碎末	20克以上	

(三)切配順序

1. 乾貨類：泡開木耳切絲，寬0.2～0.4，長4～6公分。 受評
2. 加工食品類：(1)酸菜仁切絲泡水，寬、高各為0.2～0.4，長4～6公分。 受評
　　　　　　　(2)生豆包切條。
　　　　　　　(3)桶筍切片（可切菱形片），長4～6，寬2～4，高0.2～0.4公分。 受評
　　　　　　　(4)桶筍切絲。
3. 不需去皮蔬果類：(1)金針菇剝成小把。
　　　　　　　　　(2)鮮香菇切片，寬2～4公分。 受評
　　　　　　　　　(3)紅甜椒切末，直徑0.3公分以下。 受評
　　　　　　　　　(4)黃甜椒切末，直徑0.3公分以下。 受評
　　　　　　　　　(5)芹菜切末。
　　　　　　　　　(6)紅辣椒切盤飾。 受評
　　　　　　　　　(7)紅辣椒切絲，寬、高各為0.3以下，長4～6公分。 受評
　　　　　　　　　(8)小黃瓜切盤飾。 受評

(9)小黃瓜切片

(10)大黃瓜切盤飾。 受評

4.需去皮根莖類：(1)紅蘿蔔切水花兩款及盤飾一款。 受評

(2)紅蘿蔔切絲，寬、高各為0.2～0.4，長4～6公分。 受評

(3)中薑切片。

(4)中薑切絲，寬、高各為0.3以下，長4～6公分。 受評

(5)中薑切末。

(6)豆薯切末，直徑0.3公分以下。 受評

(四)水花及盤飾參考

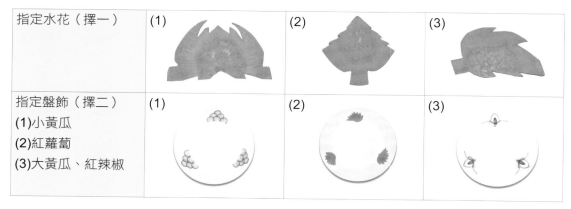

指定水花（擇一）	(1)	(2)	(3)
指定盤飾（擇二） (1)小黃瓜 (2)紅蘿蔔 (3)大黃瓜、紅辣椒	(1)	(2)	(3)

(五)受評檢測陳設方式

所有切好食材及兩款水花以配菜盤分類裝好，分成受評（放在外側接近中島區處）與不受評（放在內側接近水槽處）兩部分。兩款盤飾需以瓷盤裝飾完成，置於熟食區待評。

第二階段：評分刀工作品（30分鐘）

應檢人離場休息（確認三道菜的烹調方式及調味規定）

第三階段：菜餚製作及善後工作區域清理並完成檢查（70分鐘）

一、菜餚製作

五絲豆包素魚、乾燒金菇柴把、竹筍香菇湯做法請見p.201~203。

二、清潔工作之建議順序

清洗器具→工作檯、爐台、水槽→器具擦拭乾淨歸定位→關瓦斯→清潔地面→垃圾依分類倒棄→告知考場人員檢查→領回准考證→離開考場→更換服裝

五絲豆包素魚 302-11

作法

1. 鍋中加水煮滾，放入豆包絲汆燙10秒，迅速撈出瀝乾水份，倒入碗中，加入調味料A攪拌均勻，至有黏性，成為內餡。
2. 取調味料B調合成麵糊備用，將半圓豆皮鋪平抹上麵糊，再鋪上海苔片。
3. 把豆包餡料放置於海苔上，包整成甜筒魚形狀，接口處須以麵糊黏緊（圖❶）。
4. 將素魚移置蒸籠中，以中火蒸30分鐘熟成取出。待微冷後成型，切開成1公分厚片狀，連刀不斷。
5. 另起油鍋，將油溫燒至180度，放入素魚炸至金黃色，撈出瀝乾油，擺入盤中。
6. 鍋燒熱，加入1大匙沙拉油爆香中薑絲，再加入其餘材料與調味料C共同煮開，再以太白粉水勾芡，淋至素魚上即完成。

❶

調味料

A：鹽	1/2小匙
胡椒粉	1/2小匙
太白粉	1大匙
麵粉	1大匙
香油	1大匙
B：麵粉	3大匙
水	4大匙
C：醬油	3大匙
糖	1小匙
烏醋	1小匙
香油	1小匙
辣椒醬	1小匙
番茄醬	1小匙
水	1杯
D：太白粉水	1大匙

評分重點

- 烹調規定：1.豆包調味成餡料。
  2.豆皮放海苔片鋪上餡料捲起成甜筒型，以麵糊封口蒸熟。
  3. 切開成厚片狀連刀不斷，下鍋炸至金黃色。
  4.配料調味芶薄芡，淋上素魚。
- 烹調法：脆溜
- 調味規定：以鹽、味精、醬油、糖、酒、烏醋、白醋、香油、麵粉、辣椒醬、番茄醬、太白粉、水等調味料自行合宜地選用。
- 備註：成品需紮實不可鬆散，需有魚型，規定材料不得短少。

乾燒金菇柴把

❷

材料

金針菇	200g
海苔片	1張
豆薯	30g
紅甜椒	30g
黃甜椒	30g
芹菜	20g
中薑	10g

調味料

A：	麵粉	80g
	水	100cc
B：	糖	1小匙
	醬油	1大匙
	酒釀	1大匙
	辣豆瓣	1大匙
	番茄醬	1大匙
	水	1/2杯

作法

1. 將調味料A調合成麵糊，海苔片切成寬1公分長片，取金針菇一小撮摺成柴把型，以海苔片捲緊，接口處以麵糊黏緊，成為金針柴把捲（圖❶）。
2. 起油鍋，將油溫燒至170度，將金針柴把捲尾端沾上麵糊，入鍋炸至金黃酥脆，撈出瀝油。
3. 鍋燒熱，加入1小匙沙拉油，放入豆薯末、芹菜末、中薑末、紅甜椒末、黃甜椒末一同炒香。
4. 再加入調味料B煮至濃稠狀。
5. 加入炸好的金菇柴把捲，拌勻略乾燒至收汁，即可起鍋盛盤。

❶

評分重點

- **烹調規定**：1.金針菇摺成柴把型並以海苔捲起後封口。
  2.柴把沾麵糊炸酥。
  3.以中薑末爆香加入配料調味，入金菇柴把乾燒入味。
- **烹調法**：乾燒
- **調味規定**：以鹽、味精、糖、醬油、酒釀、辣豆瓣、番茄醬、麵粉、地瓜粉等調味料自行合宜地選用。
- **備註**：金菇柴把不可焦黑、鬆散，規定材料不得短少。

竹筍香菇湯

❸

作　法

1. 鍋中加水煮滾，將所有食材放入鍋中汆燙後撈出（圖❶）。

2. 以瓷碗公裝水至八分滿容量，倒入鍋中，加入中薑片、鮮香菇片、桶筍片一同煮開，撈除湯表面的雜質（圖❷）。

3. 加鹽、味精調味及小黃瓜片、紅蘿蔔水花片煮滾，滴入香油，即可盛入碗公中。

❶

❷

材　料

鮮香菇	4朵
桶筍	70g
小黃瓜	30g
紅蘿蔔	30g
中薑	10g

調味料

鹽	1小匙
味精	1小匙
香油	1小匙

評分重點

- **烹調規定**：食材加紅蘿蔔水花片調味煮熟。
- **烹調法**：煮（湯）
- **調味規定**：以鹽、味精、胡椒粉、米酒、香油等調味料自行合宜地選用。
- **備註**：湯底不可過鹹，規定材料不得短少。

302-12

沙茶香菇腰花、麵包地瓜餅、五彩拌西芹

第一階段：清洗、切配、工作區域清理（90分鐘）

一、材料明細

名稱	規格描述	重量（數量）	備註
素沙茶醬	有效期限內	60克	
麵包屑	保存期限內	200克	
乾木耳	葉面泡開有4公分以上	1大片	12克／片（泡開50克以上／片）
乾香菇	直徑4公分以上	20朵	4克／朵（復水去蒂9克以上／朵）
紅豆沙	有效期限內	120克	
五香大豆乾	正方形豆乾，表面完整無酸味	1塊	35克以上／塊
紅甜椒	表面平整不皺縮無潰爛	70克	140克以上／個
黃甜椒	表面平整不皺縮無潰爛	140克	140克以上／個
青椒	表面平整不皺縮無潰爛	60克	120克以上／個
綠豆芽	新鮮無軟爛	50克	
紅辣椒	新鮮無軟爛	1條	10克以上／條
中薑	新鮮無軟爛	30克	
地瓜	表面平整不皺縮無潰爛	350克	
西芹	新鮮無軟爛	100克	
紅蘿蔔	表面平整不皺縮	300克	若為空心須補發
大黃瓜	表面平整不皺縮無潰爛	1截	6公分長
小黃瓜	新鮮挺直無潰爛	1條	80克以上
雞蛋	新鮮、有效期限內	1粒	

二、清洗流程

    (一)清洗器具：瓷碗盤→配料碗盤盆→鍋具→烹調用具（菜鏟、炒杓、大漏杓、調味匙、筷）→刀具（噴酒精）→砧板（噴酒精）→抹布（噴酒精）。

    (二)預備工作：炒菜鍋裝水5分滿，蒸籠底鍋加水3分滿。

    (三)清洗食材順序：

        1.乾貨類：泡洗乾香菇→泡洗乾木耳。

        2.加工食品類：豆乾洗淨。

        3.不需去皮蔬果類：綠豆芽撕去頭尾→紅甜椒去頭尾對剖開，去籽去內膜白梗→黃甜椒去頭尾對剖開，去籽去內膜白梗→青椒去頭尾對剖開，去籽去內膜白梗→紅辣椒去蒂→小黃瓜去頭尾→大黃瓜洗淨。

        4.需去皮根莖類：紅蘿蔔去皮→中薑去皮→地瓜去皮→西芹削去粗纖維、去葉。

        5.蛋類：雞蛋洗淨外殼。

三、切配流程

(一)菜名與食材切配依據

菜餚名稱	主要刀工	烹調法	主材料類別	材料組合	水花款式	盤飾款式
沙茶香菇腰花	剞刀厚片	炒	乾香菇	乾香菇、紅甜椒、黃甜椒、青椒、中薑、紅蘿蔔	參考規格明細	參考規格明細
麵包地瓜餅	泥	炸	地瓜	地瓜、麵包屑、紅豆沙、雞蛋		
五彩拌西芹	絲	涼拌	西芹	西芹、紅蘿蔔、豆乾、乾木耳、綠豆芽、黃甜椒、中薑		

(二)受評刀工規格明細

材料	規格描述（長度單位：公分）	數量	備註
紅蘿蔔水花片兩款	自選1款及指定1款，指定款須參考下列指定圖（形狀大小需可搭配菜餚）	各6片以上	
配合材料擺出兩種盤飾	下列指定圖3選2	各1盤	
香菇剞刀片	長寬依食材規格。格子間格0.3～0.5，深度達1/2深的剞刀片塊	180克以上	
木耳絲	寬0.2～0.4，長4～6，長（厚）依食材規格	30克以上	
豆乾絲	寬、高（厚）各為0.2～0.4，長4～6	30克以上	
紅甜椒片	長3～5，寬2～4，高（厚）依食材規格，可切菱形片	50克以上	需去內膜
黃甜椒片	長3～5，寬2～4，高（厚）依食材規格，可切菱形片	50克以上	需去內膜
青椒片	長3～5，寬2～4，高（厚）依食材規格，可切菱形片	50克以上	需去內膜
黃甜椒絲	寬、高（厚）各為0.2～0.4，長4～6	50克以上	需去內膜
西芹絲	寬、高（厚）各為0.2～0.4，長4～6	80克以上	
紅蘿蔔絲	寬、高（厚）各為0.2～0.4，長4～6	60克以上	

(三)切配順序

1. 乾貨類：(1)泡開香菇切十字花刀（剞刀），格子間格0.3～0.5公分，深度達1/2深。 受評

        (2)泡開木耳切絲，寬0.2～0.4，長4～6公分。 受評

2. 加工食品類：豆乾切絲，寬、高各為0.2～0.4，長4～6公分。 受評

3. 不需去皮蔬果類：(1)紅甜椒切片（可切菱形片），長3～5，寬2～4公分。 受評

        (2)黃甜椒切片（可切菱形片），長3～5，寬2～4公分。 受評

        (3)黃甜椒切絲，寬、高各為0.2～0.4，長4～6公分。 受評

        (4)青椒切片（可切菱形片），長3～5，寬2～4公分。 受評

        (5)紅辣椒切盤飾。 受評

        (6)小黃瓜切盤飾。 受評

        (7)大黃瓜切盤飾。 受評

4. 需去皮根莖類：(1)紅蘿蔔切水花兩款。 受評

        (2)紅蘿蔔切盤飾。 受評

        (3)紅蘿蔔切絲，寬、高各為0.2～0.4，長4～6公分。 受評

(4)中薑切片。

(5)中薑切絲。

(6)地瓜切片。

(7)西芹切絲,寬、高各為0.2～0.4,長4～6公分。 受評

5.蛋類:以三段式打蛋法、將雞蛋打入麻口碗內。

(四)水花及盤飾參考

指定水花（擇一）	(1)	(2)	(3)
指定盤飾（擇二） (1)小黃瓜、紅辣椒 (2)紅蘿蔔 (3)大黃瓜、小黃瓜、 　　紅辣椒	(1)	(2)	(3)

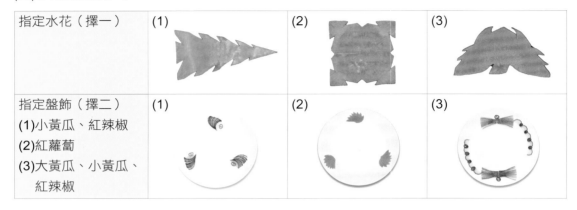

(五)受評檢測陳設方式

所有切好食材及兩款水花以配菜盤分類裝好,分成受評（放在外側接近中島區處）與不受評（放在內側接近水槽處）兩部分。兩款盤飾需以瓷盤裝飾完成,置於熟食區待評。

第二階段:評分刀工作品（30分鐘）

應檢人離場休息（確認三道菜的烹調方式及調味規定）

第三階段:菜餚製作及善後工作區域清理並完成檢查（70分鐘）

一、菜餚製作

沙茶香菇腰花、麵包地瓜餅、五彩拌西芹做法請見p.207~209。

二、清潔工作之建議順序

清洗器具→工作檯、爐台、水槽→器具擦拭乾淨歸定位→關瓦斯→清潔地面→垃圾依分類倒棄
→告知考場人員檢查→領回准考證→離開考場→更換服裝

沙茶香菇腰花 302-12

作 法

1. 將切剞刀的香菇擠乾水份，背面抹上太白粉捲緊，以牙籤插住固定（圖❶）。

2. 起油鍋，將油溫燒至180度，把香菇腰花放入炸至金黃色，撈出瀝油，並去掉牙籤（圖❷）。

3. 鍋燒熱，加入1小匙沙拉油爆香中薑片，再放入炸好腰花和配料，加調味料B拌炒均勻收汁，最後以太白粉水芶薄芡，即完成入盤。

材 料

乾香菇	10朵
紅甜椒	60g
黃甜椒	60g
青椒	60g
紅蘿蔔	30g
中薑	10g

調味料

A：	太白粉	3大匙
B：	醬油	1大匙
	糖	1小匙
	素沙茶	1大匙
	胡椒粉	1/4小匙
	水	3大匙
C：	太白粉水	1大匙

評分重點

- **烹調規定**：1.香菇沾太白粉以牙籤定型過油上色。
  2.爆香調味，加入腰花、配料與紅蘿蔔水花片拌炒入味。
- **烹調法**：炒
- **調味規定**：以醬油、糖、素沙茶、鹽、味精、胡椒粉、醬油膏、香油、太白粉等調味料自行合宜地選用。
- **備註**：不可嚴重出油，腰花不得鬆散焦黑，規定材料不得短少。

302-12 麵包地瓜餅

❷

材料

地瓜	350g
麵包屑	200g
紅豆沙	120g
雞蛋	1顆

調味料

麵粉	1大匙
太白粉	1小匙
糖	1小匙
鹽	1/4小匙

作法

1. 將地瓜片放入蒸籠中，以大火蒸15分鐘至軟，取出放入於碗公中，加入調味料一同攪拌均勻搗成泥狀。
2. 地瓜泥分成六等分，搓揉成糰狀，紅豆沙分成六等分，搓成小圓球狀備用。
3. 將地瓜泥略壓扁，包上紅豆沙，搓圓後再壓成圓餅狀（圖❶）。
4. 將蛋打散，取地瓜餅沾上蛋液，再沾上麵包粉。
5. 起油鍋，將油溫燒至160度，放入麵包地瓜餅炸至金黃酥脆熟透，撈出瀝油，擺入盤中即完成。

評分重點

- 烹調規定：1.地瓜蒸熟壓成泥調味，包入紅豆沙成圓餅狀。
              2.裹上麵包屑，油炸至金黃色。
- 烹調法：炸
- 調味規定：以鹽、味精、糖、麵粉、太白粉等調味料自行合宜地選用。
- 備註：地瓜餅大小一致，不可鬆散、脫粉及含油，規定材料不得短少。

五彩拌西芹

❸

作法

1. 鍋燒熱，加入2大匙香油爆香薑絲後，倒入瓷碗公中放涼備用。
2. 於鍋加水煮滾，放入所有食材（薑絲除外），燙熟撈出（圖❶）。
3. 於瓷碗公中加入食用水，將燙熟食材加入浸泡至涼，撈出瀝乾水份。
4. 於瓷碗公中加入所有食材及調味料，以衛生手法拌勻（或以筷子攪拌），盛入盤中即完成。

❶

材料

西芹	100g
綠豆芽	50g
紅蘿蔔	20g
乾木耳	20g
黃甜椒	20g
中薑	10g
豆乾	1塊

調味料

A：香油	2大匙
B：鹽	1小匙
糖	1/2小匙
香油	1大匙

評分重點

- 烹調規定：全部材料燙熟，以可食用水泡冷，瀝乾調味拌勻。
- 烹調法：涼拌
- 調味規定：以鹽、味精、糖、香油、胡椒粉、米酒等調味料自行合宜地選用。
- 備註：需遵守衛生安全規定，規定材料不得短少。

PART F 學科試題題庫及解答

素食學科試題題庫

工作項目1 食物性質之認識與選購

( ) 1.下列何種食物不屬堅果類？ ①核桃 ②腰果 ③黃豆 ④杏仁。

( ) 2.以發酵方法製作泡菜，其酸味是來自於醃漬時的 ①碳酸菌 ②乳酸菌 ③酵母菌 ④酒釀。

( ) 3.醬油膏比一般醬油濃稠是因為 ①釀酵時間較久 ②加入了較多的糖與鹽 ③濃縮了，水分含量較少 ④加入修飾澱粉在內。

( ) 4.深色醬油較適用於何種烹調法？ ①紅燒 ②炒 ③蒸 ④煎。

( ) 5.食用油若長時間加高溫，其結果是 ①能殺菌、容易保存 ②增加油色之美觀 ③增長使用期限 ④產生有害物質。

( ) 6.沙拉油品質愈好則 ①加熱後愈容易冒煙 ②加熱後不易冒煙 ③一經加熱即很快起泡沫 ④不加熱也含泡沫。

( ) 7.添加相同比例量的水於糯米中，烹煮後的圓糯米比尖糯米之質地 ①較硬 ②較軟 ③較鬆散 ④相同。

( ) 8.含有筋性的粉類是 ①麵粉 ②玉米粉 ③太白粉 ④甘藷粉。

( ) 9.下列何種澱粉以手捻之有滑感？ ①麵粉 ②太白粉 ③泡達粉 ④在來米粉。

( ) 10.黏性最大的米為 ①蓬萊米 ②在來米 ③胚芽米 ④糯米。

( ) 11.麵糰添加下列何種調味料可促進其延展性？ ①鹽 ②胡椒粉 ③糖 ④醋。

( ) 12.製作包子之麵粉宜選用下列何者？ ①低筋麵粉 ②中筋麵粉 ③高筋麵粉 ④澄粉。

( ) 13.花生與下列何種食物性質差異最大？ ①核桃 ②腰果 ③綠豆 ④杏仁。

( ) 14.因存放日久而發芽以致產生茄靈毒素，不能食用之食物是 ①洋蔥 ②胡蘿蔔 ③馬鈴薯 ④毛豆。

( ) 15.下列食品何者含澱粉質較多？ ①荸薺 ②馬鈴薯 ③蓮藕 ④豆薯（刈薯）。

( ) 16.下列食品何者為非發酵食品？ ①醬油 ②米酒 ③酸菜 ④牛奶。

( ) 17.大茴香俗稱 ①八角 ②丁香 ③花椒 ④甘草。

( ) 18.腐竹是用下列何種食材加工製成的？ ①綠豆 ②紅豆 ③黃豆 ④花豆。

( ) 19.豆腐是以 ①花豆 ②黃豆 ③綠豆 ④紅豆 為原料製作而成的。

( ) 20.經烹煮後顏色較易保持綠色的蔬菜為 ①小白菜 ②空心菜 ③芥蘭菜 ④青江菜。

( ) 21.低脂奶是指牛奶中 ①蛋白質 ②水分 ③脂肪 ④鈣 含量低於鮮奶。

( ) 22.下列何種食物切開後會產生褐變？ ①木瓜 ②楊桃 ③鳳梨 ④釋迦。

( ) 23.下列哪一種物質是禁止作為食品添加物使用？ ①小蘇打 ②硼砂 ③味素 ④紅色6號素。

( ) 24.菜名中含有「雙冬」二字，常見的是哪二項材料？ ①冬瓜、冬筍 ②冬菇、冬菜 ③冬菇、冬筍 ④冬菇、冬瓜。

( ) 25.菜名中有「發財」二字的菜，其所用材料通常會有 ①香菇 ②金針 ③蝦米 ④髮菜。

(　) 26.銀芽是指　①綠豆芽　②黃豆芽　③苜蓿芽　④去掉頭尾的綠豆芽。

(　) 27.食物腐敗通常出現的現象為　①發酸或產生臭氣　②鹽分增加　③蛋白質變硬　④重量減輕。

(　) 28.發霉的穀類含有　①氰化物　②生物鹼　③蕈毒鹼　④黃麴毒素　對人體有害，不宜食用。

(　) 29.下列何種食物發芽後會產生毒素而不宜食用？　①紅豆　②綠豆　③花生　④馬鈴薯。

(　) 30.製作油飯時，為使其口感較佳，較常選用　①蓬萊米　②在來米　③長糯米　④圓糯米。

(　) 31.酸辣湯的辣味來自於　①芥茉粉　②胡椒粉　③花椒粉　④辣椒粉。

(　) 32.下列何者為較新鮮的蛋？　①蛋殼光滑者　②氣室大的蛋　③濃厚蛋白量較多者　④蛋白彎曲度小的。

(　) 33.製作蒸蛋時，添加何種調味料將有助於增加其硬度？　①蔗糖　②鹽　③醋　④酒。

(　) 34.下列哪一種為天然膨大劑？　①發粉　②酵母　③小蘇打　④阿摩尼亞。

(　) 35.乾米粉較耐保存之原因為　①產品乾燥含水量低　②含多量防腐劑　③包裝良好　④急速冷卻。

(　) 36.冷凍食品是一種　①不夠新鮮的食物放入低溫冷凍而成　②將腐敗的食物冰凍起來　③添加化學物質於食物中並冷凍而成　④把品質良好之食物，處理後放在低溫下，使之快速凍結之食品。

(　) 37.油炸食物後應　①將油倒回新油容器中　②將油渣過濾掉，另倒在乾淨容器中　③將殘渣留在油內以增加香味　④將油倒棄於水槽內。

(　) 38.罐頭可以保存較長的時間，主要是因為　①添加防腐劑在內　②罐頭食品濃稠度高，細菌不易繁殖　③食物經過脫氣密封包裝，再加以高溫殺菌　④罐頭為密閉的容器與空氣隔絕，外界氣體無法侵入。

(　) 39.食物烹調的原則宜為　①調味料愈多愈好　②味精用量為食物重量的百分之五　③運用簡便的高湯塊　④原味烹調。

(　) 40.下列材料何者不適合應用於素食中？　①辣椒　②薑　③蕗蕎　④九層塔。

(　) 41.吾人應少食用「造型素材」如素魚、素龍蝦的原因為　①高添加物、高色素、高調味料　②低蛋白、高價位　③造型欠缺真實感　④高香料、高澱粉。

(　) 42.大部分的豆類不宜生食係因　①味道噁心　②含抗營養因子　③過於堅硬，難以吞嚥　④不易消化。

(　) 43.選擇生機飲食產品時，應先考慮　①物美價廉　②容易烹調　③追求流行　④個人身體特質。

(　) 44.一般製造素肉（人造肉）的原料是　①玉米　②雞蛋　③黃豆　④生乳。

(　) 45.所謂原材料，係指　①原料及食材　②乾貨及生鮮食品　③主原料、副原料及食品添加物　④原料及包裝材料。

(　) 46.麵粉糊中加了油，在烹炸食物時，會使外皮　①酥脆　②柔軟　③僵硬　④變焦。

(　) 47.將蛋放入6%的鹽水中，呈現半沉半浮表示蛋的品質為下列何者？　①重量夠　②愈新鮮　③不新鮮　④品質好。

(　) 48.乾燥金針容易有　①一氧化硫　②二氧化硫　③氯化鈉　④氫氧化鈉　殘留過量的問題，所以挑選金針時，以有優良金針標誌者為佳。

(　) 49.對光照射鮮蛋，品質愈差的蛋其氣室　①愈大　②愈小　③不變　④無氣室。

(　) 50.蘆筍筍尖尚未出土前採收的地下嫩莖為下列何者？　①筊白筍　②青蘆筍　③白蘆筍　④綠竹筍。

(　) 51.蛋黃醬中因含有　①糖　②醋酸　③沙拉油　④芥末粉　細菌不易繁殖，因此不易腐敗。

（　）52.蛋黃醬之保存性很強，在室溫約可貯存多久？ ①一個月 ②三個月 ③五個月 ④七個月。

（　）53.煮糯米飯（未浸過水）所用的水分比白米飯少，通常是白米飯水量的 ①1/2 ②1/3 ③2/3 ④1/4。

（　）54.將炸過或煮熟之食物材料，加調味料及少許水，再放回鍋中炒至無汁且入味的烹調法是？ ①煨 ②燴 ③煸 ④燒。

（　）55.蛋黃的彎曲度愈高者，表示該蛋愈 ①腐敗 ②陳舊 ③新鮮 ④與新鮮度沒有關係。

（　）56.買雞蛋時宜選購 ①蛋殼光潔平滑者 ②蛋殼乾淨且粗糙者 ③蛋殼無破損即可 ④蛋殼有特殊顏色者。

（　）57.選購皮蛋的技巧為下列何者？ ①蛋殼表面與生蛋一樣，無黑褐色斑點者 ②蛋殼有許多粗糙斑點者 ③蛋殼光滑即好，有無斑點皆不重要 ④價格便宜者。

（　）58.鹹蛋一般是以 ①火雞蛋 ②鵝蛋 ③鴨蛋 ④鴕鳥蛋 醃漬而成。

（　）59.下面哪一種是新鮮的乳品特徵？ ①倒入玻璃杯，即見分層沉澱 ②搖動時產生多量泡沫 ③濃度適當、不凝固，將乳汁滴在指甲上形成球狀 ④含有粒狀物。

（　）60.採購蔬果應先考慮之要項為 ①生產季節與市場價格 ②形狀與顏色 ③冷凍品與冷藏品 ④重量與品名。

（　）61.選購罐頭食品應注意 ①封罐完整即好 ②凸罐者表示內容物多 ③封罐完整，並標示完全 ④歪罐者為佳。

（　）62.醬油如用於涼拌菜及快炒菜為不影響色澤應選購 ①淡色 ②深色 ③薄鹽 ④醬油膏 醬油。

（　）63.絲瓜的選購以何者最佳？ ①越輕越好 ②越重越好 ③越長越好 ④越短越好。

（　）64.下列哪一種蔬菜在夏季是盛產期？ ①高麗菜 ②菠菜 ③絲瓜 ④白蘿蔔。

（　）65.胚芽米中含 ①澱粉 ②蛋白質 ③維生素 ④脂肪 量較高，易酸敗、不耐貯藏。

（　）66.蛋液中添加下列何種食材，可改善蛋的凝固性與增加蛋之柔軟度？ ①鹽 ②牛奶 ③水 ④太白粉。

（　）67.1台斤為600公克，3000公克為 ①3公斤 ②85兩 ③6台斤 ④8台斤。

（　）68.26兩等於多少公克？ ①26公克 ②850公克 ③975公克 ④1275公克。

（　）69.食材450公克最接近 ①1台斤 ②半台斤 ③1磅 ④8兩。

（　）70.瓜類中，冬瓜比胡瓜的儲藏期 ①較長 ②較短 ③不能比較 ④相同。

（　）71.下列何者不屬於蔬菜？ ①豌豆夾 ②皇帝豆 ③四季豆 ④綠豆。

（　）72.屬於春季盛產的蔬菜是 ①麻竹筍 ②蓮藕 ③百合 ④大白菜。

（　）73.國內蔬菜水果之市場價格與 ①生長環境 ②生產季節 ③重量 ④地區性 具有密切關係。

（　）74.一般餐廳供應份數與 ①人事費用 ②水電費用 ③食物材料費用 ④房租 成正比。

（　）75.選購以符合經濟實惠原則的罐頭，須注意 ①價格便宜就好 ②進口品牌 ③外觀無破損、製造日期、使用時間、是否有歪罐或銹罐 ④可保存五年以上者。

（　）76.主廚開功能表製備菜餚，食材的選擇應以 ①進口食材 ②當地及季節性食材 ③價格昂貴的食材 ④保育類食材 來爭取顧客認同並達到成本控制的要求。

（　）77.良好的 ①大量採購 ②進口食材 ③低價食材 ④成本控制 可使經營者穩定產品價格，增加市場競爭力。

（　）78.身為廚師除烹飪技術外，採購蔬果應 ①價格便宜就好 ②那是採購人員的工作 ③需注意蔬果生長與盛產季節 ④不需考量太多合用就好。

( ) 79.廚師烹調時選用當季、在地的各類生鮮食材 ①沒有特色 ②隨時可取食物，沒價值感 ③對消費者沒吸引力 ④可確保食材新鮮度，經濟又實惠。

( ) 80.空心菜是夏季盛產的蔬菜屬於 ①根莖類 ②花果類 ③葉菜類 ④莖球類。

( ) 81.身為廚師除烹飪技術外，對於食材生長季節問題，是否也需認識？ ①那是採購人員的工作 ②沒有必要瞭解認識 ③廠商的事 ④應經常吸收資訊，多認識食材。

( ) 82.下列何者是五香粉的製作的主要原料 ①肉豆蔻 ②南薑 ③孜然 ④丁香。

( ) 83.下列哪一段期間，箭竹筍產量最大 ①3~5月 ②10~12月 ③7~9月 ④1~3月。

( ) 84.胡蘿蔔素是一種安定的色素，製造胡蘿蔔油 ①時間稍長油炸不易變色 ②不宜長時間油炸 ③長時間油炸會變色 ④維持極短時間油炸，色澤會改變。

( ) 85.蔬菜類價格何時最不穩定？ ①冬季天氣寒冷 ②過年過節 ③夏天颱風季 ④秋季休耕。

( ) 86.如何選購較甜美可口水果？ ①應選有蟲鳥咬過的較甜 ②外形較大者較甜美 ③外觀完整者較甜 ④當季時令水果可能較甜。

題號	1	2	3	4	5	6	7	8	9	10	11	12	13	14	15	16	17	18	19	20
解答	③	②	④	①	④	②	②	①	②	④	①	②	③	③	②	④	①	③	②	③

題號	21	22	23	24	25	26	27	28	29	30	31	32	33	34	35	36	37	38	39	40
解答	③	②	②	③	④	④	①	④	④	③	②	③	②	②	①	④	②	③	④	③

題號	41	42	43	44	45	46	47	48	49	50	51	52	53	54	55	56	57	58	59	60
解答	①	②	④	④	④	①	③	②	①	③	④	②	③	①	②	①	②	①	③	①

題號	61	62	63	64	65	66	67	68	69	70	71	72	73	74	75	76	77	78	79	80
解答	③	①	②	③	④	②	①	③	③	①	④	③	②	③	③	②	④	③	④	③

題號	81	82	83	84	85	86
解答	④	④	①	①	③	④

( ) 1.食品冷藏溫度最好維持在多少℃？ ①0℃以下 ②7℃以下 ③10℃以上 ④20℃以上。

( ) 2.冷凍食品應保存之溫度是在 ①4℃ ②0℃ ③–5℃ ④–18℃ 以下。

( ) 3.蛋置放於冰箱中應 ①鈍端朝上 ②鈍端朝下 ③尖端朝上 ④橫放。

( ) 4.下列哪種食物之儲存方法是正確的？ ①將水果放於冰箱之冷凍層 ②將油脂放於火爐邊 ③將鮮奶置於室溫 ④將蔬菜放於冰箱之冷藏層。

( ) 5.食品之熱藏（高溫貯存）溫度應保持在多少℃？ ①30℃以上 ②40℃以上 ③50℃以上 ④60℃以上。

( ) 6.下列何種方法不能達到食物保存之目的？ ①放射線處理 ②冷凍 ③乾燥 ④塑膠袋包裝。

( ) 7.冰箱冷藏的溫度應在 ①12℃ ②8℃ ③7℃ ④0℃ 以下。

( ) 8.發酵乳品應貯放在 ①室溫 ②陰涼乾燥的室溫 ③冷藏庫 ④冷凍庫。

( ) 9.冷凍食品經解凍後 ①可以 ②不可以 ③無所謂 ④沒有規定 重新冷凍出售。

( ) 10..冷凍食品與冷藏食品之貯存 ①必須分開貯存 ②可以共同貯存 ③沒有規定 ④視情況而定。

( ) 11.買回家的冷凍食品，應放在冰箱的 ①冷凍層 ②冷藏層 ③保鮮層 ④最下層。

( ) 12.封罐良好的罐頭食品可以保存期限約 ①三年 ②五年 ③七年 ④九年。

( ) 13.調味乳應存放在 ①冷凍庫 ②冷藏庫 ③乾貨庫房 ④室溫 中。

( ) 14.甘薯最適宜的貯藏溫度為 ①–18℃以下 ②0～3℃ ③3～7℃ ④15℃左右。

( ) 15.未吃完的米飯，下列保存方法以何者為佳？ ①放在電鍋中 ②放在室溫中 ③放入冰箱中冷藏 ④放在電子鍋中保溫。

( ) 16.香蕉不宜放在冰箱中儲存，是為了避免香蕉 ①失去風味 ②表皮迅速變黑 ③肉質變軟 ④肉色褐化。

( ) 17.下列水果何者不適宜低溫貯藏？ ①梨 ②蘋果 ③葡萄 ④香蕉。

( ) 18.下列何種方法，可防止冷藏（凍）庫的二次污染？ ①各類食物妥善包裝並分類貯存 ②食物交互置放 ③經常將食物取出並定期除霜 ④增加開關庫門之次數。

( ) 19.馬鈴薯的最適宜貯存溫度為 ①5～8℃ ②10～15℃ ③20～25℃ ④30～35℃。

( ) 20.關於蔬果的貯存，下列何者不正確？ ①南瓜放在室溫貯存 ②黃瓜需冷藏貯存 ③青椒置密封容器貯存以防氧化 ④草莓宜冷藏貯存。

( ) 21.蛋儲藏一段時間後，品質會產生變化且 ①比重增加 ②氣室縮小 ③蛋黃圓而濃厚 ④蛋白粘度降低。

( ) 22.食物安全的供應溫度是指 ①5～60℃ ②60℃以上、7℃以下 ③40～100℃ ④100℃以上、40℃以下。

( ) 23.對新鮮屋包裝的果汁，下列敘述何者正確？ ①必須保存在7℃以下的環境中 ②運送時不一定須使用冷藏保溫車 ③可保存在室溫中 ④需保存在冷凍庫中。

( ) 24.下列有關食物的儲藏何者為錯誤？ ①新鮮屋鮮奶儲放在5℃以下的冷藏室 ②冰淇淋儲放在–18℃以下的冷凍庫 ③利樂包（保久乳）裝乳品可儲放在乾貨庫房中 ④開罐後的奶粉為防變質宜整罐儲放在冰箱中。

( ) 25.下列敘述何者為錯誤？ ①低溫食品理貨作業應在15℃以下場所進行 ②乾貨庫房貨物架不可靠牆，以免吸濕 ③保溫食物應保持在50℃以上 ④低溫食品應以低溫車輛運送。

(　) 26.乾貨庫房的管理原則，下列敘述何者正確？　①食物以先進後出為原則　②相對濕度控制在40～60%　③最適宜溫度應控制在25～37℃　④儘可能日光可直射以維持乾燥。

(　) 27.乾貨庫房的相對濕度應維持在　①80%以上　②60～80%　③40～60%　④20～40%。

(　) 28.為有效利用冷藏冷凍庫之空間並維持其品質，一般冷藏或冷凍庫的儲存食物量宜佔其空間的　①100%　②90%　③80%　④60%　以下。

(　) 29.開罐後的罐頭食品，如一次未能用完時應如何處理？　①連罐一併放入冰箱冷藏　②連罐一併放入冰箱冷凍　③把罐口蓋好放回倉庫待用　④取出內容物用保鮮盒盛裝放入冰箱冷藏或冷凍。

(　) 30.乾燥食品的貯存期限最主要是較不受　①食品中含水量的影響　②食品的品質影響　③食品重量的影響　④食品配送的影響。

(　) 31.冷藏的主要目的在於　①可以長期保存　②殺菌　③暫時抑制微生物的生長以及酵素的作用　④方便配菜與烹調。

(　) 32.冷凍庫應隨時注意冰霜的清除，主要原因是　①以免被師傅或老闆責罵　②保持食品安全與衛生　③因應衛生檢查　④個人的表現。

(　) 33.冷凍與冷藏的食品均屬低溫保存方法　①可長期保存不必詳加區分　②不需先進先出用完即可　③不需有使用期限的考量　④應在有效期限內儘速用完。

(　) 34.鮮奶容易酸敗，為了避免變質　①應放在室溫中　②應放在冰箱冷凍　③應放在冰箱冷藏　④應放在陰涼通風處。

(　) 35.新鮮葉菜類買回來後若隔夜烹煮，應包裝好　①存放於冷凍庫中　②放於冷藏庫中　③放在通風陰涼處　④泡在水中。

(　) 36.鮮奶如需熱飲，各銷售商店可將瓶裝鮮奶加溫至　①30℃　②40℃　③50℃　④60℃　以上。

(　) 37.一般食用油應貯藏在　①陰涼乾燥的地方　②陽光充足的地方　③密閉陰涼的地方　④室外屋簷下　以減緩油脂酸敗。

(　) 38.米應存放於　①陽光充足乾燥的環境中　②低溫乾燥環境中　③陰冷潮濕的環境中　④放於冷凍冰箱中。

(　) 39.買回來的冬瓜表面上有白霜是　①發霉現象　②糖粉　③成熟的象徵　④快腐爛掉的現象。

(　) 40.皮蛋又叫松花蛋，其製作過程是新鮮蛋浸泡於鹼性物質中，並貯放於　①陰涼通風處　②冷藏室　③冷凍室　④陽光充足處　密封保存。

(　) 41.油脂開封後未用完部分應　①不需加蓋　②隨時加蓋　③想到再蓋　④放冰箱不用蓋。

(　) 42.乾料放入儲藏室其數量不得超過儲藏室空間的　①40%　②50%　③60%　④70%　以上。

(　) 43.發霉的年糕應　①將霉刮除後即可食用　②洗淨後即可食用　③將霉刮除洗淨後即可食用　④不可食用。

(　) 44.下列食物加工處理後何者不適宜冷凍貯存？　①甘薯　②小黃瓜　③芋頭　④胡蘿蔔。

(　) 45.蔬果產品之冷藏溫度下列何者為宜？　①5～7℃　②2～4℃　③2～–2℃　④–5～–12℃。

(　) 46.關於蔬果置冰箱貯存，下列何者正確？　①西瓜冷凍貯存　②黃瓜冷凍貯存　③青椒置保鮮容器貯存以防氧化　④香蕉冷藏貯存。

(　) 47.一般罐頭食品　①需冷藏　②不需冷藏　③需凍藏　④需冰藏　，但其貯存期限的長短仍受環境溫度的影響。

(　) 48.剛買回來整箱（紙箱包裝）生鮮水果，應放於　①冷藏庫地上貯存　②冷凍庫地上貯存　③冷藏庫架子上貯存　④室溫架子上貯存。

（　）49.封罐不良歪斜的罐頭食品可否保存與食用？　①否　②可　③可保存1年內用完　④可保存3個月內用完。

（　）50.甘薯買回來不適宜貯藏的溫度為　①18℃　②0～3℃　③20℃　④15℃　左右。

（　）51.以紅外線保溫的食物，溫度必須控制在　①7℃　②30℃　③50℃　④60℃　以上。

（　）52.原料、物料之貯存，為避免混雜使用應依下列何種原則，以免食物因貯存太久而變壞、變質？　①後進後出　②先進後出　③後進先出　④先進先出。

（　）53.餐飲業實施HACCP（食品安全管制系統）儲存管理，乾原料需放置於離地面　①2吋　②4吋　③6吋　④8吋　，並且避免儲存在管線或冷藏設備下。

（　）54.餐飲業實施HACCP（食品安全管制系統）儲存管理，生、熟食貯存　①一起疊放熟食在生食上方　②分開放置熟食在生食下方　③分開放置熟食在生食上方　④一起放置熟食在生食上方　以免交叉汙染。

（　）55.冰箱可以保持食物新鮮度，且食品放入之數量應為其容量的多少以下？　①60%　②70%　③80%　④90%。

（　）56.生鮮香辛料要放於下列何種環境中貯存？　①陰涼通風處　②陽光充足處　③冰箱冷凍庫　④冰箱冷藏庫。

（　）57.餐飲業實施HACCP（食品安全管制系統）正確的化學物質儲存管理應在原盛裝容器內並　①專人看顧　②專櫃放置　③專人專櫃放置　④專人專櫃專冊放置。

（　）58.未成熟的水果如香蕉、鳳梨、木瓜，應放置何處較容易熟成　①一般室溫中　②冷藏層　③冰箱最下層　④保鮮層。

（　）59.食品保存原則以下列何者最重要　①方便　②營養　③經濟　④衛生。

（　）60.有關草莓的貯存方法，下列何者正確　①貯存前應水洗　②貯存前不應水洗　③水果去蒂可耐貯存　④應用報紙包覆保持水分。

（　）61.蘋果應保存在攝氏多少度間　①3～5度　②8～10度　③13～15度　④18～20度。

（　）62.香蕉保存的溫度以攝氏幾度為宜　①0～5度　②6～10度　③13～15度　④20～24度。

（　）63.下列食品貯存敘述何者正確　①最下層陳列架應距離地面約15公分避免蟲害受潮　②食品應越盡量靠近冷藏庫風扇位置較冷　③冷藏庫應把握「上生下熟原則」　④食品進入冷藏庫應保持原包裝不可拆箱。

（　）64.新鮮葉菜類貯存應要　①放在常溫貯存　②減少空間浪費可擠壓疊放　③以報紙覆蓋避免水分流失　④未使用完應再包覆進冰箱。

（　）65.下列何種食物放在冷藏庫比放在室溫效果好　①辣椒　②萵苣　③地瓜　④豆薯。

（　）66.夏天的荔枝不利於貯存，買到幾天內的風味最佳　①1～2天　②1星期內　③5天內　④2星期。

（　）67.下列何種水果熟成過程中，不應與其他水果共同常溫貯存　①蘋果　②木瓜　③香蕉　④芒果。

（　）68.食品衛生檢驗方法由中央主管機關公告指定之；未公告指定者　①得依公司總經理認可之方法為之　②得依廚房衛生管理者認可之方法為之　③不必理會　④應行文衛生福利部認定之。

（　）69.食品添加物之品名、規格及其使用範圍、限量，應符合　①公司標準作業之規定　②師傅獨家秘方調配斤兩之規定　③食品新鮮度來調配　④中央主管機關之規定。

（　）70.販售包裝食品及食品添加物等，應有　①英文及阿拉伯數字顯著標示容器或包裝之上　②中文及通用符號顯著標示於包裝之上　③市場採購不需要標示　④有英文或中文標示就可以。

題號	1	2	3	4	5	6	7	8	9	10	11	12	13	14	15	16	17	18	19	20
解答	②	④	①	④	④	④	③	③	②	①	①	①	②	④	③	②	④	①	②	③

題號	21	22	23	24	25	26	27	28	29	30	31	32	33	34	35	36	37	38	39	40
解答	④	②	①	④	③	②	③	④	④	③	③	②	④	③	②	④	①	②	③	①

題號	41	42	43	44	45	46	47	48	49	50	51	52	53	54	55	56	57	58	59	60
解答	②	③	④	②	①	③	②	④	①	②	④	④	③	③	①	④	④	①	④	②

題號	61	62	63	64	65	66	67	68	69	70
解答	①	③	①	④	②	①	①	④	④	②

( ) 1.將食物煎或炒以後再加入醬油、糖、酒及水等佐料放在慢火上烹煮的方式，為下列何者？ ①燴 ②溜 ③爆 ④紅燒。

( ) 2.「爆」的菜應使用 ①微火 ②小火 ③中火 ④大火 來做。

( ) 3.製作「燉」、「煨」的菜餚，應用 ①大火 ②旺火 ③武火 ④文火。

( ) 4.中式菜餚所謂「醬爆」是指用 ①番茄醬 ②沙茶醬 ③芝麻醬 ④甜麵醬 來做。

( ) 5.油炸掛糊食物以下列哪一溫度最適當？ ①140℃ ②180℃ ③240℃ ④260℃。

( ) 6.蒸蛋時宜用 ①旺火 ②文火 ③武火 ④隨意。

( ) 7.煎荷包蛋時應用 ①旺火 ②武火 ③大火 ④文火。

( ) 8.刀工與火候兩者之間的關係 ①非常密切 ②有關但不重要 ③有些微關係 ④互不相干。

( ) 9.製作拼盤（冷盤）時最著重的要點是在 ①刀工 ②排盤 ③刀工與排盤 ④火候。

( ) 10.一般生鮮蔬菜之前處理宜採用 ①先洗後切 ②先切後洗 ③先泡後洗 ④洗、切、泡、醃無一定的順序。

( ) 11.清洗蔬菜宜用 ①擦洗法 ②沖洗法 ③泡洗法 ④漂洗法。

( ) 12.熬高湯時，應在何時下鹽？ ①一開始時 ②水煮滾時 ③製作中途時 ④湯快完成時。

( ) 13.烹調上所謂的五味是指 ①酸甜苦辣辛 ②酸甜苦辣麻 ③酸甜苦辣鹹 ④酸甜苦辣甘。

( ) 14.下列的烹調方法中何者可不勾芡？ ①溜 ②羹 ③燴 ④燒。

( ) 15.勾芡是烹調中的一項技巧，可使菜餚光滑美觀、口感更佳，為達「明油亮芡」的效果應 ①勾芡時用炒瓢往同一方向推拌 ②用炒瓢不停地攪拌 ③用麵粉來勾芡 ④芡粉中添加小蘇打。

( ) 16.添加下列何種材料，可使蛋白打得更發？ ①檸檬汁 ②沙拉油 ③蛋黃 ④鹽。

( ) 17.烹調時調味料的使用應注意下列何者？ ①種類與用量 ②美觀與外形 ③顧客的喜好 ④經濟實惠。

( ) 18.買回來的橘子或香蕉等有外皮的水果，供食之前 ①不必清洗 ②要清洗 ③擦拭一下 ④最好加熱。

( ) 19.下列何者不是蛋黃醬（沙拉醬）之基本材料？ ①蛋黃 ②白醋 ③沙拉油 ④牛奶。

( ) 20.新鮮蔬菜烹調時火候應 ①旺火速炒 ②微火慢炒 ③旺火慢炒 ④微火速炒。

( ) 21.胡蘿蔔切成簡式的花紋做為配菜用，稱之為 ①滾刀片 ②長形片 ③圓形片 ④水花片。

( ) 22.煎蛋皮時為使蛋皮不容易破裂又漂亮，應添加何種佐料？ ①味素、太白粉 ②糖、太白粉 ③鹽、太白粉 ④玉米粉、麵粉。

( ) 23.「雀巢」的製作使用下列哪種材料為佳？ ①通心麵 ②玉米粉 ③太白粉 ④麵條。

( ) 24.經過洗滌、切割或熟食處理後的生料或熟料，再用調味料直接調味而成的菜餚，其烹調方法為下列何者？ ①拌 ②煮 ③蒸 ④炒。

( ) 25.依中餐烹調檢定標準，食物製備過程中，高污染度的生鮮材料必須採取下列何種方式？ ①優先處理 ②中間處理 ③最後處理 ④沒有規定。

( ) 26.三色煎蛋的洗滌順序，下列何者正確？ ①香菇→小黃瓜→蔥→胡蘿蔔→蛋 ②蛋→胡蘿蔔→蔥→小黃瓜→香菇 ③小黃瓜→蔥→香菇→蛋→胡蘿蔔 ④蛋→香菇→蔥→小黃瓜→胡蘿蔔。

( ) 27.製備熱炒菜餚，刀工應注意 ①絲要粗 ②片要薄 ③丁要大 ④刀工均勻。

( ) 28.刀身用力的方向是「向前推出」，適用於質地脆硬的食材，例如筍片、小黃瓜片蔬果等切片的刀法，稱之為 ①推刀法 ②拉刀法 ③剞刀法 ④批刀法。

( ) 29.凡以「宮保」命名的菜，都要用到下列何者？ ①青椒 ②紅辣椒 ③黃椒 ④乾辣椒。

( ) 30.羹類菜餚勾芡時，最好用 ①中小火 ②猛火 ③大火 ④旺火。

( ) 31.「爆」的時間要比「炒」的時間 ①長 ②短 ③相同 ④不一定。

( ) 32.下列刀工中何者為不正確？ ①「粒」比「丁」小 ②「末」比「粒」小 ③「茸」比「末」細 ④「絲」比「條」粗。

( ) 33.松子腰果炸好，放冷後顏色會 ①變淡 ②變深 ③變焦 ④不變。

( ) 34.製作完成之菜餚應注意 ①不可重疊放置 ②交叉放置 ③可重疊放置 ④沒有規定。

( ) 35.菜餚如須復熱，其次數應以 ①四次 ②三次 ③二次 ④一次 為限。

( ) 36.食物烹調足夠與否並非憑經驗或猜測而得知，應使用何種方法辨識 ①溫度計 ②剪刀 ③筷子 ④湯匙。

( ) 37.下列何者為正確的食材洗滌順序 ①紅蘿蔔→新鮮香菇→沙拉筍→烤麩 ②新鮮香菇→紅蘿蔔→烤麩→沙拉筍 ③烤麩→沙拉筍→新鮮香菇→紅蘿蔔 ④沙拉筍→新鮮香菇→紅蘿蔔→烤麩。

( ) 38.下列刀工敘述何者正確 ①「茸」比「末」更細小 ②「粒」比「丁」更大 ③「條」比「絲」更細小 ④「茸」比「粒」更大。

( ) 39.請問下列何者為鹹味蒸芋絲塊應有的大小 ①約8×8×7公分立方塊狀 ②約2×3×3公分立方塊狀 ③約10×4×4公分立方塊狀 ④約6×4×4公分立方塊狀。

題號	1	2	3	4	5	6	7	8	9	10	11	12	13	14	15	16	17	18	19	20
解答	④	④	④	④	②	②	④	①	③	①	②	④	③	④	①	①	①	②	④	①

題號	21	22	23	24	25	26	27	28	29	30	31	32	33	34	35	36	37	38	39
解答	④	③	④	①	③	①	④	①	④	①	②	④	②	①	④	①	③	①	④

( ) 1.盤飾使用胡蘿蔔立體切雕的花,應該裝飾在 ①燴 ②羹 ③燉 ④冷盤 的菜上。

( ) 2.下列哪種烹調方法的菜餚,可以不必排盤即可上桌? ①蒸 ②烤 ③燉 ④炸。

( ) 3.盛菜時,頂端宜略呈 ①三角形 ②圓頂形 ③平面形 ④菱形 較為美觀。

( ) 4.「松鶴延年」拼盤宜用於 ①滿月 ②週歲 ③慶壽 ④婚禮 的宴席上。

( ) 5.做為盤飾的蔬果,下列的條件何者為錯誤? ①外形好且乾淨 ②用量可以超過主體 ③葉面不能有蟲咬的痕跡 ④添加的色素為食用色素。

( ) 6.製作拼盤時,何者較不重要? ①刀工 ②排盤 ③配色 ④火候。

( ) 7.盛裝「鴿鬆」的蔬菜最適宜用 ①大白菜 ②紫色甘藍 ③高麗菜 ④結球萵苣。

( ) 8.盤飾用的番茄通常適用於 ①蒸 ②燴 ③紅燒 ④冷盤 的菜餚上。

( ) 9.為求菜餚美觀,餐盤裝飾的材料適宜採用下列何種? ①為了成本考量,模型較實際 ②塑膠花較便宜,又可以回收使用 ③為硬脆的瓜果及根莖類蔬菜 ④撿拾腐木及石頭或樹葉較天然。

( ) 10.排盤之裝飾物除了要注意每道菜本身的主材料、副材料及調味料之間的色彩,也要注意不同菜餚之間的色彩調和度 ①選擇越豐富、多樣性越好 ②不用考慮太多浪費時間 ③選取顏色越鮮艷者越漂亮即可 ④不宜喧賓奪主,宜取可食用食材。

( ) 11.用過的蔬果盤飾材料,若想留至隔天使用,蔬果應 ①直接放在工作檯,使用較方便 ②直接泡在水中即可 ③清洗乾淨以保鮮膜覆蓋,放置冰箱冷藏 ④直接放置冰箱冷藏。

題號	1	2	3	4	5	6	7	8	9	10	11
解答	④	③	②	③	②	④	④	④	③	④	③

( ) 1.用番茄簡單地雕一隻蝴蝶所需的工具是 ①果菜挖球器 ②長竹籤 ③短竹籤 ④片刀。

( ) 2.下列刀具,何者厚度較厚? ①水果刀 ②片刀 ③骨刀 ④尖刀。

( ) 3.不銹鋼工作檯的優點,下列何者不正確? ①易於清理 ②不易生銹 ③不耐腐蝕 ④使用年限長。

( ) 4.最適合用來做為廚房準備食物的工作檯材質為 ①大理石 ②木板 ③玻璃纖維 ④不銹鋼。

( ) 5.為使器具不容易藏污納垢,設計上何者不正確? ①四面採直角設計 ②彎曲處呈圓弧型 ③與食物接觸面平滑 ④完整而無裂縫。

( ) 6.消毒抹布時應以100℃沸水煮沸 ①5分鐘 ②10分鐘 ③15分鐘 ④20分鐘。

( ) 7.盛裝粉質乾料(如麵粉、太白粉)之容器,不宜選用 ①食品級塑膠材質 ②木桶附蓋 ③玻璃材質且附緊密之蓋子 ④食品級保鮮盒。

( ) 8.傳熱最快的用具是以 ①鐵 ②鉛 ③陶器 ④琺瑯質 所製作的器皿。

( ) 9.盛放帶湯汁之甜點器皿以 ①透明玻璃製 ②陶器製 ③木製 ④不銹鋼製 最美觀。

( ) 10.散熱最慢的器具為 ①鐵鍋 ②鋁鍋 ③不銹鋼鍋 ④砂碢。

( ) 11.製作燉的食物所使用的容器是 ①碗 ②盤 ③盅 ④盆。

( ) 12.烹製酸菜、酸筍等食物不宜用 ①不銹鋼 ②鋁製 ③陶瓷製 ④塘瓷製 容器。

( ) 13.下列何種材質的容器,不適宜放在微波爐內加熱? ①耐熱塑膠 ②玻璃 ③陶瓷 ④不銹鋼。

( ) 14.下列設備何者與環境保育無關? ①抽油煙機 ②油脂截流槽 ③水質過濾器 ④殘渣處理機。

( ) 15.冰箱應多久整理清潔一次? ①每天 ②每週 ③每月 ④每季。

( ) 16.蒸鍋、烤箱使用過後應多久清洗整理一次? ①每日 ②每2～3天 ③每週 ④每月。

( ) 17.下列哪一種設備在製備食物時,不會使用到的? ①洗米機 ②切片機 ③攪拌機 ④洗碗機。

( ) 18.製作1000人份的伙食,以下列何種設備來煮飯較省事方便又快速? ①電鍋 ②蒸籠 ③瓦斯炊飯鍋 ④湯鍋。

( ) 19.燴的食物最適合使用的容器為 ①淺碟 ②碗 ③盅 ④深盤。

( ) 20.烹調過程中,宜採用 ①熱效率高 ②熱效率低 ③熱效率適中 ④熱效率不穩定 之爐具。

( ) 21.砧板材質以 ①塑膠 ②硬木 ③軟木 ④不銹鋼 為宜。

( ) 22.選購瓜型打蛋器,以下列何者較省力好用? ①鋼絲細,條數多者 ②鋼絲粗,條數多者 ③鋼絲細,條數少者 ④鋼絲粗,條數少者。

( ) 23.鐵氟龍的炒鍋,宜選用下列何者器具較適宜? ①木製鏟 ②鐵鏟 ③不銹鋼鏟 ④不銹鋼炒勺。

( ) 24.高密度聚丙烯塑膠砧板較適用於 ①剁 ②斬 ③砍 ④切。

( ) 25.清洗不銹鋼水槽或洗碗機宜用下列哪一種清潔劑? ①中性 ②酸性 ③鹼性 ④鹹性。

( ) 26.量匙間的相互關係,何者不正確? ①1大匙為15毫升 ②1小匙為5毫升 ③1小匙相當於1/3大匙 ④1大匙相當於5小匙。

( ) 27.廚房設施,下列何者為非? ①通風採光良好 ②牆壁最好採用白色磁磚 ③天花板為淺色 ④最好鋪設平滑磁磚並經常清洗。

(　) 28.有關冰箱的敘述，下列何者為非？ ①遠離熱源 ②每天需清洗一次 ③經常除霜以確保冷藏力 ④減少開門次數與時間。

(　) 29.廚房每日實際生產量嚴禁超過 ①一般生產量 ②沒有規範 ③最大安全量 ④最小安全量。

(　) 30.廚房排水溝宜採用何種材料 ①不銹鋼 ②塑鋼 ③水泥 ④生鐵。

(　) 31.大型冷凍庫及冷藏庫須裝上緊急用電鈴及開啟庫門之安全閥栓，應 ①由外向內 ②由內向外 ③視情況而定 ④沒有規定。

(　) 32.廚房工作檯上方之照明燈具，加裝燈罩是因為 ①節省能源 ②美觀 ③增加亮度 ④防止爆裂造成食物汙染。

(　) 33.殺蟲劑應放置於 ①廚房內置物架 ②廚房角落 ③廁所 ④廚房外專櫃。

(　) 34.食物調理檯面，應使用何種材質為佳？ ①塑膠材質 ②水泥 ③木頭材質 ④不鏽鋼。

(　) 35.廚房滅火器放置位置是 ①主廚 ②副主廚 ③全體廚師 ④老闆 應有的認知。

(　) 36.取用高處備品時，應該使用下列何者物品墊高，以免發生掉落的危險？ ①紙箱 ②椅子 ③桶子 ④安全梯。

(　) 37.砧板下應有防滑設置，如無，至少應墊何種物品以防止滑落 ①菜瓜布 ②溼毛巾 ③竹筷 ④檯布。

(　) 38.蒸鍋內的水已燒乾了一段時間，應如何處理？ ①馬上清洗燒乾的蒸鍋 ②馬上加入冷水 ③馬上加入熱水 ④先關火把蓋子打開等待冷卻。

(　) 39.廚餘餿水需當天清除或存放於 ①$7°C$以下 ②$8°C$以上 ③$15°C$以上 ④常溫中。

(　) 40.排水溝出口加裝油脂截流槽的主要功能為 ①防止油脂污染排水系統 ②防止老鼠進入 ③防止水溝堵塞 ④使排水順暢。

(　) 41.陶鍋傳熱速度比鐵鍋 ①快 ②慢 ③差不多 ④一樣快。

(　) 42.不銹鋼工作檯優點，下列何者不正確？ ①易於清理 ②不易生鏽 ③耐腐蝕 ④耐躺、耐坐。

(　) 43.為使器具不容易藏污納垢，設計上何者正確？ ①彎曲處呈直角型 ②與食物接觸面粗糙 ③有裂縫 ④一體成型，包覆完整。

(　) 44.廚房工作檯上方之照明燈具 ①不加裝燈罩，以節省能源 ②需加裝燈罩，較符合衛生 ③要加裝細鐵網保護，較安全 ④加裝藝術燈泡以增美感。

(　) 45.廚房備有約23公分之不銹鋼漏勺其最大功能是 ①拌、炒用 ②裝菜用 ③撈取食材用 ④燒烤用。

(　) 46.中餐烹調術科測試考場下列何種設置較符合場地需求？ ①設有平面圖、逃生路線及警語標示 ②使用過期之滅火器 ③燈的照明度150米燭光以上 ④備有超大的更衣室一間。

(　) 47.廚房的工作檯面照明度需要多少米燭光？ ①180 ②100 ③150 ④200 米燭光以上。

(　) 48.廚房之排水溝須符合下列何種條件？ ①為明溝者須加蓋，蓋與地面平 ②排水溝深、寬、大以利排水 ③水溝蓋上可放置工作檯腳 ④排水溝密封是要防止臭味飄出。

(　) 49.依據良好食品規範，食品加工廠之牆面何者不符規定？ ①牆壁剝落 ②牆面平整 ③不可有空隙 ④需張貼大於B4紙張之燙傷緊急處理步驟。

(　) 50.廚房之乾粉滅火器下列何者有誤？ ①藥劑須在有效期限內 ②須符合消防設施安全標章 ③購買無標示期限可長期使用的滅火器 ④滅火器需有足夠壓力。

(　) 51.食品烹調場地紗門紗窗下列何者正確？ ①天氣過熱可打開紗窗吹風 ②配合門窗大小且需完整無破洞 ③考場可不須附有紗門紗窗 ④紗門紗窗即使破損也可繼續使用。

( ) 52.中餐烹調術科測試考場之砧板顏色下列何者正確？ ①紅色砧板用於生食、白色砧板用於熟食 ②紅色砧板用於熟食、白色砧板用於生食 ③砧板只須一塊即可 ④生食砧板不須消毒、熟食砧板須消毒。

( ) 53.中餐烹調術科應檢人成品完成後須將考試區域清理乾淨，而拖把應在何處清洗？ ①工作檯水槽 ②廁所水槽 ③專用水槽區 ④隔壁水槽。

( ) 54.廚房瓦斯供氣設備須附有安全防護措施，下列何者不正確？ ①裝設欄杆、遮風設施 ②裝設遮陽、遮雨設施 ③瓦斯出口處裝置遮斷閥及瓦斯偵測器 ④裝在密閉空間以防閒雜人員進出。

( ) 55.廚房排水溝為了阻隔老鼠或蟑螂等病媒，需加裝 ①粗網狀柵欄 ②二層細網狀柵欄 ③一層細網狀柵欄 ④三層細網狀柵欄 ，並將出水口導入一開放式的小水槽中。

( ) 56.廚房使用之反口油桶，其作用與功能是 ①煮水用 ②煮湯用 ③裝剩餘材料用 ④裝炸油或回鍋油用，可避免在操作中的危險性。

( ) 57.廚房內備有磁製的橢圓形腰子盤長度約36公分，其適作何功能用？ ①做配菜盤 ②裝全魚或主食類等 ③裝燴的菜餚 ④裝炒或稍帶汁的菜餚。

( ) 58.廚房瓦斯爐開關或管線周邊設有瓦斯偵測器，如果有天偵測器響起即為瓦斯漏氣，你該用什麼方法或方式來做瓦斯漏氣的測試？ ①沿著瓦斯爐開關或管線周邊點火測試 ②沿著瓦斯爐開關或管線周邊灌水測試 ③沿著瓦斯爐開關或管線周邊抹上濃厚皂劑泡沫水測試 ④用大型膠帶沿著瓦斯爐開關或管線周邊包覆防漏。

( ) 59.廚房用的器具繁多五花八門，平常的維護、整理應由誰來負責？ ①老闆自己 ②主廚 ③助廚 ④各單位使用者。

( ) 60.廚房油脂截油槽多久需要清理一次？ ①一個月 ②半個月 ③一個星期 ④每天。

( ) 61.廚房所設之加壓噴槍，其用途為何？ ①洗碗專用 ②洗菜專用 ③洗廚房器具專用 ④清潔沖洗地板、水溝用。

( ) 62.廚房用的器具繁多五花八門，平常須如何維護、整理與管理？ ①清洗、烘乾（滴乾）、整理、分類、定位排放 ②清洗、擦乾、定位排放、分類、整理 ③分類、定位排放、清洗、烘乾、整理 ④清洗、烘乾（滴乾）、整理、定位排放、分類。

題號	1	2	3	4	5	6	7	8	9	10	11	12	13	14	15	16	17	18	19	20
解答	④	③	③	④	①	①	②	①	①	④	③	②	④	③	②	①	④	③	④	①

題號	21	22	23	24	25	26	27	28	29	30	31	32	33	34	35	36	37	38	39	40
解答	①	①	①	④	②	④	④	②	③	①	②	④	④	④	③	④	②	④	①	①

題號	41	42	43	44	45	46	47	48	49	50	51	52	53	54	55	56	57	58	59	60
解答	②	④	④	②	③	①	④	①	①	③	②	①	③	④	④	④	②	③	④	④

題號	61	62
解答	④	①

( ) 1.一公克的醣可產生 ①4 ②7 ③9 ④12 大卡的熱量。

( ) 2.一公克脂肪可產生 ①4 ②7 ③9 ④12 大卡的熱量。

( ) 3.一公克的蛋白質可供人體利用的熱量值為 ①4 ②6 ③7 ④9 大卡。

( ) 4.構成人體細胞的重要物質是 ①醣 ②脂肪 ③蛋白質 ④維生素。

( ) 5.五穀及澱粉根莖類是何種營養素的主要來源？ ①蛋白質 ②脂質 ③醣類 ④維生素。

( ) 6.下列何種營養素不能供給人體所需的能量？ ①蛋白質 ②脂質 ③醣類 ④礦物質。

( ) 7.若一個三明治可提供蛋白質7公克、脂肪5公克及醣類15公克，則其可獲熱量為 ①127大卡 ②133大卡 ③143大卡 ④163大卡。

( ) 8.下列何種營養素不是熱量營養素？ ①醣類 ②脂質 ③蛋白質 ④維生素。

( ) 9.營養素的消化吸收部位主要在 ①口腔 ②胃 ③小腸 ④大腸。

( ) 10.蛋白質構造的基本單位為 ①脂肪酸 ②葡萄糖 ③胺基酸 ④丙酮酸。

( ) 11.供給國人最多亦為最經濟之熱量來源的營養素為 ①脂質 ②醣類 ③蛋白質 ④維生素。

( ) 12.下列何者不被人體消化且不具熱量值？ ①肝醣 ②乳糖 ③澱粉 ④纖維素。

( ) 13.澱粉消化水解後的最終產物為 ①糊精 ②麥芽糖 ③果糖 ④葡萄糖。

( ) 14.澱粉是由何種單醣所構成的 ①葡萄糖 ②果糖 ③半乳糖 ④甘露糖。

( ) 15.存在於人體血液中最多的醣類為 ①果糖 ②葡萄糖 ③半乳糖 ④甘露糖。

( ) 16.白糖是只能提供我們 ①蛋白質 ②維生素 ③熱能 ④礦物質 的食物。

( ) 17.含脂肪與蛋白質均豐富的豆類為下列何者？ ①黃豆 ②綠豆 ③紅豆 ④豌豆。

( ) 18.膽汁可以幫助何種營養素的吸收？ ①蛋白質 ②脂肪 ③醣類 ④礦物質。

( ) 19.下列哪一種油含有膽固醇？ ①花生油 ②紅花子油 ③大豆沙拉油 ④奶油。

( ) 20.腳氣病是由於缺乏 ①維生素B_1 ②維生素B_2 ③維生素B_6 ④維生素B_{12}。

( ) 21.下列哪一種水果含有最豐富的維生素C？ ①蘋果 ②橘子 ③香蕉 ④西瓜。

( ) 22.缺乏何種維生素，會引起口角炎？ ①維生素B_1 ②維生素B_2 ③維生素B_6 ④維生素B_{12}。

( ) 23.胡蘿蔔素為何種維生素之先驅物質？ ①維生素A ②維生素D ③維生素E ④維生素K。

( ) 24.缺乏何種維生素，會引起惡性貧血？ ①維生素B_1 ②維生素B_2 ③維生素B_6 ④維生素B_{12}。

( ) 25.軟骨症是因缺乏何種維生素所引起？ ①維生素A ②維生素D ③維生素E ④維生素K。

( ) 26.下列何種水果，其維生素C含量較多？ ①西瓜 ②荔枝 ③鳳梨 ④番石榴。

( ) 27.下列何種維生素不是水溶性維生素？ ①維生素A ②維生素B_1 ③維生素B_2 ④維生素C。

( ) 28.維生素A對下列何種器官的健康有重要的關係？ ①耳朵 ②神經組織 ③口腔 ④眼睛。

( ) 29.維生素B群是 ①水溶性 ②脂溶性 ③不溶性 ④溶於水也溶於油脂 的維生素。

( ) 30.粗糙的穀類如糙米、全麥比精細穀類的白米、精白麵粉含有更豐富的 ①醣類 ②水分 ③維生素B群 ④維生素C。

( ) 31.下列何者為酸性灰食物？ ①五穀類 ②蔬菜類 ③水果類 ④油脂類。

( ) 32.下列何者為中性食物？ ①蔬菜類 ②水果類 ③五穀類 ④油脂類。

( ) 33.何種礦物質攝食過多容易引起高血壓？ ①鐵 ②鈉 ③鉀 ④銅。

( ) 34.甲狀腺腫大，可能因何種礦物質缺乏所引起？ ①碘 ②硒 ③鐵 ④鎂。

( ) 35.含有鐵質較豐富的食物是 ①餅乾 ②胡蘿蔔 ③雞蛋 ④牛奶。

( ) 36.牛奶中含量最少的礦物質是 ①鐵 ②鈣 ③磷 ④鉀。

（　） 37.下列何者含有較多的胡蘿蔔素？　①木瓜　②香瓜　③西瓜　④黃瓜。

（　） 38.飲食中有足量的維生素A可預防　①軟骨症　②腳氣病　③口角炎　④夜盲症　的發生。

（　） 39.最容易氧化的維生素為　①維生素A　②維生素B_1　③維生素B_2　④維生素C。

（　） 40.具有抵抗壞血病的效用的維生素為　①維生素A　②維生素B_2　③維生素C　④維生素E。

（　） 41.國人最容易缺乏的營養素為　①維生素A　②鈣　③鈉　④維生素C。

（　） 42.與人體之能量代謝無關的維生素為　①維生素B_1　②維生素B_2　③菸鹼素　④維生素A。

（　） 43.下列何者為水溶性維生素？　①維生素A　②維生素C　③維生素D　④維生素E。

（　） 44.與血液凝固有關的維生素為　①維生素A　②維生素C　③維生素E　④維生素K。

（　） 45.下列何種水果含有較多的維生素A先驅物質？　①水梨　②香瓜　③番茄　④芒果。

（　） 46.能促進小腸中鈣、磷吸收之維生素為下列何者？　①維生素A　②維生素D　③維生素E　④維生素K。

（　） 47.下列何種食物含膳食纖維最少？　①牛蒡　②黑棗　③燕麥　④白飯。

（　） 48.奶類含有豐富的營養，一般人每天至少應喝幾杯？　①1~2杯　②3杯　③4杯　④愈多愈好。

（　） 49.下列烹調器具何者可減少用油量？　①不銹鋼鍋　②鐵氟龍鍋　③石頭鍋　④鐵鍋。

（　） 50.下列烹調方法何者可使成品含油脂量較少？　①煎　②炒　③煮　④炸。

（　） 51.患有高血壓的人應多食用下列何種食品？　①醃製、燻製的食品　②罐頭食品　③速食品　④生鮮食品。

（　） 52.蛋白質經腸道消化分解後的最小分子為　①葡萄糖　②胺基酸　③氮　④水。

（　） 53.所謂的消瘦症（Marasmus）係屬於　①蛋白質　②醣類　③脂肪　④蛋白質與熱量　嚴重缺乏的病症。

（　） 54.以下有助於腸內有益細菌繁殖，甜度低，多被用於保健飲料中者為　①果糖　②寡醣　③乳糖　④葡萄糖。

（　） 55.為預防便秘、直腸癌之發生，最好每日飲食中多攝取富含　①纖維質　②油質　③蛋白質　④葡萄糖　的食物。

（　） 56.下列何者在胃中的停留時間最長？　①醣類　②蛋白質　③脂肪　④纖維素。

（　） 57.以下何者含多量不飽和脂肪酸？　①棕櫚油　②氫化奶油　③橄欖油　④椰子油。

（　） 58.下列何者可協助脂溶性維生素的吸收？　①醣類　②蛋白質　③纖維質　④脂肪。

（　） 59.平常多接受陽光照射可預防　①維生素A　②維生素B_2　③維生素D　④維生素E　缺乏。

（　） 60.下列何種維生素遇熱最不安定？　①維生素A　②維生素C　③維生素B_2　④維生素D。

（　） 61.下列何者不是維生素B_2的缺乏症？　①腳氣病　②眼睛畏強光　③舌炎　④口角炎。

（　） 62.對素食者而言，可用以取代肉類而獲得所需蛋白質的食物是　①蔬菜類　②主食類　③黃豆及其製品　④麵筋製品。

（　） 63.黏性最強的米為下列何者？　①在來米　②蓬萊米　③長糯米　④圓糯米。

（　） 64.長期的偏頗飲食會　①增加免疫力　②建構良好體質　③健康強身　④招致疾病。

（　） 65.楊貴妃一天吃七餐而營養過剩，容易引發何種疾病？　①甲狀腺腫大　②口角炎　③腦中風　④貧血。

（　） 66.小雅買了一些柳丁，你可以建議她那種吃法最能保持維生素C？　①再放成熟些後切片食用　②新鮮切片放置冰箱冰涼後食用　③趁新鮮切片食用　④新鮮壓汁後冰涼食用。

（　） 67.大雄到了晚上總有看不清東西的困擾，請問他可能缺乏何種維生素？　①維生素E　②維生素A　③維生素C　④維生素D。

( ) 68.下列何者是維生素B₁的缺乏症？ ①腳氣病 ②眼睛畏強光 ③貧血 ④口角炎。

( ) 69.我國衛生福利部配合國人營養需求，將食物分為幾大類？ ①四 ②五 ③六 ④七。

( ) 70.「鈣」是人體必需的礦物質營養素，除了建構骨骼之外，還有調節細胞生理機能的功用，缺乏鈣質時會增加骨質疏鬆的風險。請問對一位吃全素食的人來說哪些是良好的鈣質來源 ①芝麻 ②豆腐皮 ③蘋果 ④花生。

( ) 71.「花生」是屬於六大類食物中的哪一類 ①果菜類 ②油脂與堅果種子類 ③豆魚肉蛋類 ④低脂乳品類。

( ) 72.植物油大多為不飽和油脂，但除了下列哪一種油脂除外 ①紅花油 ②玉米油 ③亞麻子油 ④椰子油。

( ) 73.請問素食者常用的食材豆類，其中因含有何者容易降低鐵質的吸收率 ①蛋白質 ②植酸 ③大豆異黃酮 ④卵磷脂。

題號	1	2	3	4	5	6	7	8	9	10	11	12	13	14	15	16	17	18	19	20
解答	①	③	①	③	③	④	②	④	③	③	②	④	④	①	②	③	①	②	④	①

題號	21	22	23	24	25	26	27	28	29	30	31	32	33	34	35	36	37	38	39	40
解答	②	②	①	④	②	④	①	④	①	③	①	④	①	③	①	①	④	④	③

題號	41	42	43	44	45	46	47	48	49	50	51	52	53	54	55	56	57	58	59	60
解答	②	④	②	④	④	②	④	①	②	③	②	④	②	①	③	④	④	③	②

題號	61	62	63	64	65	66	67	68	69	70	71	72	73
解答	①	③	④	④	③	③	②	①	③	①	②	④	②

( ) 1.一公斤約等於 ①二台斤 ②一台斤十台兩半 ③一台斤半 ④一台斤。

( ) 2. 1公斤的食物賣80元，1斤重應賣 ①108元 ②64元 ③56元 ④48元。

( ) 3. 1磅等於 ①600公克 ②554公克 ③504公克 ④454公克。

( ) 4.下列食物中，何者受到氣候影響較小？ ①小黃瓜 ②胡蘿蔔 ③絲瓜 ④茄子。

( ) 5.在颱風過後選用蔬菜以 ①葉菜類 ②瓜類 ③根菜類 ④花菜類 成本較低。

( ) 6.何時的番茄價格最便宜？ ①1～3月 ②4～6月 ③7～9月 ④10～12月。

( ) 7.菠菜的盛產期為 ①春季 ②夏季 ③秋季 ④冬季。

( ) 8.下列何種瓜類有較長的儲存期？ ①胡瓜 ②絲瓜 ③苦瓜 ④冬瓜。

( ) 9. 1標準量杯的容量相當於多少cc？ ①180 ②200 ③220 ④240。

( ) 10.政府提倡交易時使用 ①台制 ②英制 ③公制 ④美制 為單位計算。

( ) 11.設定每人吃250公克，米煮成飯之脹縮率為2.5，欲供應給6個成年人吃一餐的飯量，需以米 ①100公克 ②600公克 ③2000公克 ④4000公克 煮飯。

( ) 12.五菜一湯的梅花餐，要配6人吃的量，其中一道菜為素炒的青菜，所食用的青菜量以 ①四兩 ②半斤 ③一台斤 ④二台斤 最適宜。

( ) 13.甲貨1公斤40元，乙貨1台斤30元，則兩貨價格間的關係 ①甲貨比乙貨貴 ②甲貨比乙貨便宜 ③甲貨與乙貨價格相同 ④甲貨與乙貨無法比較。

( ) 14.食品類之採購，標準訂定是誰的工作範圍？ ①採購人員 ②驗收人員 ③廚師 ④採購委員會。

( ) 15.食品進貨後之使用方式為 ①後進先出 ②先進先出 ③先進後出 ④徵詢主廚意願。

( ) 16.下列何種方式無法降低採購成本？ ①大量採購 ②開放廠商競標 ③現金交易 ④惡劣天氣進貨。

( ) 17.淡色醬油於烹調時，一般用在 ①紅燒菜 ②烤菜 ③快炒菜 ④滷菜。

( ) 18.國內生產孟宗筍的季節是哪一季？ ①春季 ②夏季 ③秋季 ④冬季。

( ) 19.蔬菜、水果類的價格受氣候的影響 ①很大 ②很小 ③些微感受 ④沒有影響。

( ) 20.正常的預算應同時包含 ①人事與食材 ②規劃與控制 ③資本與建設 ④雜項與固定開銷。

( ) 21.一般飯店供應員工膳食之食材及飲料支出則列為 ①人事費用 ②原料成本 ③耗材費用 ④雜項成本。

( ) 22. 1台斤為16台兩，1台兩為 ①38.5公克 ②37.5公克 ③60公克 ④16公克。

( ) 23.餐廳的來客數愈多，所須負擔的固定成本 ①愈多 ②愈少 ③平平 ④不影響。

題號	1	2	3	4	5	6	7	8	9	10	11	12	13	14	15	16	17	18	19	20
解答	②	④	④	②	③	①	④	④	④	③	②	③	②	④	②	④	③	①	①	④

題號	21	22	23
解答	④	②	④

( ) 1.蒼蠅防治最根本的方法為 ①噴灑殺蟲劑 ②設置暗走道 ③環境的整潔衛生 ④設置空氣簾。

( ) 2.製造調配菜餚之場所 ①可養牲畜 ②可當寢居室 ③可養牲畜亦當寢居室 ④不可養牲畜亦不可當寢居室。

( ) 3.洗衣粉不可用來洗餐具,因其含有 ①螢光增白劑 ②亞硫酸氫鈉 ③潤濕劑 ④次氯酸鈉。

( ) 4.台灣地區水產食品中毒致病菌是以下列何者最多? ①大腸桿菌 ②腸炎弧菌 ③金黃色葡萄球菌 ④沙門氏菌。

( ) 5.腸炎弧菌通常來自 ①被感染者與其他動物 ②海水或海產品 ③鼻子、皮膚以及被感染的人與動物傷口 ④土壤。

( ) 6.下列哪一個是感染型細菌 ①葡萄球菌 ②肉毒桿菌 ③沙門氏桿菌 ④肝炎病毒。

( ) 7.手部若有傷口,易產生 ①腸炎弧菌 ②金黃色葡萄球菌 ③仙人掌桿菌 ④沙門氏菌 的污染。

( ) 8.夏天氣候潮濕,五穀類容易發霉,對我們危害最大且為我們所熟悉之黴菌毒素為下列何者? ①綠麴毒素 ②紅麴毒素 ③黃麴毒素 ④黑麴毒素。

( ) 9.下列何種細菌屬毒素型細菌? ①腸炎弧菌 ②肉毒桿菌 ③沙門氏菌 ④仙人掌桿菌。

( ) 10.在台灣地區,下列何種性質所造成的食品中毒比率最多? ①天然毒素 ②化學性 ③細菌性 ④黴菌毒素性。

( ) 11.下列何種菌屬於毒素型病原菌? ①腸炎弧菌 ②沙門氏菌 ③仙人掌桿菌 ④金黃色葡萄球菌。

( ) 12.下列病原菌何者屬感染型? ①金黃色葡萄球菌 ②肉毒桿菌 ③沙門氏菌 ④仙人掌桿菌。

( ) 13.從業人員個人衛生習慣欠佳,容易造成何種細菌性食品中毒機率最高? ①金黃色葡萄球菌 ②沙門氏菌 ③仙人掌桿菌 ④肉毒桿菌。

( ) 14.葡萄球菌主要因個人衛生習慣不好,如膿瘡而污染,其產生之毒素為下列何者? ①65℃以上即可將其破壞 ②80℃以上即可將其破壞 ③100℃以上即可將其破壞 ④120℃以上之溫度亦不易破壞。

( ) 15.廚師手指受傷最容易引起 ①肉毒桿菌 ②腸炎弧菌 ③金黃色葡萄球菌 ④綠膿菌 感染。

( ) 16.米飯容易為仙人掌桿菌污染而造成食品中毒,今有一中午十二時卅分開始營業的餐廳,你認為其米飯煮好的時間最好為 ①八時卅分 ②九時卅分 ③十時卅分 ④十一時卅分。

( ) 17.金黃色葡萄球菌屬於 ①感染型 ②中間型 ③毒素型 ④病毒型 細菌,因此在操作上應注意個人衛生,以避免食品中毒。

( ) 18.真空包裝是一種很好的包裝,但若包裝前處理不當,極易造成下列何種細菌滋生? ①腸炎弧菌 ②黃麴毒素 ③肉毒桿菌 ④沙門氏菌 而使消費者致命。

( ) 19.為了避免食物中毒,餐飲調理製備三個原則為加熱與冷藏,迅速及 ①美味 ②顏色美麗 ③清潔 ④香醇可口。

( ) 20.餐飲業發生之食物中毒以何者最多? ①細菌性中毒 ②天然毒素中毒 ③化學物質中毒 ④沒有差異。

( ) 21.一般說來,細菌的生長在下列何種狀況下較不易受到抑制? ①高溫 ②低溫 ③高酸 ④低酸。

( ) 22.將所有細菌完全殺滅使成為無菌狀態,稱之 ①消毒 ②滅菌 ③殺菌 ④商業殺菌。

( ) 23.一般用肥皂洗手刷手,其目的為 ①清潔清除皮膚表面附著的細菌 ②習慣動作 ③一種完全消毒之行為 ④遵照規定。

( ) 24.有人說「吃檳榔可以提神,增加工作效率」,餐飲從業人員在工作時 ①不可以吃 ②可以吃 ③視個人喜好而吃 ④不要吃太多 檳榔。

( ) 25.我工作的餐廳,午餐在2點休息,晚餐於5點開工,在這空檔3小時中,廚房 ①不可以當休息場所 ②可當休息場所 ③視老闆的規定可否當休息場所 ④視情況而定可否當休息場所。

( ) 26.我在餐廳廚房工作,養了一隻寵物叫「來喜」,白天我怕牠餓沒人餵,所以將牠帶在身旁,這種情形是 ①對的 ②不對的 ③無所謂 ④只要不妨礙他人就可以。

( ) 27.生的和熟的食物在處理上所使用的砧板應 ①共用一塊即可 ②分開使用 ③依經濟情況而定 ④依工作量大小而定 以避免二次污染。

( ) 28.處理過的食物,擺放的方法 ①可以相互重疊擺置,以節省空間 ②應分開擺置 ③視情況而定 ④無一定規則。

( ) 29.你現在正在切菜,老闆請你現在端一盤菜到外場給顧客,你的第一個動作為 ①立即端出 ②先把菜切完了再端出 ③先立即洗手,再端出 ④只要自己方便即可。

( ) 30.儘量不以大容器而改以小容器貯存食物,以衛生觀點來看,其優點是 ①好拿 ②中心溫度易降低 ③節省成本 ④增加工作效率。

( ) 31.廚房使用半成品或冷凍食品做為烹飪材料,其優點為 ①減少污染機會 ②降低成本 ③增加成本 ④毫無優點可言。

( ) 32.餐廳的廚房排油煙設施如果僅有風扇而已,這是不被允許的,你認為下列何者為錯? ①排除的油煙無法有效處理 ②風扇後的外牆被嚴重污染 ③風扇停用時病媒易侵入 ④風扇運轉時噪音太大,會影響工作情緒。

( ) 33.假設氣流的流向是從高壓到低壓,你認為餐廳營業場所氣流壓力應為 ①低壓 ②高壓 ③負壓 ④真空壓。

( ) 34.冬天病媒較少的原因為 ①較常下雨 ②氣壓較低 ③氣溫較低 ④氣候多變 以致病媒活動力降低。

( ) 35.每年七月聯考季節,有很多小販在考場門口販售餐盒,以衛生觀點而言,你認為下列何種為對? ①越貴的,菜色愈好 ②烈日之下,易助長細菌增殖而使餐盒加速腐敗 ③提供考生一個很便利的飲食 ④菜色、價格的種類愈多,愈容易滿足考生的選擇。

( ) 36.關於「吃到飽」的餐廳,下列敘述何者不正確? ①易養成民眾暴飲暴食的習慣 ②易養成民眾浪費的習慣 ③服務品質易降低 ④值得大力提倡此種促銷手法。

( ) 37.採用合格的半成品食品比率越高的餐廳,一般說來其危險因子應為 ①越低 ②越高 ③視情況而定 ④無法確定。

( ) 38.餐廳的規模一定時,廚房越小者,其採用半成品或冷凍食品的比率應 ①降低 ②提高 ③視成本而定 ④無法確定。

( ) 39.關於工作服的敘述,下列何者不正確? ①僅限在工作場所工作時穿著 ②應以淡淺色為主 ③為衛生指標之一 ④可穿著回家。

( ) 40.一般說來,出水性高的食物其危險性較出水性低的食物來得 ①高些 ②低些 ③無法確定 ④視季節而定。

(　) 41.蛋類烹調前的製備，下列何種組合順序方為正確：1.洗滌2.選擇3.打破4.放入碗內觀察5.再放入大容器內　①2→4→5→3→1　②3→1→2→4→5　③2→1→3→4→5　④1→2→3→4→5。

(　) 42.假設廚房面積與營業場所面積比為1:10，下列何種型態餐廳較為適用？　①簡易商業午餐型　②大型宴會型　③觀光飯店型　④學校餐廳型。

(　) 43.廚房的地板　①操作時可以濕滑　②濕滑是必然現象無需計較　③隨時保持乾燥清潔　④要看是哪一類餐廳而定。

(　) 44.假設廚房面積與營業場所面積比太小，下列敘述何者不正確？　①易導致交互污染　②增加工作上的不便　③散熱頗為困難　④有助減輕成本。

(　) 45.我們常說「盒餐不可隔餐食用」，其主要原因為　①避免口感變差　②斷絕細菌滋生所需要的時間　③保持市場價格穩定　④此種說法根本不正確。

(　) 46.關於濕紙巾的敘述，下列何種不正確？　①一次進貨量不可太多　②不宜在高溫下保存　③可在高溫下保存　④由於高水活性，而易導致細菌滋生。

(　) 47.何種細菌性食品中毒與水產品關係較大？　①彎曲桿菌　②腸炎弧菌　③金黃色葡萄球菌　④仙人掌桿菌。

(　) 48.下列敘述何者不正確？　①消毒抹布以煮沸法處理，需以100℃沸水煮沸5分鐘以上　②食品、用具、器具、餐具不可放置在地面上　③廚房內二氧化碳濃度可以高過0.5%　④廚房的清潔區溫度必須保持在22～25℃，溼度保持在相對溼度50～55% 之間。

(　) 49.餐飲業的廢棄物處理方法，下列何者不正確？　①可燃廢棄物與不可燃廢棄物應分類處理　②使用有加蓋，易處理的廚餘桶，內置塑膠袋以利清洗維護清潔　③每天清晨清理易腐敗的廢棄物　④含水量較高的廚餘可利用機械處理，使脫水乾燥，以縮小體積。

(　) 50.餐具洗淨後應　①以毛巾擦乾　②立即放入櫃內貯存　③先讓其風乾，再放入櫃內貯存　④以操作者方便的方法入櫃貯存。

(　) 51.一般引起食品變質最主要原因為　①光線　②空氣　③微生物　④溫度。

(　) 52.每年食品中毒事件以五月至十月最多，主要是因為　①氣候條件　②交通因素　③外食關係　④學校放暑假。

(　) 53.食品中毒的發生通常以　①春天　②夏天　③秋天　④冬天　為最多。

(　) 54.下列何種疾病與食品衛生安全較無直接的關係？　①手部傷口　②出疹　③結核病　④淋病。

(　) 55.芋薯類削皮後的褐變是因　①酵素　②糖質　③蛋白質　④脂肪　作用的關係。

(　) 56.廚房女性從業人員於工作時間內，應該　①化粧　②塗指甲油　③戴結婚戒指　④戴網狀廚帽。

(　) 57.下列何種重金屬如過量會引起「痛痛病」？　①鎘　②汞　③銅　④鉛。

(　) 58.去除蔬菜農藥的方法，下列敘述何者不正確？　①用流動的水浸泡數分鐘　②去皮可去除相當比率的農藥　③以洗潔劑清洗　④加熱時以不加蓋為佳。

(　) 59.若因雞蛋處理不良而產生的食品中毒有可能來自於　①毒素型的腸炎弧菌　②感染型的腸炎弧菌　③感染型的沙門氏菌　④毒素型的沙門氏菌。

(　) 60.當日本料理師父患有下列何種肝炎，在製作壽司時會很容易的就傳染給顧客？　①A型　②B型　③C型　④D型。

(　) 61.養成經常洗手的良好習慣，其目的是下列何種？　①依公司規定　②為了清爽　③水潤保濕作用　④清除皮膚表面附著的微生物。

（　）62.台灣曾發生之食用米糠油中毒事件是由何種物質引起？　①多氯聯苯　②黃麴毒素　③農藥　④砷。

（　）63.細菌性食物中毒的病原菌中，下列何者最具有致命性的威脅？　①肉毒桿菌　②大腸菌　③葡萄球菌　④腸炎弧菌。

（　）64.台灣曾經發生鎘米事件，若鎘積存體內過量可能造成　①水俁病　②烏腳病　③氣喘病　④痛痛病。

（　）65.依衛生法規規定，餐飲從業人員最少要多久接受體檢？　①每月一次　②每半年一次　③每年一次　④每兩年一次。

（　）66.在烏腳病患區，其本身地理位置即含高百分比的　①鉛　②砷　③鋁　④汞。

（　）67.有關使用砧板，下列敘述何者錯誤？　①宜分4種並標示用途　②宜用合成塑膠砧板　③每次作業後，應充分洗淨，並加以消毒　④洗淨消毒後，應以平放式存放。

（　）68.為了維護安全與衛生，器具、用具與食物接觸的部分，其材質應選用　①木製　②鐵製　③不銹鋼製　④PVC塑膠製。

（　）69.中性清潔劑其PH值是介於下列何者之間？　①3.0～5.0　②4.0～6.0　③6.0～8.0　④7.0～10.0。

（　）70.有關食物製備衛生、安全，下列敘述何者正確？　①可以抹布擦拭器具、砧板　②手指受傷，應避免直接接觸食物　③廚師的圍裙可用來擦手的　④可以直接以湯杓舀取品嚐，剩餘的再倒回鍋中。

（　）71.餐廳發生火災時，應做的緊急措施為　①立刻大聲尖叫　②立刻讓客人結帳，再疏散客人　③立刻搭乘電梯，離開現場　④立刻按下警鈴，並疏散客人。

（　）72.熟食掉落地上時應如何處理？　①洗淨後再供客人食用　②重新加熱調理後再供客人食用　③高溫殺菌後再供客人食用　④丟棄不可再供客人食用。

（　）73.三槽式餐具洗滌設施的第三槽若是採用氯液殺菌法，那麼應以餘氯量多少的氯水來浸泡餐具？　①50ppm　②100ppm　③150ppm　④200ppm。

（　）74.當客人發生食物中毒時應如何處理？　①立即送醫並收集檢體化驗報告當地衛生機關　②由員工急救　③讓客人自己處理　④順其自然。

（　）75.選擇殺菌消毒劑時不需注意到什麼樣的事情？　①廣效性　②廣告宣傳　③安定性　④良好作業性。

（　）76.手洗餐具時，應用何種清潔劑？　①弱酸　②中性　③酸性　④鹼性。

（　）77.中餐廚師穿著工作衣帽的主要目的是？　①漂亮大方　②減少生產成本　③代表公司形象　④防止髮屑雜物掉落食物中。

（　）78.下列何者不一定是洗滌劑選擇時須考慮的事項？　①所使用的對象　②洗淨力的要求　③各種洗潔劑的性質　④名氣的大小。

（　）79.餿水的正確處理方式為　①任意丟棄　②加蓋後存放於室外　③用塑膠袋包好即可　④加蓋或包裝好存放於室內空調間，轉交環保機關處理。

（　）80.劣變的油炸油不具下列何種特性？　①顏色太深　②粘度太高　③發煙點降低　④正常發煙點。

（　）81.油炸過的油應盡快用完，若用不完　①可與新油混合使用　②倒掉　③集中處理由合格廠商回收　④倒進餿水桶。

（　）82.經長時間油炸食物的油必須　①不用理它繼續使用　②過濾殘渣　③放愈久愈香　④廢棄。

( ) 83.廚房工作人員對各種調味料桶之清理,應如何處置? ①不必清理 ②三天清理一次 ③一星期清理一次 ④每天清理。

( ) 84.下列何者為天然合法的抗氧化劑? ①維生素E ②吊白塊 ③胡蘿蔔素 ④卵磷脂。

題號	1	2	3	4	5	6	7	8	9	10	11	12	13	14	15	16	17	18	19	20
解答	③	④	①	②	②	③	②	③	②	③	④	③	①	④	③	④	③	③	③	①

題號	21	22	23	24	25	26	27	28	29	30	31	32	33	34	35	36	37	38	39	40
解答	④	②	①	①	①	②	②	②	③	②	①	④	②	③	②	④	①	②	④	①

題號	41	42	43	44	45	46	47	48	49	50	51	52	53	54	55	56	57	58	59	60
解答	③	①	③	④	②	③	③	③	③	③	①	③	④	①	④	①	③	③	①

題號	61	62	63	64	65	66	67	68	69	70	71	72	73	74	75	76	77	78	79	80
解答	④	①	①	④	③	②	④	③	③	②	④	④	④	①	②	②	④	④	④	④

題號	81	82	83	84
解答	③	④	④	①

( ) 1.餐具經過衛生檢查其結果如下，何者為合格？ ①大腸桿菌為陽性，含有殘留油脂 ②生菌數400個，大腸菌群陰性 ③大腸桿菌陰性，不含有油脂，不含殘留洗潔劑 ④沒有一定的規定。

( ) 2.不符合食品安全衛生標準之食品，主管機關應 ①沒入銷毀 ②沒入拍賣 ③轉運國外 ④准其贈與。

( ) 3.違反直轄市或縣（市）主管機關依食品安全衛生管理法第14條有關「公共飲食場所衛生管理辦法」之規定，主管機關至少可處負責人新台幣 ①5千元 ②1萬元 ③2萬元 ④3萬元。

( ) 4.市縣政府係依據「食品安全衛生管理法」第14條所訂之 ①營業衛生管理條例 ②食品良好衛生規範 ③公共飲食場所衛生管理辦法 ④食品安全管制系統 來輔導稽查轄內餐飲業者。

( ) 5.餐廳若發生食品中毒時，衛生機關可依據「食品安全衛生管理法」第幾條命令餐廳暫停作業，並全面進行改善？ ①41條 ②42條 ③43條 ④44條 以遏阻食品中毒擴散，並確保消費者飲食安全。

( ) 6.餐飲業者使用地下水源者，其水源應與化糞池廢棄物堆積場所等污染源至少保持 ①5公尺 ②10公尺 ③15公尺 ④20公尺 之距離。

( ) 7.餐飲業之蓄水池應保持清潔，其設置地點應距污穢場所、化糞池等污染源 ①1公尺 ②2公尺 ③3公尺 ④4公尺 以上。

( ) 8.廚房備有空氣補足系統，下列何者不為其目的？ ①降溫 ②降壓 ③隔熱 ④補足空氣。

( ) 9.廚房清潔區之空氣壓力應為 ①正壓 ②負壓 ③低壓 ④介於正壓與負壓之間。

( ) 10.廚房的工作區可分為清潔區、準清潔區和污染區，今有一餐盒食品工廠的包裝區，應屬於下列何區才對？ ①清潔區 ②介於清潔區與準清潔區之間 ③準清潔區 ④污染區。

( ) 11.生鮮原料蓄養場所可設置於 ①廚房內 ②污染區 ③準清潔區 ④與調理場所有效區隔。

( ) 12.關於食用色素的敘述，下列何者正確？ ①紅色4號，黃色5號 ②黃色4號，紅色6號 ③紅色7號，藍色3號 ④綠色1號，黃色4號 為食用色素。

( ) 13.下列哪種色素不是食用色素？ ①紅色5號 ②黃色4號 ③綠色3號 ④藍色2號。

( ) 14.食物中毒的定義（肉毒桿菌中毒除外）是 ①一人或一人以上 ②二人或二人以上 ③三人或三人以上 ④十人或十人以上 有相同的疾病症狀謂之。

( ) 15.有關防腐劑之規定，下列何者為正確？ ①使用對象無限制 ②使用量無限制 ③使用對象與用量均無限制 ④使用對象與用量均有限制。

( ) 16.下列食品何者不得添加任何的食品添加物？ ①鮮奶 ②醬油 ③奶油 ④火腿。

( ) 17.下列何者為乾熱殺菌法之方法？ ①110℃以上30分鐘 ②75℃以上40分鐘 ③65℃以上50分鐘 ④55℃以上60分鐘。

( ) 18.乾熱殺菌法屬於何種殺菌、消毒方法？ ①物理性 ②化學性 ③生物性 ④自然性。

( ) 19.抹布之殺菌方法是以100℃蒸汽加熱至少幾分鐘以上？ ①4 ②6 ③8 ④10。

( ) 20.排油煙機應 ①每日清洗 ②隔日清洗 ③三日清洗 ④每週清洗。

( ) 21.罐頭食品上只有英文而沒有中文標示，這種罐頭 ①是外國的高級品 ②必定品質保證良好 ③不符合食品安全衛生管理法有關標示之規定 ④只要銷路好，就可以使用。

( ) 22.餐盒食品樣品留驗制度，係將餐盒以保鮮膜包好，置於7℃以下保存二天，以備查驗，如上所謂的7℃以下係指 ①冷凍 ②冷藏 ③室溫 ④冰藏 為佳。

(　) 23.廚房裡設置一間廁所可　①使用方便　②節省時間　③增加效率　④根本是違法的。
(　) 24.餐廳廁所應標示下列何種字樣？　①如廁後應洗手　②請上前一步　③觀瀑台　④聽雨軒。
(　) 25.防止病媒侵入設施，係以適當且有形的　①殺蟲劑　②滅蚊燈　③捕蠅紙　④隔離方式　以防範病媒侵入之裝置。
(　) 26.界面活性劑屬於何種殺菌、消毒方法？　①物理性　②化學性　③生物性　④自然性。
(　) 27.三槽式餐具洗滌方法，其第二槽必須有　①流動充足之自來水　②滿槽的自來水　③添加有消毒水之自來水　④添加清潔劑之洗滌水。
(　) 28.以漂白水消毒屬於何種殺菌、消毒方法？　①物理性　②化學性　③生物性　④自然性。
(　) 29.有關急速冷凍的敘述下列何者不正確？　①可保持食物組織　②有較差的殺菌力　③有較強的殺菌力　④可保持食物風味。
(　) 30.下列有關餐飲食品之敘述何者錯誤？　①應以新鮮為主　②減少食品添加物的使用量　③增加油脂使用量，以提高美味　④以原味烹調為主。
(　) 31.大部分的調味料均含有較高之　①鈉鹽　②鈣鹽　③鎂鹽　④鉀鹽　故應減少食用量。
(　) 32.無機污垢物的去除宜以　①酸性　②中性　③鹼性　④鹹性　洗潔劑為主。
(　) 33.下列果汁罐頭何者因具較低的安全性，應特別注意符合食品良好衛生規範準則之低酸性罐頭相關規定？　①楊桃　②鳳梨　③葡萄柚　④木瓜。
(　) 34.食補的廣告中，下列何者字眼未涉及療效？　①補腎　②保肝　③消渴　④生津。
(　) 35.食補的廣告中，提及「預防高血壓」　①涉及療效　②未涉及療效　③百分之五十涉及療效　④百分之八十涉及療效。
(　) 36.食品的廣告中，「預防」、「改善」、「減輕」等字句　①涉及療效　②未涉及療效　③百分之五十涉及療效　④百分之八十涉及療效。
(　) 37.選購食品時，應注意新鮮、包裝完整、標示清楚及　①黑白分明　②色彩奪目　③銷售量大　④公正機關推薦　等四大原則。
(　) 38.配膳區屬於　①清潔區　②準清潔區　③污染區　④一般作業區。
(　) 39.烹調區屬於下列何者？　①清潔區　②準清潔區　③污染區　④一般作業區。
(　) 40.洗滌區屬於下列何者？　①清潔區　②準清潔區　③污染區　④一般作業區。
(　) 41.廚務人員（人流）的動線，以下述何者為佳？　①污染區→清潔區→準清潔區　②污染區→準清潔區→清潔區　③準清潔區→清潔區→污染區　④清潔區→準清潔區→污染區。
(　) 42.某人吃了經污染的食物至他出現病症的一段時間，我們稱之為　①病源　②潛伏期　③危險期　④病症。
(　) 43.A型肝炎是屬於　①細菌　②寄生蟲　③真菌　④病毒。
(　) 44.最重要的個人衛生習慣是　①一年體檢兩次　②隨時戴手套操作　③經常洗手　④戒菸。
(　) 45.個人衛生是　①個人一星期內的洗澡次數　②個人完整的醫療紀錄　③個人完整的教育訓練　④保持身體健康、外貌整潔及良好衛生操作的習慣。
(　) 46.廚房器具沒有污漬的情形稱為　①清潔　②消毒　③殺菌　④滅菌。
(　) 47.幾乎無有害的微生物存在稱為　①清潔　②消毒　③污染　④滅菌。
(　) 48.污染是指下列何者？　①食物未加熱至70℃　②前一天將食物煮好　③食物中有不是蓄意存在的微生物或有害物質　④混入其他食物。
(　) 49.國際觀光旅館使用地下水源者，每年至少檢驗　①一次　②二次　③三次　④四次。
(　) 50.廚師證照持有人，每年應接受　①4小時　②6小時　③8小時　④12小時　衛生講習。

( ) 51.廚師有下列何種情形者，不得從事與食品接觸之工作？ ①高血壓 ②心臟病 ③B型肝炎 ④肺結核。

( ) 52.下列何者與消防法有直接關係？ ①蔬菜供應商 ②進出口食品 ③餐具業 ④餐飲業。

( ) 53.衛生福利部食品藥物管理署核心職掌是 ①空調之管理 ②食品衛生之管理 ③環境之管理 ④餿水之管理。

( ) 54.一旦發生食物中毒 ①不要張揚、以免影響生意 ②迅速送患者就醫並通知所在地衛生機關 ③提供鮮奶讓患者解毒 ④先查明中毒原因再說。

( ) 55.食品或食品添加物之製造調配、加工、貯存場所應與廁所 ①完全隔離 ②不需隔離 ③隨便 ④方便為原則。

( ) 56.食品安全衛生管理法第十七條所定食品添加物，不包括下列何者類別名稱？ ①溶劑 ②防腐劑、抗氧化劑 ③豆腐用凝固劑、光澤劑 ④乳化劑、膨脹劑。

( ) 57.菜餚製作過程愈複雜 ①愈具有較高的口感及美感 ②愈具有較高的安全性 ③愈具有較高的危險性 ④愈具有高超的技術性。

( ) 58.餐飲新進從業人員依規定要在什麼時候做健康檢查？ ①3天內 ②一個禮拜內 ③報到上班前就先做好檢查 ④先做一天看看再去檢查。

( ) 59.中餐技術士術科檢定時洗滌用清潔劑應置放何處才符合衛生規定？ ①工作台上 ②水槽邊取用方便 ③水槽下的層架 ④靠近水槽的地面上。

題號	1	2	3	4	5	6	7	8	9	10	11	12	13	14	15	16	17	18	19	20
解答	③	①	④	③	①	③	③	②	①	①	④	②	①	②	④	①	①	①	④	①

題號	21	22	23	24	25	26	27	28	29	30	31	32	33	34	35	36	37	38	39	40
解答	③	②	④	①	④	②	①	②	③	③	①	①	④	④	①	①	④	①	②	③

題號	41	42	43	44	45	46	47	48	49	50	51	52	53	54	55	56	57	58	59
解答	④	②	④	③	④	①	②	③	①	③	④	④	②	②	①	③	③	③	③

食品安全衛生及營養相關職類共同科目

工作倫理與職業道德共同科目

職業安全衛生共同科目

環境保護共同科目

節能減碳共同科目

除掃描QR Code外，亦可至揚智閱讀俱樂部網站（www.ycre.com.tw）中的「教學輔助區」中下載檔案。

材料明細卡

301-1題目：榨菜炒筍絲、麒麟豆腐片、三絲淋素蛋餃

1.菜名與食材切配依據

菜餚名稱	主要刀工	烹調法	主材料類別	材料組合	水花款式	盤飾款式
榨菜炒筍絲	絲	炒	桶筍	榨菜、桶筍、青椒、紅辣椒、中薑		參考規格明細
麒麟豆腐片	片	蒸	板豆腐	乾香菇、板豆腐、紅蘿蔔、中薑	參考規格明細	
三絲淋素蛋餃	絲、末	淋溜	雞蛋	乾香菇、乾木耳、生豆包、桶筍、小黃瓜、芹菜、中薑、紅蘿蔔、雞蛋		

2.材料明細

名稱	規格描述	重量（數量）	備註
乾香菇	外型完整，直徑4公分以上	5朵	
乾木耳	葉面泡開有4公分以上	1大片	10克以上／片
榨菜	體型完整無異味	200克以上1顆	
生豆包	形體完整、無破損、無酸味	1塊	50克／塊
板豆腐	老豆腐，不得有酸味	400克以上	注意保存
桶筍	合格廠商效期內	100克以上	若為空心或軟爛不足需求量，應檢人可反應更換
青椒	表面平整不皺縮不潰爛	60克	
紅辣椒	表面平整不皺縮不潰爛	1條	
小黃瓜	鮮度足，不可大彎曲	1條	80克以上／條
大黃瓜	表面平整不皺縮不潰爛	1截	6公分長
芹菜	新鮮青翠	80克	
紅蘿蔔	表面平整不皺縮不潰爛	300克	空心須補發
中薑	夠切絲的長段無潰爛	100克	
雞蛋	外形完整鮮度足	4個	

刀工作品規格卡

301-1題目：榨菜炒筍絲、麒麟豆腐片、三絲淋素蛋餃

第一階段測試──繳交刀工作品規格

1.菜名與食材切配依據

菜餚名稱	主要刀工	烹調法	主材料類別	材料組合	水花款式	盤飾款式
榨菜炒筍絲	絲	炒	桶筍	榨菜、桶筍、青椒、紅辣椒、中薑		參考規格明細
麒麟豆腐片	片	蒸	板豆腐	乾香菇、板豆腐、紅蘿蔔、中薑	參考規格明細	
三絲淋素蛋餃	絲、末	淋溜	雞蛋	乾香菇、乾木耳、生豆包、桶筍、小黃瓜、芹菜、中薑、紅蘿蔔、雞蛋		

2.受評刀工規格明細表

材料	規格描述（長度單位：公分）	數量	備註
紅蘿蔔水花片	指定1款，指定款須參考下列指定圖（形狀大小需可搭配菜餚）	6片以上	
薑水花	自選1款	6片以上	
配合材料擺出兩種盤飾	下列指定圖3選2	各1盤	
木耳絲	寬0.2～0.4，長4～6，高（厚）依食材規格	20克以上	
香菇末	直徑0.3以下碎末	20克以上	
榨菜絲	寬、高（厚）各為0.2～0.4，長4～6	150克以上	
豆腐片	長4～6、寬2～4、高（厚）0.8～1.5長方片	12片	
筍絲	寬、高（厚）各為0.2～0.4，長4～6	60克以上	
青椒絲	寬、高（厚）各為0.2～0.4，長4～6	40克以上	
紅蘿蔔絲	寬、高（厚）各為0.2～0.4，長4～6	25克以上	
中薑絲	寬、高（厚）各為0.3以下，長4～6	10克以上	

水花及盤飾參考：依指定圖完成，可受公評並獲得普遍認同之美感。

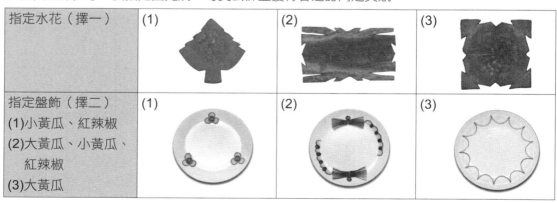

指定水花（擇一）	(1)	(2)	(3)
指定盤飾（擇二） (1)小黃瓜、紅辣椒 (2)大黃瓜、小黃瓜、紅辣椒 (3)大黃瓜	(1)	(2)	(3)

3.無須繳驗部分：菜餚刀工之種類、取量與形狀，除了規格明細之數量外，還包括不須繳驗的部分，請務必依「菜名與食材切配依據」表之食材選用規定種類切配，配合題意之刀工規格切配出合宜的刀工形狀、數量與配色進行烹調。

烹調指引卡

301-1題目：榨菜炒筍絲、麒麟豆腐片、三絲淋素蛋餃

第二階段測試──繳交烹調作品

1.菜名與食材切配依據

菜餚名稱	主要刀工	烹調法	主材料類別	材料組合	水花款式	盤飾款式
榨菜炒筍絲	絲	炒	桶筍	榨菜、桶筍、青椒、紅辣椒、中薑		參考規格明細
麒麟豆腐片	片	蒸	板豆腐	乾香菇、板豆腐、紅蘿蔔、中薑	參考規格明細	
三絲淋素蛋餃	絲、末	淋溜	雞蛋	乾香菇、乾木耳、生豆包、桶筍、小黃瓜、芹菜、中薑、紅蘿蔔、雞蛋		

2.烹調

(1)榨菜炒筍絲

烹調規定	配料可汆燙或直接炒熟，中薑絲爆香，再調味拌炒成菜。
烹調法	炒
調味規定	以鹽、酒、糖、味精、胡椒粉、香油等調味料自選合宜使用。
備註	榨菜須泡水稍除鹹味，過鹹則扣分，規定材料不得短少。

(2)麒麟豆腐片

烹調規定	1.香菇炸香。 2.板豆腐、配料和兩款水花片互疊整齊，入蒸籠蒸熟，再以調味芡汁淋上。
烹調法	蒸
調味規定	以鹽、糖、味精、香油、太白粉等調味料自選合宜使用。
備註	1.規定材料不得短少。 2.水花兩款各6片以上。

(3)三絲淋素蛋餃

烹調規定	1.炒香菇末、芹菜末、豆包末及桶筍末做餡料。 2.煎蛋皮入料做成餃子狀再封口後蒸熟。 3.以中薑絲爆香入三絲料調味淋上，再勾薄芡。
烹調法	淋溜
調味規定	以鹽、酒、糖、味精、胡椒粉、香油、太白粉、水等調味料自選合宜使用。
備註	蛋餃需呈荷包狀即半圓狀，需有適當餡量，規定材料不得短少。

材料明細卡

301-2題目：紅燒烤麩塊、炸蔬菜山藥條、蘿蔔三絲卷

1.菜名與食材切配依據

菜餚名稱	主要刀工	烹調法	主材料類別	材料組合	水花款式	盤飾款式
紅燒烤麩塊	塊	紅燒	烤麩	乾香菇、烤麩、桶筍、小黃瓜、紅蘿蔔、中薑		參考規格明細
炸蔬菜山藥條	條、末	酥炸	山藥	紅甜椒、青江菜、中薑、山藥		
蘿蔔三絲卷	片、絲	蒸	白蘿蔔	乾木耳、豆乾、芹菜、紅蘿蔔、中薑、白蘿蔔	參考規格明細	

2.材料明細

名稱	規格描述	重量（數量）	備註
乾香菇	外型完整，直徑4公分以上	3朵	
乾木耳	葉面泡開有4公分以上	1大片	10克以上／片
五香大豆乾	形體完整、無破損、無酸味，直徑4公分以上	1塊	35克以上／塊
烤麩	形體完整，無酸味	180克	
桶筍	合格廠商效期內	淨重120克以上	若為空心或軟爛不足需求量，應檢人可反應更換
紅甜椒	表面平整不皺縮不潰爛	70克	140克以上／個
紅辣椒	表面平整不皺縮不潰爛	1條	10克以上
小黃瓜	鮮度足，不可大彎曲	2條	80克以上／條
大黃瓜	表面平整不皺縮不潰爛	1截	6公分長
青江菜	青翠新鮮	60克以上	
芹菜	新鮮翠綠	120克	15公分以上（長度可供捆綁用）
紅蘿蔔	表面平整不皺縮不潰爛	300克	空心須補發
中薑	夠切絲的長段無潰爛	80克	
白山藥	表面平整不皺縮不潰爛	300克	
白蘿蔔	表面平整不皺縮不潰爛	500克以上	直徑6公分、長12公分以上，無空心

4

刀工作品規格卡

301-2題目：紅燒烤麩塊、炸蔬菜山藥條、蘿蔔三絲卷

第一階段測試──繳交刀工作品規格

1.菜名與食材切配依據

菜餚名稱	主要刀工	烹調法	主材料類別	材料組合	水花款式	盤飾款式
紅燒烤麩塊	塊	紅燒	烤麩	乾香菇、烤麩、桶筍、小黃瓜、紅蘿蔔、中薑		參考規格明細
炸蔬菜山藥條	條、末	酥炸	山藥	紅甜椒、青江菜、中薑、山藥		
蘿蔔三絲卷	片、絲	蒸	白蘿蔔	乾木耳、豆乾、芹菜、紅蘿蔔、中薑、白蘿蔔	參考規格明細	

2.受評刀工規格明細

材料	規格描述（長度單位：公分）	數量	備註
紅蘿蔔水花片兩款	自選1款及指定1款，指定款須參考下列指定圖（形狀大小需可搭配菜餚）	各6片以上	
配合材料擺出兩種盤飾	下列指定圖3選2	各1盤	
木耳絲	寬0.2～0.4，長4～6，高（厚）依食材規格	20克以上	
紅甜椒末	直徑0.3以下碎末	50克以上	
青江菜末	直徑0.3以下碎末	40克以上	
山藥條	寬、高（厚）各為 0.8～1.2，長 4～6	200克以上	
紅蘿蔔絲	寬、高（厚）各為0.2～0.4，長4～6	25克以上	
白蘿蔔薄片	長12以上，寬4以上，高（厚）0.3以下	6片	
中薑絲	寬、高（厚）各為0.3以下，長4～6	10克以上	
中薑末	直徑0.3以下碎末	10克以上	

水花及盤飾參考：依指定圖完成，可受公評並獲得普遍認同之美感。

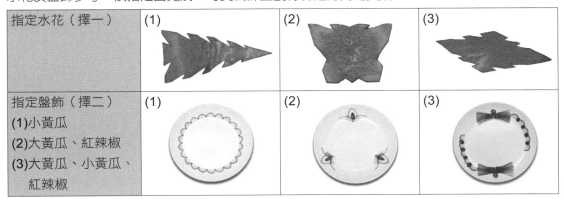

指定水花（擇一）	(1)	(2)	(3)
指定盤飾（擇二） (1)小黃瓜 (2)大黃瓜、紅辣椒 (3)大黃瓜、小黃瓜、　　紅辣椒	(1)	(2)	(3)

3.無須繳驗部分：菜餚刀工之種類、取量與形狀，除了規格明細之數量外，還包括不須繳驗的部分，請務必依「菜名與食材切配依據」表之食材選用規定種類切配，配合題意之刀工規格切配出合宜的刀工形狀、數量與配色進行烹調。

烹調指引卡

301-2題目：紅燒烤麩塊、炸蔬菜山藥條、蘿蔔三絲卷

第二階段測試──繳交烹調作品

1.菜名與食材切配依據

菜餚名稱	主要刀工	烹調法	主材料類別	材料組合	水花款式	盤飾款式
紅燒烤麩塊	塊	紅燒	烤麩	乾香菇、烤麩、桶筍、小黃瓜、紅蘿蔔、中薑		參考規格明細
炸蔬菜山藥條	條、末	酥炸	山藥	紅甜椒、青江菜、中薑、山藥		
蘿蔔三絲卷	片、絲	蒸	白蘿蔔	乾木耳、豆乾、芹菜、紅蘿蔔、中薑、白蘿蔔	參考規格明細	

2.烹調

(1)紅燒烤麩塊

烹調規定	1.烤麩、乾香菇、紅蘿蔔、桶筍油炸至微上色。 2.中薑爆香，將配料燒透並稍收汁、入味。
烹調法	紅燒
調味規定	以醬油、鹽、酒、糖、味精、胡椒粉、香油、太白粉、水等調味料自選合宜使用。
備註	規定材料不得短少。

(2)炸蔬菜山藥條

烹調規定	1.山藥條沾上蔬菜麵糊（蔬菜末調合麵糊），炸熟炸酥防夾生。 2.調拌胡椒鹽入味。
烹調法	酥炸
調味規定	以鹽、酒、糖、胡椒粉、香油、泡打粉、太白粉、麵粉、水等調味料自選合宜使用。
備註	需沾上蔬菜麵糊，規定材料不得短少。

(3)蘿蔔三絲卷

烹調規定	1.白蘿蔔片及芹菜燙軟後，用白蘿蔔片捲入豆乾、紅蘿蔔、木耳、中薑，以芹菜綁成卷。 2.白蘿蔔卷蒸透，調味後以薄芡淋汁。 3.以兩款紅蘿蔔水花片煮熟，適量加入。
烹調法	蒸
調味規定	以鹽、酒、糖、味精、胡椒粉、香油、太白粉、水等調味料自選合宜使用。
備註	規定材料不得短少。

材料明細卡

301-3題目：乾煸杏鮑菇、酸辣筍絲羹、三色煎蛋

1.菜名與食材切配依據

菜餚名稱	主要刀工	烹調法	主材料類別	材料組合	水花款式	盤飾款式
乾煸杏鮑菇	片、末	煸	杏鮑菇	冬菜、杏鮑菇、紅辣椒、芹菜、紅蘿蔔、中薑	參考規格明細	參考規格明細
酸辣筍絲羹	絲	羹	桶筍	乾木耳、板豆腐、桶筍、小黃瓜、紅蘿蔔、中薑		
三色煎蛋	片	煎	雞蛋	玉米筍、四季豆、紅蘿蔔、芹菜、雞蛋		

2.材料明細

名稱	規格描述	重量（數量）	備註
乾木耳	葉面泡開有4公分以上	1大片	10克以上／片
冬菜	合格廠商效期內	5克	
板豆腐	老豆腐，不得有酸味	100克以上	半塊
桶筍	合格廠商效期內	淨重120克以上	若為空心或軟爛不足需求量，應檢人可反應更換
玉米筍	合格廠商效期內	2支	可用罐頭取代
杏鮑菇	型大結實飽滿	2支	100克以上／支
紅辣椒	表面平整不皺縮不潰爛	2條	10克以上／條
小黃瓜	鮮度足，不可大彎曲	2條	80克以上／條
大黃瓜	表面平整不皺縮不潰爛	1截	6公分長
四季豆	長14公分以上，鮮度足	2支	
芹菜	青翠新鮮	90克	
紅蘿蔔	表面平整不皺縮不潰爛	300克	空心須補發
中薑	夠切絲的長段無潰爛	70克	
雞蛋	外形完整鮮度足	5個	

刀工作品規格卡

301-3題目：乾煸杏鮑菇、酸辣筍絲羹、三色煎蛋

第一階段測試──繳交刀工作品規格

1.菜名與食材切配依據

菜餚名稱	主要刀工	烹調法	主材料類別	材料組合	水花款式	盤飾款式
乾煸杏鮑菇	片、末	煸	杏鮑菇	冬菜、杏鮑菇、紅辣椒、芹菜、紅蘿蔔、中薑	參考規格明細	參考規格明細
酸辣筍絲羹	絲	羹	桶筍	乾木耳、板豆腐、桶筍、小黃瓜、紅蘿蔔、中薑		
三色煎蛋	片	煎	雞蛋	玉米筍、四季豆、紅蘿蔔、芹菜、雞蛋		

2.受評刀工規格明細表

材料	規格描述（長度單位：公分）	數量	備註
紅蘿蔔水花片兩款	自選1款及指定1款，指定款須參考下列指定圖（形狀大小需可搭配菜餚）	各6片以上	
配合材料擺出兩種盤飾	下列指定圖3選2	各1盤	
木耳絲	寬0.2～0.4，長4～6，高（厚）依食材規格	20克以上	
冬菜末	直徑0.3以下碎末	5克以上	
豆腐絲	寬、高（厚）各為0.2～0.4，長4～6	80克以上	
筍絲	寬、高（厚）各為0.2～0.4，長4～6	100克以上	
杏鮑菇片	寬2～4，高（厚）0.4～0.6，長4～6	180克以上	
小黃瓜絲	寬、高（厚）各為0.2～0.4，長4～6	30克以上	
中薑末	直徑0.3以下碎末	10克以上	
紅蘿蔔絲	寬、高（厚）各為0.2～0.4，長4～6	30克以上	
紅蘿蔔指甲片	長、寬各為1～1.5，高（厚）0.3以下	15克以上	

水花及盤飾參考：依指定圖完成，可受公評並獲得普遍認同之美感。

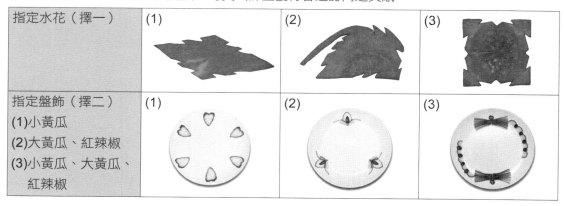

指定水花（擇一）	(1)	(2)	(3)
指定盤飾（擇二） (1)小黃瓜 (2)大黃瓜、紅辣椒 (3)小黃瓜、大黃瓜、紅辣椒	(1)	(2)	(3)

3.無須繳驗部分：菜餚刀工之種類、取量與形狀，除了規格明細之數量外，還包括不須繳驗的部分，請務必依「菜名與食材切配依據」表之食材選用規定種類切配，配合題意之刀工規格切配出合宜的刀工形狀、數量與配色進行烹調。

烹調指引卡

301-3題目：乾煸杏鮑菇、酸辣筍絲羹、三色煎蛋

第二階段測試──繳交烹調作品

1.菜名與食材切配依據

菜餚名稱	主要刀工	烹調法	主材料類別	材料組合	水花款式	盤飾款式
乾煸杏鮑菇	片、末	煸	杏鮑菇	冬菜、杏鮑菇、紅辣椒、芹菜、紅蘿蔔、中薑	參考規格明細	參考規格明細
酸辣筍絲羹	絲	羹	桶筍	乾木耳、板豆腐、桶筍、小黃瓜、紅蘿蔔、中薑		
三色煎蛋	片	煎	雞蛋	玉米筍、四季豆、紅蘿蔔、芹菜、雞蛋		

2.烹調

(1)乾煸杏鮑菇

烹調規定	1.杏鮑菇以熱油炸至脫水皺縮不焦黑，或以煸炒法煸至乾扁脫水皺縮而不焦黑。 2.中薑爆香，以炒、煸炒法收汁完成（需含芹菜）。
烹調法	煸（若有少許微焦的斑點，屬合理的狀態）。
調味規定	以鹽、醬油、糖、米酒、味精、水、白醋、香油等調味料自選合宜使用。
備註	焦黑部分不得超過總量之 1/4，不得出油而油膩，規定材料不得短少。

(2)酸辣筍絲羹

烹調規定	以中薑爆香加入配料，調味適中，再以太白粉勾芡。
烹調法	羹
調味規定	以鹽（醬油）、白醋、黑醋、辣椒醬、酒、糖、味精、胡椒粉、香油、太白粉、水等調味料自選合宜使用。
備註	酸辣調味需明顯，規定材料不得短少。

(3)三色煎蛋

烹調規定	所有材料煎成一大圓片，熟而金黃上色。
烹調法	煎（改刀 6 片）。
調味規定	以鹽、糖、味精、胡椒粉、香油、太白粉、水等調味料自選合宜使用。
備註	全熟，可焦黃但不焦黑，須以熟食砧板刀具做熟食切割，規定材料不得短少。

材料明細卡

301-4題目：素燴杏菇捲、燜燒辣味茄條、炸海苔芋絲

1.菜名與食材切配依據

菜餚名稱	主要刀工	烹調法	主材料類別	材料組合	水花款式	盤飾款式
素燴杏菇捲	剞刀厚片	燴	杏鮑菇	桶筍、杏鮑菇、小黃瓜、紅蘿蔔、中薑	參考規格明細	參考規格明細
燜燒辣味茄條	條、末	燒	茄子	乾香菇、茄子、紅辣椒、芹菜		
炸海苔芋絲	絲	酥炸	芋頭	乾香菇、海苔片、芋頭、紅蘿蔔		

2.材料明細

名稱	規格描述	重量（數量）	備註
乾香菇	外型完整，直徑4公分以上	5朵	
海苔片	合格廠商效期內	2張	20公分*25公分
桶筍	合格廠商效期內	淨重120克以上	若為空心或軟爛不足需求量，應檢人可反應更換
杏鮑菇	型大結實飽滿	2支	100克以上／支
小黃瓜	鮮度足，不可大彎曲	2條	80克以上／條
大黃瓜	表面平整不皺縮不潰爛	1截	6公分長
茄子	鮮度足無潰爛	2條	180克以上／每條
紅辣椒	表面平整不皺縮不潰爛	1條	
芹菜	新鮮翠綠	70克	
芋頭	表面平整不皺縮不潰爛	120克	
紅蘿蔔	表面平整不皺縮不潰爛	300克	空心須補發
中薑	夠切絲的長段無潰爛	70克	

刀工作品規格卡

301-4題目：素燴杏菇捲、燜燒辣味茄條、炸海苔芋絲

第一階段測試──繳交刀工作品規格

1.菜名與食材切配依據

菜餚名稱	主要刀工	烹調法	主材料類別	材料組合	水花款式	盤飾款式
素燴杏菇捲	剞刀厚片	燴	杏鮑菇	桶筍、杏鮑菇、小黃瓜、紅蘿蔔、中薑	參考規格明細	參考規格明細
燜燒辣味茄條	條、末	燒	茄子	乾香菇、茄子、紅辣椒、芹菜		
炸海苔芋絲	絲	酥炸	芋頭	乾香菇、海苔片、芋頭、紅蘿蔔		

2.受評刀工規格明細

材料	規格描述（長度單位：公分）	數量	備註
紅蘿蔔水花片兩款	自選1款及指定1款，指定款須參考下列指定圖（形狀大小需可搭配菜餚）	各6片以上	
配合材料擺出兩種盤飾	下列指定圖3選2	各1盤	
香菇絲	寬、高（厚）各為0.2～0.4，長度依食材規格	2朵	
香菇末	直徑0.3以下碎末	1朵	
海苔絲	寬為0.2～0.4，長4～6	2張切完	
剞刀杏鮑菇片	長4～6，高（厚）1～1.5，寬依杏鮑菇。格子間隔0.3～0.5，深度達1/2深的剞刀片塊	160克以上	
辣椒末	直徑0.3以下碎末	6克以上	
茄條	長4～6，茄子依圓徑切四分之一	290克以上	
中薑片	長2～3，寬1～2，高（厚）0.2～0.4，可切菱形片	6片	
芋頭絲	寬、高（厚）各為0.2～0.4，長4～6	50克以上	
紅蘿蔔絲	寬、高（厚）各為0.2～0.4，長4～6	30克以上	

水花及盤飾參考：依指定圖完成，可受公評並獲得普遍認同之美感。

指定水花（擇一）	(1)	(2)	(3)
指定盤飾（擇二） (1)大黃瓜、紅蘿蔔 (2)大黃瓜、小黃瓜、紅辣椒 (3) 小黃瓜	(1)	(2)	(3)

3.無須繳驗部分：菜餚刀工之種類、取量與形狀，除了規格明細之數量外，還包括不須繳驗的部分，請務必依「菜名與食材切配依據」表之食材選用規定種煩切配，配合題意之刀工規格切配出合宜的刀工形狀、數量與配色進行烹調。

烹調指引卡

301-4題目：素燴杏菇捲、燜燒辣味茄條、炸海苔芋絲

第二階段測試──繳交烹調作品

1.菜名與食材切配依據

菜餚名稱	主要刀工	烹調法	主材料類別	材料組合	水花款式	盤飾款式
素燴杏菇捲	剞刀厚片	燴	杏鮑菇	桶筍、杏鮑菇、小黃瓜、紅蘿蔔、中薑	參考規格明細	參考規格明細
燜燒辣味茄條	條、末	燒	茄子	乾香菇、茄子、紅辣椒、芹菜		
炸海苔芋絲	絲	酥炸	芋頭	乾香菇、海苔片、芋頭、紅蘿蔔		

2.烹調

(1)素燴杏菇捲

烹調規定	1.杏菇捲後，熱油定形。 2.小黃瓜、紅蘿蔔水花需脫生，小黃瓜要保持綠色。 3.中薑爆香，加入配料調味再燴成菜。
烹調法	燴
調味規定	以醬油、鹽、酒、糖、味精、胡椒粉、香油、太白粉、水等調味料自選合宜使用。
備註	杏菇捲不得散開不成形，需有燴汁，規定材料不得短少。

(2)燜燒辣味茄條

烹調規定	1.茄條炸過以保紫色而透。 2.香菇爆香加入配料調味，再入主料，加入芹菜勾淡芡收汁。
烹調法	燒
調味規定	以豆瓣醬、辣椒醬、醬油、酒、糖、味精、烏醋、胡椒粉、香油、太白粉、水等調味料自選合宜使用。
備註	規定材料不得短少。

(3)炸海苔芋絲

烹調規定	1.海苔以熱油炸酥，調味入盤圍邊。 2.芋頭和其他食材，分別沾乾粉用熱油炸酥，再調味入盤中。
烹調法	炸
調味規定	以花椒粉、胡椒粉、鹽、糖、味精、香油、低筋麵粉、水等調味料自選合宜使用。
備註	規定材料不得短少。

材料明細卡

301-5題目：鹽酥香菇塊、銀芽炒雙絲、茄汁豆包卷

1.菜名與食材切配依據

菜餚名稱	主要刀工	烹調法	主材料類別	材料組合	水花款式	盤飾款式
鹽酥香菇塊	塊	酥炸	鮮香菇	鮮香菇、紅辣椒、芹菜、中薑		參考規格明細
銀芽炒雙絲	絲	炒	綠豆芽	豆乾、青椒、紅辣椒、綠豆芽、中薑		
茄汁豆包卷	條	滑溜	芋頭、豆包	生豆包、小黃瓜、黃甜椒、紅蘿蔔、芋頭	參考規格明細	

2.材料明細

名稱	規格描述	重量（數量）	備註
生豆包	形體完整、無破損、無酸味	3塊	50克／塊
五香大豆乾	形體完整、無破損、無酸味，直徑4公分以上	1塊	35克以上／塊
鮮香菇	新鮮無軟爛，直徑5公分	10朵	
紅辣椒	表面平整不皺縮不潰爛	2條	10克
青椒	表面平整不皺縮不潰爛	60克以上	1/2個，120克以上／個
小黃瓜	鮮度足，不可大彎曲	1條	80克以上／條
大黃瓜	表面平整不皺縮不潰爛	1截	6公分長
黃甜椒	表面平整不皺縮不潰爛	70克以上	1/2個，140克以上／個
綠豆芽	新鮮不潰爛	150克	
芹菜	新鮮翠綠	70克	
中薑	夠切絲的長段無潰爛	80克	
紅蘿蔔	表面平整不皺縮不潰爛	300克	空心須補發
芋頭	表面平整不皺縮不潰爛	150克	

刀工作品規格卡

301-5題目：鹽酥香菇塊、銀芽炒雙絲、茄汁豆包卷

第一階段測試──繳交刀工作品規格

1.菜名與食材切配依據

菜餚名稱	主要刀工	烹調法	主材料類別	材料組合	水花款式	盤飾款式
鹽酥香菇塊	塊	酥炸	鮮香菇	鮮香菇、紅辣椒、芹菜、中薑		參考規格明細
銀芽炒雙絲	絲	炒	綠豆芽	豆乾、青椒、紅辣椒、綠豆芽、中薑		
茄汁豆包卷	條	滑溜	芋頭、豆包	生豆包、小黃瓜、黃甜椒、紅蘿蔔、芋頭	參考規格明細	

2.受評刀工規格明細表

材料	規格描述（長度單位：公分）	數量	備註
紅蘿蔔水花片兩款	自選1款及指定1款，指定款須參考下列指定圖（形狀大小需可搭配菜餚）	各6片以上	
配合材料擺出兩種盤飾	下列指定圖3選2	各1盤	
豆乾絲	寬、高（厚）各為 0.2～0.4，長 4～6	25 克以上	
紅辣椒絲	寬、高（厚）各為 0.3以下，長 4～6	5 克以上	
青椒絲	寬、高（厚）各為 0.2～0.4，長 4～6	25 克以上	
芹菜粒	長、寬、高（厚）各為0.2～0.4	30 克以上	
紅蘿蔔條	寬、高（厚）各為 0.5～1，長 4～6	6條以上	
中薑末	直徑0.3以下碎末	10 克以上	
中薑絲	寬、高（厚）各為 0.3以下，長 4～6	10 克以上	
芋頭條	寬、高（厚）各為 0.5～1，長 4～6	80 克以上	

水花及盤飾參考：依指定圖完成，可受公評並獲得普遍認同之美感。

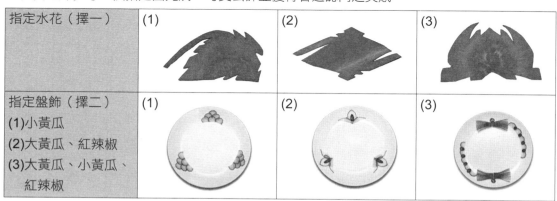

指定水花（擇一）	(1)	(2)	(3)
指定盤飾（擇二） (1)小黃瓜 (2)大黃瓜、紅辣椒 (3)大黃瓜、小黃瓜、紅辣椒	(1)	(2)	(3)

3.無須繳驗部分：菜餚刀工之種類、取量與形狀，除了規格明細之數量外，還包括不須繳驗的部分，請務必依「菜名與食材切配依據」表之食材選用規定種類切配，配合題意之刀工規格切配出合宜的刀工形狀、數量與配色進行烹調。

烹調指引卡

301-5題目：鹽酥香菇塊、銀芽炒雙絲、茄汁豆包卷

第二階段測試──繳交烹調作品

1.菜名與食材切配依據

菜餚名稱	主要刀工	烹調法	主材料類別	材料組合	水花款式	盤飾款式
鹽酥香菇塊	塊	酥炸	鮮香菇	鮮香菇、紅辣椒、芹菜、中薑		參考規格明細
銀芽炒雙絲	絲	炒	綠豆芽	豆乾、青椒、紅辣椒、綠豆芽、中薑		
茄汁豆包卷	條	滑溜	芋頭、豆包	生豆包、小黃瓜、黃甜椒、紅蘿蔔、芋頭	參考規格明細	

2.烹調

(1)鹽酥香菇塊

烹調規定	鮮香菇醃入辛香料，沾乾粉或麵糊炸至表皮酥脆，再以椒鹽調味。
烹調法	酥炸
調味規定	鹽、花椒粉、胡椒粉、糖、味精、地瓜粉等調味料自選合宜使用。
備註	香菇酥脆不得含油，規定材料不得短少。

(2)銀芽炒雙絲

烹調規定	1.豆乾可先泡熱水、油炸或直接炒皆可。 2.銀芽、青椒等配料需脫生或保色，以中薑炒香入所有食材加調味料拌炒或熟炒均勻皆可。
烹調法	炒
調味規定	以鹽、酒、糖、味精、胡椒粉、香油、太白粉、水等調味料自選合宜使用。
備註	綠豆芽未去頭尾，不符合題意，規定材料不得短少。

(3)茄汁豆包卷

烹調規定	1.芋頭條炸熟，紅蘿蔔條汆燙，將豆包捲入材料成圓筒狀，再炸定形（可沾麵糊）。 2.小黃瓜、黃甜椒需脫生保色，以茄汁調味燴煮。 3.加入紅蘿蔔水花拌合點綴。
烹調法	滑溜
調味規定	以番茄醬、鹽、白醋、糖、香油、太白粉、水等調味料自選合宜使用。
備註	1.不得嚴重出油，規定材料不得短少。 2.豆包卷不可鬆脫。

材料明細卡

301-6題目：三珍鑲冬瓜、炒竹筍梳片、炸素菜春捲

1.菜名與食材切配依據

菜餚名稱	主要刀工	烹調法	主材料類別	材料組合	水花款式	盤飾款式
三珍鑲冬瓜	長方塊、末	蒸	冬瓜	乾香菇、冬菜、生豆包、冬瓜、青江菜、紅蘿蔔、中薑		參考規格明細
炒竹筍梳片	梳子片	炒	桶筍	乾香菇、桶筍、小黃瓜、紅蘿蔔、中薑	參考規格明細	
炸素菜春捲	絲	炸	春捲皮	乾香菇、豆乾、春捲皮、桶筍、芹菜、高麗菜、紅蘿蔔		

2.材料明細

名稱	規格描述	重量（數量）	備註
冬菜	合格廠商效期內	5克	
乾香菇	外型完整，直徑4公分以上	6朵	
桶筍	合格廠商效期內	300克	若為空心或軟爛不足需求量，應檢人可反應更換
五香大豆乾	形體完整、無破損、無酸味，直徑4公分以上	1塊	35克以上／塊
生豆包	形體完整、無破損、無酸味	1塊	50克／塊
春捲皮	合格廠商效期內	8張	冷凍正方形或新鮮圓形春捲皮
紅蘿蔔	表面平整不皺縮不潰爛	300克	空心須補發
中薑	夠切絲的長段無潰爛	80克	
高麗菜	新鮮翠綠	120克	
冬瓜	表面平整不皺縮不潰爛	500克	厚度3公分、長度4公分以上
青江菜	新鮮翠綠	3顆	30克以上／棵
芹菜	新鮮翠綠	80克以上	
紅辣椒	表面平整不皺縮不潰爛	1條	
大黃瓜	表面平整不皺縮不潰爛	1截	6公分長
小黃瓜	鮮度足，不可大彎曲	1條	80克以上／條

刀工作品規格卡

301-6題目：三珍鑲冬瓜、炒竹筍梳片、炸素菜春捲

第一階段測試──繳交刀工作品規格

1.菜名與食材切配依據

菜餚名稱	主要刀工	烹調法	主材料類別	材料組合	水花款式	盤飾款式
三珍鑲冬瓜	長方塊、末	蒸	冬瓜	乾香菇、冬菜、生豆包、冬瓜、青江菜、紅蘿蔔、中薑		參考規格明細
炒竹筍梳片	梳子片	炒	桶筍	乾香菇、桶筍、小黃瓜、紅蘿蔔、中薑	參考規格明細	
炸素菜春捲	絲	炸	春捲皮	乾香菇、豆乾、春捲皮、桶筍、芹菜、高麗菜、紅蘿蔔		

2.受評刀工規格明細

材料	規格描述（長度單位：公分）	數量	備註
紅蘿蔔水花片兩款	自選1款及指定1款，指定款須參考下列指定圖（形狀大小需可搭配菜餚）	各6片以上	
配合材料擺出兩種盤飾	下列指定圖3選2	各1盤	
香菇絲	寬、高（厚）各為0.2～0.4，長度依食材規格	2朵	
香菇末	直徑0.3以下碎末	1朵	
冬菜末	直徑0.3以下碎末	5克以上	
豆乾絲	寬、高（厚）各為0.2～0.4，長4～6	25克以上	
筍絲	寬、高（厚）各為0.2～0.4，長4～6	40克以上	
竹筍梳子片	長4～6，寬2～4，高（厚）0.2～0.4的梳子花刀片（花刀間隔為0.5以下）	200克以上	
小黃瓜片	長4～6，寬2～4，高（厚）0.2～0.4，可切菱形片	6片	
中薑末	直徑0.3以下碎末	10克以上	
紅蘿蔔絲	寬、高（厚）各為0.2～0.4，長4～6	25克以上	

水花及盤飾參考：依指定圖完成，可受公評並獲得普遍認同之美感。

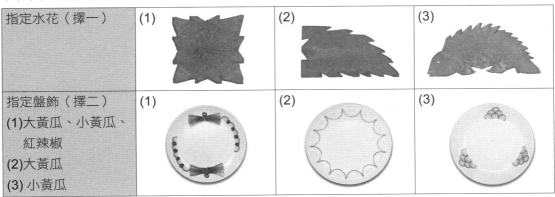

指定水花（擇一）	(1)	(2)	(3)
指定盤飾（擇二） (1)大黃瓜、小黃瓜、紅辣椒 (2)大黃瓜 (3) 小黃瓜	(1)	(2)	(3)

3.無須繳驗部分：菜餚刀工之種類、取量與形狀，除了規格明細之數量外，還包括不須繳驗的部分，請務必依「菜名與食材切配依據」表之食材選用規定種類切配，配合題意之刀工規格切配出合宜的刀工形狀、數量與配色進行烹調。

烹調指引卡

301-6題目：三珍鑲冬瓜、炒竹筍梳片、炸素菜春捲

第二階段測試──繳交烹調作品

1.菜名與食材切配依據

菜餚名稱	主要刀工	烹調法	主材料類別	材料組合	水花款式	盤飾款式
三珍鑲冬瓜	長方塊、末	蒸	冬瓜	乾香菇、冬菜、生豆包、冬瓜、青江菜、紅蘿蔔、中薑		參考規格明細
炒竹筍梳片	梳子片	炒	桶筍	乾香菇、桶筍、小黃瓜、紅蘿蔔、中薑	參考規格明細	
炸素菜春捲	絲	炸	春捲皮	乾香菇、豆乾、春捲皮、桶筍、芹菜、高麗菜、紅蘿蔔		

2.烹調

(1)三珍鑲冬瓜

烹調規定	1.以中薑爆炒香菇末、豆包末、紅蘿蔔末，冬菜末炒熟調味，再鑲入挖空冬瓜塊內蒸熟。 2.以青江菜擺盤調味勾芡淋上。
烹調法	蒸
調味規定	以鹽、醬油、酒、糖、味精、胡椒粉、香油、太白粉、水等調味料自選合宜使用。
備註	鑲冬瓜約為長、寬各4～6公分之長方體，高（厚）度依食材規格，規定材料不得短少。

(2)炒竹筍梳片

烹調規定	中薑片、香菇片爆香，竹筍梳子片加入配料、水花片拌炒調味。
烹調法	炒
調味規定	以鹽、醬油、胡椒粉、糖、味精、黑醋、香油、太白粉、水等調味料自選合宜使用。
備註	油汁不得過多，規定材料不得短少。

(3)炸素菜春捲

烹調規定	1.香菇、芹菜爆香與配料炒熟調味。 2.以春捲皮包入炒熟餡料捲起，油炸至酥上色。
烹調法	炸
調味規定	以鹽、醬油、酒、糖、味精、胡椒粉、香油、麵粉、太白粉、水等調味料自選合宜使用。
備註	春捲需緊實無破損，規定材料不得短少。

材料明細卡

301-7題目：乾炒素小魚乾、燴三色山藥片、辣炒蒟蒻絲

1.菜名與食材切配依據

菜餚名稱	主要刀工	烹調法	主材料類別	材料組合	水花款式	盤飾款式
乾炒素小魚乾	條	炸、炒	海苔片、千張豆皮	海苔片、千張豆皮、紅辣椒、芹菜、中薑		參考規格明細
燴三色山藥片	片	燴	白山藥	乾木耳、小黃瓜、白山藥、紅蘿蔔、中薑	參考規格明細	
辣炒蒟蒻絲	絲	炒	白蒟蒻（長方型）	乾香菇、桶筍、白蒟蒻、紅辣椒、青椒、中薑		

2.材料明細

名稱	規格描述	重量（數量）	備註
乾木耳	葉面泡開有4公分以上	1大片	10克以上／片
乾香菇	外型完整，直徑4公分以上	3朵	
海苔片	合格廠商效期內	6張	20公分*25公分
千張豆皮	合格廠商效期內	6張	20公分*25公分
白蒟蒻	外形完整、無裂痕	200克以上	1塊
桶筍	合格廠商效期內	淨重100克以上	若為空心或軟爛不足需求量，應檢人可反應更換
小黃瓜	鮮度足，不可大彎曲	1條	80克以上／條
大黃瓜	表面平整不皺縮不潰爛	1截	6公分長
紅辣椒	表面平整不皺縮不潰爛	2條	
青椒	表面平整不皺縮不潰爛	60克以上	120克以上／個
芹菜	新鮮翠綠	90克	
紅蘿蔔	表面平整不皺縮不潰爛	300克	空心須補發
中薑	夠切絲的長段無潰爛	150克	
白山藥	表面平整不皺縮不潰爛	300克	

刀工作品規格卡

301-7題目：乾炒素小魚乾、燴三色山藥片、辣炒蒟蒻絲

第一階段測試──繳交刀工作品規格

1.菜名與食材切配依據

菜餚名稱	主要刀工	烹調法	主材料類別	材料組合	水花款式	盤飾款式
乾炒素小魚乾	條	炸、炒	海苔片、千張豆皮	海苔片、千張豆皮、紅辣椒、芹菜、中薑		參考規格明細
燴三色山藥片	片	燴	白山藥	乾木耳、小黃瓜、白山藥、紅蘿蔔、中薑	參考規格明細	
辣炒蒟蒻絲	絲	炒	白蒟蒻（長方型）	乾香菇、桶筍、白蒟蒻、紅辣椒、青椒、中薑		

2.受評刀工規格明細表

材料	規格描述（長度單位：公分）	數量	備註
紅蘿蔔水花片	指定1款，指定款須參考下列指定圖（形狀大小需可搭配菜餚）	6片以上	
薑水花片	自選1款	6片以上	
配合材料擺出兩種盤飾	下列指定圖3選2	各1盤	
香菇絲	寬、高（厚）各為0.2～0.4，長度依食材規格	3朵	
白蒟蒻絲	寬、高（厚）各為 0.2～0.4，長 4～6	160克以上	
筍絲	寬、高（厚）各為0.2～0.4，長4～6	80克以上	
小黃瓜片	長4～6，寬2～4，高（厚）0.2～0.4，可切菱形片	6片	
紅辣椒絲	寬、高（厚）各為0.3以下，長4～6	10克以上	
中薑絲	寬、高（厚）各為0.3以下，長4～6	20克以上	
中薑末	直徑0.3以下碎末	20克以上	
白山藥片	長4～6，寬2～4、高（厚）0.4～0.6	200克以上	

水花及盤飾參考：依指定圖完成，可受公評並獲得普遍認同之美感。

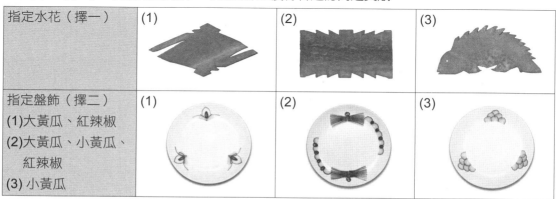

指定水花（擇一）	(1)	(2)	(3)
指定盤飾（擇二） (1)大黃瓜、紅辣椒 (2)大黃瓜、小黃瓜、紅辣椒 (3) 小黃瓜	(1)	(2)	(3)

3.無須繳驗部分：菜餚刀工之種類、取量與形狀，除了規格明細之數量外，還包括不須繳驗的部分，請務必依「菜名與食材切配依據」表之食材選用規定種類切配，配合題意之刀工規格切配出合宜的刀工形狀、數量與配色進行烹調。

烹調指引卡

301-7題目：乾炒素小魚乾、燴三色山藥片、辣炒蒟蒻絲

第二階段測試──繳交烹調作品

1.菜名與食材切配依據

菜餚名稱	主要刀工	烹調法	主材料類別	材料組合	水花款式	盤飾款式
乾炒素小魚乾	條	炸、炒	海苔片、千張豆皮	海苔片、千張豆皮、紅辣椒、芹菜、中薑		參考規格明細
燴三色山藥片	片	燴	白山藥	乾木耳、小黃瓜、白山藥、紅蘿蔔、中薑	參考規格明細	
辣炒蒟蒻絲	絲	炒	白蒟蒻（長方型）	乾香菇、桶筍、白蒟蒻、紅辣椒、青椒、中薑		

2.烹調

(1)乾炒素小魚乾

烹調規定	三張千張豆皮和三張海苔一層一層沾上麵糊貼緊，再改刀切成（寬 0.3-0.6、長 4-6 公分）條形，以熱油炸酥，和三種爆香料及椒鹽調味。
烹調法	炸、炒
調味規定	以鹽、油、糖、味精、花椒粉、胡椒粉、香油、麵粉等調味料自選合宜使用。
備註	海苔條炸酥不含油，規定材料不得短少。

(2)燴三色山藥片

烹調規定	1.山藥可汆燙、油炸或直接炒皆可。 2.其他配料需汆燙脫生，小黃瓜需保持綠色。 3.以薑水花爆香和配料燴煮調味。
烹調法	燴
調味規定	以鹽、酒、糖、味精、胡椒粉、香油、太白粉、水等調味料自選合宜使用。
備註	需有燴汁，規定材料不得短少。

(3)辣炒蒟蒻絲

烹調規定	1.蒟蒻需過熱水去除鹼味。 2.以中薑和香菇爆香加入配料拌炒調味。
烹調法	炒
調味規定	以鹽、醬油、酒、糖、味精、辣油、黑醋、香油等調味料自選合宜使用。
備註	鹼味過重扣分（調味與火候），規定材料不得短少。

材料明細卡

301-8題目：燴素什錦、三椒炒豆乾絲、咖哩馬鈴薯排

1.菜名與食材切配依據

菜餚名稱	主要刀工	烹調法	主材料類別	材料組合	水花款式	盤飾款式
燴素什錦	片	燴	乾香菇、桶筍	乾香菇、桶筍、麵筋泡、小黃瓜、紅蘿蔔、中薑	參考規格明細	參考規格明細
三椒炒豆乾絲	絲	熟炒	豆乾	乾木耳、豆乾、紅甜椒、黃甜椒、青椒、中薑		
咖哩馬鈴薯排	泥、片	炸、淋	馬鈴薯	乾木耳、小黃瓜、芹菜、馬鈴薯、中薑、紅蘿蔔		

2.材料明細

名稱	規格描述	重量（數量）	備註
麵筋泡	無油耗味	8粒	
乾香菇	外型完整，直徑4公分以上	3朵	
乾木耳	葉面泡開有4公分以上	2大片	10克以上／片
桶筍	合格廠商效期內	150克	若為空心或軟爛不足需求量，應檢人可反應更換
五香大豆乾	形體完整、無破損、無酸味，直徑4公分以上	1塊	35克以上／塊
小黃瓜	鮮度足，不可大彎曲	2條	80克以上／條
大黃瓜	表面平整不皺縮不潰爛	1截	6公分長
紅辣椒	表面平整不皺縮不潰爛	1條	
青椒	表面平整不皺縮不潰爛	60克以上	1/2個，120克以上／個
黃甜椒	表面平整不皺縮不潰爛	70克以上	1/2個，140克以上／個
紅甜椒	表面平整不皺縮不潰爛	70克以上	1/2個，140克以上／個
芹菜	新鮮翠綠	40克	
馬鈴薯	表面平整不皺縮不潰爛	300克	
紅蘿蔔	表面平整不皺縮不潰爛	300克	空心須補發
中薑	夠切絲的長段無潰爛	80克	

刀工作品規格卡

301-8題目：燴素什錦、三椒炒豆乾絲、咖哩馬鈴薯排

第一階段測試──繳交刀工作品規格

1.菜名與食材切配依據

菜餚名稱	主要刀工	烹調法	主材料類別	材料組合	水花款式	盤飾款式
燴素什錦	片	燴	乾香菇、桶筍	乾香菇、桶筍、麵筋泡、小黃瓜、紅蘿蔔、中薑	參考規格明細	參考規格明細
三椒炒豆乾絲	絲	熟炒	豆乾	乾木耳、豆乾、紅甜椒、黃甜椒、青椒、中薑		
咖哩馬鈴薯排	泥、片	炸、淋	馬鈴薯	乾木耳、小黃瓜、芹菜、馬鈴薯、中薑、紅蘿蔔		

2.受評刀工規格明細

材料	規格描述（長度單位：公分）	數量	備註
紅蘿蔔水花片兩款	自選1款及指定1款，指定款須參考下列指定圖（形狀大小需可搭配菜餚）	各6片以上	
配合材料擺出兩種盤飾	下列指定圖3選2	各1盤	
木耳絲	寬0.2～0.4，長4～6，高（厚）依食材規格	20克以上	
豆乾絲	寬、高（厚）各為 0.2～0.4，長 4～6	30克以上	
青椒絲	寬、高（厚）各為 0.2～0.4，長 4～6	50克以上	
黃甜椒絲	寬、高（厚）各為 0.2～0.4，長 4～6	50克以上	
紅甜椒絲	寬、高（厚）各為 0.2～0.4，長 4～6	50克以上	
芹菜末	直徑0.3以下碎末	20克以上	
中薑絲	寬、高（厚）各為0.3以下，長4～6	10克以上	
中薑片	長2～3，寬1～2、高（厚）0.2～0.4，可切菱形片	40克以上	

水花及盤飾參考：依指定圖完成，可受公評並獲得普遍認同之美感。

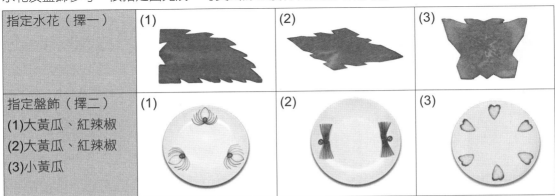

指定水花（擇一）	(1)	(2)	(3)
指定盤飾（擇二） (1)大黃瓜、紅辣椒 (2)大黃瓜、紅辣椒 (3)小黃瓜	(1)	(2)	(3)

3.無須繳驗部分：菜餚刀工之種類、取量與形狀，除了規格明細之數量外，還包括不須繳驗的部分，請務必依「菜名與食材切配依據」表之食材選用規定種煩切配，配合題意之刀工規格切配出合宜的刀工形狀、數量與配色進行烹調。

烹調指引卡

301-8題目：燴素什錦、三椒炒豆乾絲、咖哩馬鈴薯排

第二階段測試──繳交烹調作品

1.菜名與食材切配依據

菜餚名稱	主要刀工	烹調法	主材料類別	材料組合	水花款式	盤飾款式
燴素什錦	片	燴	乾香菇、桶筍	乾香菇、桶筍、麵筋泡、小黃瓜、紅蘿蔔、中薑	參考規格明細	參考規格明細
三椒炒豆乾絲	絲	熟炒	豆乾	乾木耳、豆乾、紅甜椒、黃甜椒、青椒、中薑		
咖哩馬鈴薯排	泥、片	炸、淋	馬鈴薯	乾木耳、小黃瓜、芹菜、馬鈴薯、中薑、紅蘿蔔		

2.烹調

(1)燴素什錦

烹調規定	1.麵筋泡、桶筍需汆燙。 2.以中薑爆香加入配料和紅蘿蔔水花片，調味勾芡。
烹調法	燴
調味規定	以鹽、醬油、糖、油、味精、胡椒粉、香油、太白粉等調味料自選合宜使用。
備註	規定材料不得短少。

(2)三椒炒豆乾絲

烹調規定	1.豆乾絲需油炸或直接炒皆可。 2.紅甜椒、黃甜椒、青椒需脫生。 3.以中薑絲爆香入配料合炒調味。
烹調法	炒
調味規定	以鹽、酒、糖、味精、胡椒粉、香油、太白粉、水等調味料自選合宜使用。
備註	規定材料不得短少。

(3)咖哩馬鈴薯排

烹調規定	1.馬鈴薯去皮切片蒸熟搗泥調味，放入芹菜末拌勻做成排狀，沾粉炸成金黃色。 2.咖哩醬調味加入配料勾芡，淋上馬鈴薯排。
烹調法	炸、淋
調味規定	以咖哩粉、鹽、椰漿、糖、味精、香油、太白粉、水、麵粉等調味料自選合宜使用。
備註	馬鈴薯排（可加玉米粉調和）油炸後不得焦黑夾生，不得鬆散不成形，形狀大小需均一，規定材料不得短少。

材料明細卡

301-9題目：炒牛蒡絲、豆瓣鑲茄段、醋溜芋頭條

1.菜名與食材切配依據

菜餚名稱	主要刀工	烹調法	主材料類別	材料組合	水花款式	盤飾款式
炒牛蒡絲	絲	炒	牛蒡	乾香菇、紅辣椒、芹菜、中薑、牛蒡		參考規格明細
豆瓣鑲茄段	段、末	炸、燒	茄子	板豆腐、茄子、芹菜、中薑、豆薯、紅蘿蔔	參考規格明細	
醋溜芋頭條	條	滑溜	芋頭	鳳梨片、青椒、紅甜椒、中薑、芋頭		

2.材料明細

名稱	規格描述	重量（數量）	備註
乾香菇	外型完整，直徑4公分以上	2朵	
鳳梨片	合格廠商效期內	2片	罐頭鳳梨片
板豆腐	老豆腐，不得有酸味	1/2塊（100克）	注意保存
青椒	表面平整不皺縮不潰爛	60克以上	1/2個，120克以上／個
紅甜椒	表面平整不皺縮不潰爛	70克以上	1/2個，140克以上／個
紅辣椒	表面平整不皺縮不潰爛	2條	
小黃瓜	鮮度足，不可大彎曲	1條	80克以上／條
大黃瓜	表面平整不皺縮不潰爛	1截	6公分長
茄子	鮮度足無潰爛	2條	180克以上／條
芹菜	新鮮翠綠	80克	
紅蘿蔔	表面平整不皺縮不潰爛	300克	
芋頭	表面平整不皺縮不潰爛	200克	
豆薯	表面平整不皺縮不潰爛	50克	
牛蒡	表面平整不皺縮不潰爛	250克	無空心
中薑	夠切絲的長段無潰爛	80克	

刀工作品規格卡

301-9題目：炒牛蒡絲、豆瓣鑲茄段、醋溜芋頭條

第一階段測試──繳交刀工作品規格

1.菜名與食材切配依據

菜餚名稱	主要刀工	烹調法	主材料類別	材料組合	水花款式	盤飾款式
炒牛蒡絲	絲	炒	牛蒡	乾香菇、紅辣椒、芹菜、中薑、牛蒡		參考規格明細
豆瓣鑲茄段	段、末	炸、燒	茄子	板豆腐、茄子、芹菜、中薑、豆薯、紅蘿蔔	參考規格明細	
醋溜芋頭條	條	滑溜	芋頭	鳳梨片、青椒、紅甜椒、中薑、芋頭		

2.受評刀工規格明細表

材料	規格描述（長度單位：公分）	數量	備註
紅蘿蔔水花片兩款	自選1款及指定1款，指定款須參考下列指定圖（形狀大小需可搭配菜餚）	各6片以上	
配合材料擺出兩種盤飾	下列指定圖3選2	各1盤	
香菇絲	寬、高（厚）各為 0.2～0.4，長度依食材規格	2朵	
紅辣椒絲	寬、高（厚）各為 0.3以下，長 4～6	10克以上	
青椒條	寬為 0.5～1，長 4～6，高（厚）依食材規格	50克以上	去內膜
紅甜椒條	寬為 0.5～1，長 4～6，高（厚）依食材規格	50克以上	去內膜
牛蒡絲	寬、高（厚）各為 0.2～0.4，長 4～6	200克以上	
中薑絲	寬、高（厚）各為 0.3以下，長 4～6	30克以上	
芋頭條	寬、高（厚）各為 0.5～1，長 4～6	150克以上	
豆薯末	直徑0.3以下碎末	30克以上	

水花及盤飾參考：依指定圖完成，可受公評並獲得普遍認同之美感。

指定水花（擇一）	(1)	(2)	(3)
指定盤飾（擇二） (1)大黃瓜 (2)大黃瓜、小黃瓜、 　紅辣椒 (3)小黃瓜、紅辣椒	(1)	(2)	(3)

3.無須繳驗部分：菜餚刀工之種類、取量與形狀，除了規格明細之數量外，還包括不須繳驗的部分，請務必依「菜名與食材切配依據」表之食材選用規定種類切配，配合題意之刀工規格切配出合宜的刀工形狀、數量與配色進行烹調。

烹調指引卡

301-9題目：炒牛蒡絲、豆瓣鑲茄段、醋溜芋頭條

第二階段測試──繳交烹調作品

1.菜名與食材切配依據

菜餚名稱	主要刀工	烹調法	主材料類別	材料組合	水花款式	盤飾款式
炒牛蒡絲	絲	炒	牛蒡	乾香菇、紅辣椒、芹菜、中薑、牛蒡		參考規格明細
豆瓣鑲茄段	段、末	炸、燒	茄子	板豆腐、茄子、芹菜、中薑、豆薯、紅蘿蔔	參考規格明細	
醋溜芋頭條	條	滑溜	芋頭	鳳梨片、青椒、紅甜椒、中薑、芋頭		

2.烹調

(1)炒牛蒡絲

烹調規定	1.牛蒡絲需汆燙或直接炒熟。 2.以中薑絲、香菇絲爆香，加入配料調味炒均。
烹調法	炒
調味規定	以鹽、醬油、糖、味精、胡椒粉、香油等調味料自選合宜使用。
備註	規定材料不得短少。

(2)豆瓣鑲茄段

烹調規定	1.配料炒香調味加入豆腐泥成餡料。 2.茄子切4~6公分長段，挖空茄肉，再塞入餡料沾上麵糊封口油炸熟，以中薑片爆香加辣豆瓣醬調味成醬汁，入兩款水花拌燒。
烹調法	炸、燒
調味規定	以辣豆瓣醬、醬油、酒、鹽、糖、味精、胡椒粉、香油、白醋、太白粉、水等調味料自選合宜使用。
備註	需有適當餡料，規定材料不得短少。

(3)醋溜芋頭條

烹調規定	1.芋頭條需沾麵糊炸熟。 2.青椒需過水汆燙脫生保持翠綠，紅甜椒需脫生。 3.以中薑絲爆香放入調味料、配料並勾芡後，續放芋頭條，以滑溜完成。
烹調法	滑溜
調味規定	以鹽、醬油、酒、糖、黑醋、白醋、味精、番茄醬、胡椒粉、香油、太白粉、泡打粉、水、麵粉等調味料自選合宜使用。
備註	規定材料不得短少。

材料明細卡

301-10題目：三色洋芋沙拉、豆薯炒蔬菜鬆、木耳蘿蔔絲球

1.菜名與食材切配依據

菜餚名稱	主要刀工	烹調法	主材料類別	材料組合	水花款式	盤飾款式
三色洋芋沙拉	粒	涼拌	馬鈴薯	玉米粒、沙拉醬、四季豆、西芹、紅蘿蔔、馬鈴薯		參考規格明細
豆薯炒蔬菜鬆	鬆	炒	豆薯	乾香菇、生豆包、紅甜椒、芹菜、中薑、豆薯		
木耳蘿蔔絲球	絲	蒸	白蘿蔔	乾木耳、小黃瓜、白蘿蔔、紅蘿蔔、中薑	參考規格明細	

2.材料明細

名稱	規格描述	重量（數量）	備註
乾香菇	外型完整，直徑4公分以上	2朵	
乾木耳	葉面泡開有4公分以上	2大片	10克以上／片
玉米粒	合格廠商效期內	50克	罐頭玉米粒
生豆包	形體完整、無破損、無酸味	1塊	50克／塊
沙拉醬	合格廠商效期內	100克以上	
紅甜椒	表面平整不皺縮不潰爛	50克	140克以上／個
西芹	整把分單支發放	1單支	80克以上
四季豆	長14公分以上鮮度足	3支	
小黃瓜	鮮度足，不可大彎曲	1條	80克以上／條
大黃瓜	表面平整不皺縮不潰爛	1截	6公分長
紅辣椒	表面平整不皺縮不潰爛	1條	
芹菜	新鮮翠綠	100克	淨重
中薑	夠切絲的長段無潰爛	80克	
紅蘿蔔	表面平整不皺縮不潰爛	300克	空心須補發
白蘿蔔	表面平整不皺縮不潰爛	200克	無空心
豆薯	表面平整不皺縮不潰爛	180克	
馬鈴薯	表面平整不皺縮不潰爛	200克	

刀工作品規格卡

301-10題目：三色洋芋沙拉、豆薯炒蔬菜鬆、木耳蘿蔔絲球

第一階段測試──繳交刀工作品規格

1.菜名與食材切配依據

菜餚名稱	主要刀工	烹調法	主材料類別	材料組合	水花款式	盤飾款式
三色洋芋沙拉	粒	涼拌	馬鈴薯	玉米粒、沙拉醬、四季豆、西芹、紅蘿蔔、馬鈴薯		參考規格明細
豆薯炒蔬菜鬆	鬆	炒	豆薯	乾香菇、生豆包、紅甜椒、芹菜、中薑、豆薯		
木耳蘿蔔絲球	絲	蒸	白蘿蔔	乾木耳、小黃瓜、白蘿蔔、紅蘿蔔、中薑	參考規格明細	

2.受評刀工規格明細

材料	規格描述（長度單位：公分）	數量	備註
紅蘿蔔水花片兩款	自選1款及指定1款，指定款須參考下列指定圖（形狀大小需可搭配菜餚）	各6片以上	
配合材料擺出兩種盤飾	下列指定圖3選2	各1盤	
西芹粒	長、寬、高各0.4～0.8	40克以上	
小黃瓜絲	寬、高（厚）各為 0.2～0.4，長 4～6	25克以上	
馬鈴薯粒	長、寬、高各0.4～0.8	170克以上	
紅蘿蔔粒	長、寬、高各0.4～0.8	40克以上	
豆薯鬆	寬、高（厚）各為 0.1～0.3，整齊刀工	150克以上	
中薑末	直徑0.3以下碎末	10克以上	
白蘿蔔絲	寬、高（厚）各為0.2～0.4，長4～6	170克以上	
紅蘿蔔絲	寬、高（厚）各為0.2～0.4，長4～6	50克以上	

水花及盤飾參考：依指定圖完成，可受公評並獲得普遍認同之美感。

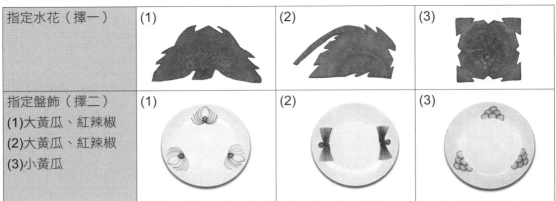

指定水花（擇一）	(1)	(2)	(3)
指定盤飾（擇二） (1)大黃瓜、紅辣椒 (2)大黃瓜、紅辣椒 (3)小黃瓜	(1)	(2)	(3)

3.無須繳驗部分：菜餚刀工之種類、取量與形狀，除了規格明細之數量外，還包括不須繳驗的部分，請務必依「菜名與食材切配依據」表之食材選用規定種類切配，配合題意之刀工規格切配出合宜的刀工形狀、數量與配色進行烹調。

烹調指引卡

301-10題目：三色洋芋沙拉、豆薯炒蔬菜鬆、木耳蘿蔔絲球

第二階段測試──繳交烹調作品

1.菜名與食材切配依據

菜餚名稱	主要刀工	烹調法	主材料類別	材料組合	水花款式	盤飾款式
三色洋芋沙拉	粒	涼拌	馬鈴薯	玉米粒、沙拉醬、四季豆、西芹、紅蘿蔔、馬鈴薯		參考規格明細
豆薯炒蔬菜鬆	鬆	炒	豆薯	乾香菇、生豆包、紅甜椒、芹菜、中薑、豆薯		
木耳蘿蔔絲球	絲	蒸	白蘿蔔	乾木耳、小黃瓜、白蘿蔔、紅蘿蔔、中薑	參考規格明細	

2.烹調

(1)三色洋芋沙拉

烹調規定	馬鈴薯蒸熟，配料煮熟，放涼後以沙拉醬拌合調味。
烹調法	涼拌
調味規定	以鹽、糖、味精、沙拉醬、胡椒粉、香油、太白粉、水等調味料自選合宜使用。
備註	注重生熟食操作衛生，規定材料不得短少。

(2)豆薯炒蔬菜鬆

烹調規定	1.豆包炸酥切鬆狀，配料汆燙或直接炒熟。 2.中薑、香菇爆香後放入所有材料，調味炒香成鬆菜。
烹調法	炒
調味規定	以鹽、醬油、酒、糖、味精、黑胡椒粉、香油等調味料自選合宜使用。
備註	不得油膩帶湯汁，規定材料不得短少。

(3)木耳蘿蔔絲球

烹調規定	1.除小黃瓜絲外，其他絲料汆燙熟加入調味料、麵粉拌合製成球形，與紅蘿蔔水花片入蒸籠蒸熟。 2.以小黃瓜絲勾薄芡回淋。
烹調法	蒸
調味規定	以鹽、糖、味精、胡椒粉、香油、太白粉、麵粉、水等調味料自選合宜使用。
備註	球形完整大小平均，規定材料不得短少。

材料明細卡

301-11題目：家常煎豆腐、青椒炒杏菇條、芋頭地瓜絲糕

1.菜名與食材切配依據

菜餚名稱	主要刀工	烹調法	主材料類別	材料組合	水花款式	盤飾款式
家常煎豆腐	片	煎	板豆腐	乾木耳、板豆腐、小黃瓜、中薑、紅蘿蔔	參考規格明細	參考規格明細
青椒炒杏菇條	條	炒	杏鮑菇	杏鮑菇、青椒、紅辣椒、中薑、紅蘿蔔		
芋頭地瓜絲糕	絲	蒸	芋頭、地瓜	芹菜、芋頭、地瓜		

2.材料明細

名稱	規格描述	重量（數量）	備註
乾木耳	葉面泡開有4公分以上	1大片	10克以上／片
板豆腐	老豆腐，不得有酸味	400克以上	注意保存
杏鮑菇	型大結實飽滿	3支	100克以上／支
大黃瓜	表面平整不皺縮不潰爛	1截	6公分長
小黃瓜	鮮度足，不可大彎曲	1條	80克以上／條
青椒	表面平整不皺縮不潰爛	60克	120克以上／個
紅辣椒	表面平整不皺縮不潰爛	2條	
芹菜	新鮮翠綠	50克	
地瓜	表面平整不皺縮不潰爛	200克	
芋頭	表面平整不皺縮不潰爛	250克	
紅蘿蔔	表面平整不皺縮不潰爛	300克	空心須補發
中薑	夠切絲的長段無潰爛	80克	

刀工作品規格卡

301-11題目：家常煎豆腐、青椒炒杏菇條、芋頭地瓜絲糕

第一階段測試──繳交刀工作品規格

1.菜名與食材切配依據

菜餚名稱	主要刀工	烹調法	主材料類別	材料組合	水花款式	盤飾款式
家常煎豆腐	片	煎	板豆腐	乾木耳、板豆腐、小黃瓜、中薑、紅蘿蔔	參考規格明細	參考規格明細
青椒炒杏菇條	條	炒	杏鮑菇	杏鮑菇、青椒、紅辣椒、中薑、紅蘿蔔		
芋頭地瓜絲糕	絲	蒸	芋頭、地瓜	芹菜、芋頭、地瓜		

2.受評刀工規格明細表

材料	規格描述（長度單位：公分）	數量	備註
紅蘿蔔水花片	指定1款，指定款須參考下列指定圖（形狀大小需可搭配菜餚）	6片以上	
薑水花	自選1款	6片以上	
配合材料擺出兩種盤飾	下列指定圖3選2	各1盤	
豆腐片	長4～6，寬2～4、高（厚）0.8～1.5長方片	350克以上	
杏鮑菇條	寬、高（厚）度各為0.5～1，長4～6	250克以上	
小黃瓜片	長4～6，寬2～4、高（厚）0.2～0.4，可切菱形悼	6片	
青椒條	寬為0.5～1，長4～6，高（厚）依食材規格	50克以上	去內膜
芹菜粒	寬、高、長（厚）度各為0.2～0.4	20克以上	
中薑絲	寬、高（厚）各為0.3以下，長 4～6	10克以上	
芋頭絲	寬、高（厚）各為 0.2～0.4，長4～6	200克以上	
地瓜絲	寬、高（厚）各為 0.2～0.4，長4～6	170克以上	

水花及盤飾參考：依指定圖完成，可受公評並獲得普遍認同之美感。

指定水花（擇一）	(1)	(2)	(3)
指定盤飾（擇二） (1)大黃瓜、紅辣椒 (2)大黃瓜 (3)小黃瓜、紅辣椒	(1) 	(2) 	(3)

3.無須繳驗部分：菜餚刀工之種類、取量與形狀，除了規格明細之數量外，還包括不須繳驗的部分，請務必依「菜名與食材切配依據」表之食材選用規定種類切配，配合題意之刀工規格切配出合宜的刀工形狀、數量與配色進行烹調。

烹調指引卡

301-11題目：家常煎豆腐、青椒炒杏菇條、芋頭地瓜絲糕

第二階段測試──繳交烹調作品

1.菜名與食材切配依據

菜餚名稱	主要刀工	烹調法	主材料類別	材料組合	水花款式	盤飾款式
家常煎豆腐	片	煎	板豆腐	乾木耳、板豆腐、小黃瓜、中薑、紅蘿蔔	參考規格明細	參考規格明細
青椒炒杏菇條	條	炒	杏鮑菇	杏鮑菇、青椒、紅辣椒、中薑、紅蘿蔔		
芋頭地瓜絲糕	絲	蒸	芋頭、地瓜	芹菜、芋頭、地瓜		

2.烹調

(1)家常煎豆腐

烹調規定	1.豆腐煎雙面至上色。 2.以中薑水花片爆香加豆腐、配料，紅蘿蔔水花下鍋與醬汁拌合收汁即成。
烹調法	煎
調味規定	以醬油、鹽、酒、糖、味精、胡椒粉、香油等調味料自選合宜使用。
備註	1.豆腐不得沾粉，成品醬汁極少或無醬汁。 2.煎豆腐需有60%面積上色，焦黑處不得超過10%，不得潰散變形或不成形。

(2)青椒炒杏菇條

烹調規定	1.杏鮑菇需汆燙至熟。 2.中薑爆香加入所有材料及調味料炒熟即可。
烹調法	炒
調味規定	以鹽、酒、糖、味精、胡椒粉、香油等調味料自選合宜使用。
備註	規定材料不得短少。

(3)芋頭地瓜絲糕

烹調規定	食材加入乾粉拌合調味放入（方形餐盒模型）蒸熟，切成塊或條狀排盤。
烹調法	蒸
調味規定	以鹽、糖、味精、胡椒粉、香油、玉米粉、地瓜粉、水等調味料自選合宜使用。
備註	成品呈現雙色，全熟，須以熟食砧板刀具做熟食切割，規定材料不得短少。

材料明細卡

301-12題目：香菇柴把湯、素燒獅子頭、什錦煎餅

1.菜名與食材切配依據

菜餚名稱	主要刀工	烹調法	主材料類別	材料組合	水花款式	盤飾款式
香菇柴把湯	條	煮（湯）	乾香菇	乾香菇、干瓢、麵腸、桶筍、酸菜心、小黃瓜、中薑、紅蘿蔔	參考規格明細	參考規格明細
素燒獅子頭	末、片	紅燒	板豆腐	乾香菇、冬菜、板豆腐、芹菜、大白菜、中薑、豆薯		
什錦煎餅	絲	煎	高麗菜	乾木耳、麵腸、高麗菜、芹菜、中薑、紅蘿蔔、雞蛋		

2.材料明細

名稱	規格描述	重量（數量）	備註
乾香菇	外型完整，直徑4公分以上	5朵	
乾木耳	葉面泡開有4公分以上	2大片	10克以上／片
冬菜	合格廠商效期內	5克	
干瓢	無酸味，效期內	8條	20公分／條
桶筍	合格廠商效期內	120克	若為空心或軟爛不足需求量，應檢人可反應更換
酸菜心	不得軟爛	110克以上	1/3棵
板豆腐	老豆腐，不得有酸味	400克	注意保存
麵腸	紮實不軟爛、無酸味	1條	100克以上／條
小黃瓜	鮮度足，不可大彎曲	1條	80克以上／條
大黃瓜	表面平整不皺縮不潰爛	1截	6公分長
紅辣椒	表面平整不皺縮不潰爛	1條	
大白菜	新鮮	200克	
高麗菜	新鮮翠綠	180克	
芹菜	新鮮翠綠	100克	
中薑	夠切絲的長段無潰爛	100克	
紅蘿蔔	表面平整不皺縮不潰爛	300克	空心須補發
豆薯	表面平整不皺縮不潰爛	80克	
雞蛋	外形完整鮮度足	2個	

刀工作品規格卡

301-12題目：香菇柴把湯、素燒獅子頭、什錦煎餅

第一階段測試──繳交刀工作品規格

1.菜名與食材切配依據

菜餚名稱	主要刀工	烹調法	主材料類別	材料組合	水花款式	盤飾款式
香菇柴把湯	條	煮（湯）	乾香菇	乾香菇、干瓢、麵腸、桶筍、酸菜心、小黃瓜、中薑、紅蘿蔔	參考規格明細	參考規格明細
素燒獅子頭	末、片	紅燒	板豆腐	乾香菇、冬菜、板豆腐、芹菜、大白菜、中薑、豆薯		
什錦煎餅	絲	煎	高麗菜	乾木耳、麵腸、高麗菜、芹菜、中薑、紅蘿蔔、雞蛋		

2.受評刀工規格明細

材料	規格描述（長度單位：公分）	數量	備註
紅蘿蔔水花片兩款	自選1款及指定1款，指定款須參考下列指定圖（形狀大小需可搭配菜餚）	各6片以上	
配合材料擺出兩種盤飾	下列指定圖3選2	各1盤	
香菇條	寬為0.5～1，高（厚）及長度依食材規格	10條	
木耳絲	寬為0.2～0.4，長4～6，高（厚）依食材規格	15克以上	
酸菜條	寬為0.5～1，長4～6，高（厚）依食材規格	10條	
麵腸條	寬、高度各為0.5～1，長4～6	10條	
中薑片	長2～3，寬0.2～0.4、高（厚）1～2，可切菱形片	50克以上	
中薑末	直徑0.3以下碎末	15克以上	
豆薯末	直徑0.3以下碎末	60克以上	
中薑絲	寬、高（厚）各為0.3以下，長4～6	20克以上	

水花及盤飾參考：依指定圖完成，可受公評並獲得普遍認同之美感。

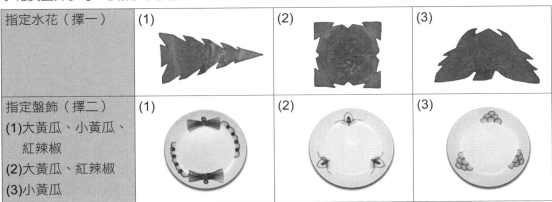

指定水花（擇一）	(1)	(2)	(3)
指定盤飾（擇二） (1)大黃瓜、小黃瓜、紅辣椒 (2)大黃瓜、紅辣椒 (3)小黃瓜	(1)	(2)	(3)

3.無須繳驗部分：菜餚刀工之種類、取量與形狀，除了規格明細之數量外，還包括不須繳驗的部分，請務必依「菜名與食材切配依據」表之食材選用規定種煩切配，配合題意之刀工規格切配出合宜的刀工形狀、數量與配色進行烹調。

烹調指引卡

301-12題目：香菇柴把湯、素燒獅子頭、什錦煎餅

第二階段測試──繳交烹調作品

1.菜名與食材切配依據

菜餚名稱	主要刀工	烹調法	主材料類別	材料組合	水花款式	盤飾款式
香菇柴把湯	條	煮（湯）	乾香菇	乾香菇、干瓢、麵腸、桶筍、酸菜心、小黃瓜、中薑、紅蘿蔔	參考規格明細	參考規格明細
素燒獅子頭	末、片	紅燒	板豆腐	乾香菇、冬菜、板豆腐、芹菜、大白菜、中薑、豆薯		
什錦煎餅	絲	煎	高麗菜	乾木耳、麵腸、高麗菜、芹菜、中薑、紅蘿蔔、雞蛋		

2.烹調

(1)香菇柴把湯

烹調規定	1.香菇條、麵腸條（均10條）炸出香味。 2.香菇條、麵腸條、酸菜條、筍條用干瓢綑綁成柴把狀，再放入水花片、小黃瓜片及薑片調味煮成湯。
烹調法	煮（湯）
調味規定	以鹽、酒、糖、味精、胡椒粉、香油等調味料自選合宜使用。
備註	柴把須綁牢不得鬆脫，規定材料不得短少。

(2)素燒獅子頭

烹調規定	1.板豆腐壓碎與冬菜末、豆薯末拌勻調味炸成球形（獅子頭）。 2.香菇爆香加入所有配料、獅子頭燒成菜。
烹調法	紅燒
調味規定	以鹽、醬油、酒、糖、味精、麵粉、香油、太白粉、水等調味料自選合宜使用。
備註	素獅子頭需大小一致，外形完整，規定材料不得短少。

(3)什錦煎餅

烹調規定	1.所有配料加入芹菜、薑絲、調味料、蛋及麵糊拌合。 2.煎熟，需切六人份。
烹調法	煎
調味規定	以鹽、醬油、糖、味精、胡椒粉、香油、麵粉、水等調味料自選合宜使用。
備註	全熟，可焦黃但不焦黑，須以熟食砧板刀具做熟食切割，規定材料不得短少。

材料明細卡

302-1題目：紅燒杏菇塊、焦溜豆腐片、三絲冬瓜捲

1.菜名與食材切配依據

菜餚名稱	主要刀工	烹調法	主材料類別	材料組合	水花款式	盤飾款式
紅燒杏菇塊	滾刀塊	紅燒	杏鮑菇	杏鮑菇、玉米筍、紅蘿蔔、中薑		參考規格明細
焦溜豆腐片	片	焦溜	板豆腐	板豆腐、紅甜椒、紅蘿蔔、青椒、中薑	參考規格明細	
三絲冬瓜捲	絲、片	蒸	冬瓜	冬瓜、桶筍、乾香菇、紅蘿蔔、芹菜、中薑		

2.材料明細

名稱	規格描述	重量（數量）	備註
乾香菇	外型完整，直徑4公分以上	3朵	
板豆腐	老豆腐，不得有酸味	300克	注意保存
桶筍	合格廠商效期內	100克	若為空心或軟爛不足需求量，應檢人可反應更換
杏鮑菇	型大結實飽滿	300克	100克以上／支
玉米筍	新鮮無潰爛	80克	
小黃瓜	鮮度足，不可大彎曲	1條	80克以上／條
大黃瓜	表面平整不皺縮不潰爛	1截	6公分長
紅蘿蔔	表面平整不皺縮無潰爛	300克	空心須補發
青椒	表面平整不皺縮無潰爛	60克以上	120克以上／個
中薑	夠切絲與片的長段無潰爛	100克	須可切片與絲
紅甜椒	表面平整不皺縮無潰爛	60克	140克以上／個
冬瓜	新鮮無潰爛	600克	直徑6公分、長12公分以上
芹菜	新鮮不軟爛	120克	長度15公分以上（可供捆綁）
紅辣椒	新鮮不軟爛	1條	10克上／條

刀工作品規格卡

302-1題目：紅燒杏菇塊、焦溜豆腐片、三絲冬瓜捲

第一階段測試──繳交刀工作品規格

1.菜名與食材切配依據

菜餚名稱	主要刀工	烹調法	主材料類別	材料組合	水花款式	盤飾款式
紅燒杏菇塊	滾刀塊	紅燒	杏鮑菇	杏鮑菇、玉米筍、紅蘿蔔、中薑		參考規格明細
焦溜豆腐片	片	焦溜	板豆腐	板豆腐、紅甜椒、紅蘿蔔、青椒、中薑	參考規格明細	
三絲冬瓜捲	絲、片	蒸	冬瓜	冬瓜、桶筍、乾香菇、紅蘿蔔、芹菜、中薑		

2.受評刀工規格明細表

材料	規格描述（長度單位：公分）	數量	備註
紅蘿蔔水花片兩款	自選1款及指定1款，指定款須參考下列指定圖（形狀大小需可搭配菜餚）	各6片以上	
配合材料擺出兩種盤飾	下列指定圖3選2	各1盤	
豆腐片	長4～6、寬2～4、高（厚）0.8～1.5	250克以上	
桶筍絲	寬、高度各為0.2～0.4，長4～6	90克以上	
杏鮑菇塊	長寬2～4的滾刀塊	280克以上	
紅甜椒片	長 3～5、寬 2～4，高（厚）依食材規格，可切菱形片	50克以上	需去內膜
青椒片	長 3～5、寬 2～4，高（厚）依食材規格，可切菱形片	50克以上	需去內膜
紅蘿蔔塊	長寬2～4的滾刀塊	80克以上	
冬瓜長片	長 12以上，寬 4以上，高（厚）0.3以下	6片	
紅蘿蔔絲	寬、高度各為0.2～0.4，長4～6	60克以上	
中薑絲	寬、高度各為0.3以下，長4～6	20克以上	

水花及盤飾參考：依指定圖完成，可受公評並獲得普遍認同之美感。

指定水花（擇一）	(1)	(2)	(3)
指定盤飾（擇二） (1)小黃瓜、小黃瓜、紅辣椒 (2)大黃瓜、紅辣椒 (3)紅蘿蔔	(1)	(2)	(3)

3.無須繳驗部分：菜餚刀工之種類、取量與形狀，除了規格明細之數量外，還包括不須繳驗的部分，請務必依「菜名與食材切配依據」表之食材選用規定種類切配，配合題意之刀工規格切配出合宜的刀工形狀、數量與配色進行烹調。

烹調指引卡

302-1題目：紅燒杏菇塊、焦溜豆腐片、三絲冬瓜捲

第二階段測試——繳交烹調作品

1.菜名與食材切配依據

菜餚名稱	主要刀工	烹調法	主材料類別	材料組合	水花款式	盤飾款式
紅燒杏菇塊	滾刀塊	紅燒	杏鮑菇	杏鮑菇、玉米筍、紅蘿蔔、中薑		參考規格明細
焦溜豆腐片	片	焦溜	板豆腐	板豆腐、紅甜椒、紅蘿蔔、青椒、中薑	參考規格明細	
三絲冬瓜捲	絲、片	蒸	冬瓜	冬瓜、桶筍、乾香菇、紅蘿蔔、芹菜、中薑		

2.烹調

(1)紅燒杏菇塊

烹調規定	1.杏鮑菇塊、紅蘿蔔塊炸至表面微上色。 2.薑爆香後將材料放入燒成菜收汁。
烹調法	紅燒
調味規定	以醬油、鹽、味精、糖、胡椒粉、太白粉、水等調味料自行合宜地選用。
備註	成品之紅燒醬汁不得黏稠結塊、不得燒乾或浮油，規定材料不得短少。

(2)焦溜豆腐片

烹調規定	1.豆腐不沾粉，油炸至上色。 2.薑爆香，豆腐與配料、紅蘿蔔水花片入醬汁收乾。
烹調法	焦溜
調味規定	以醬油、鹽、味精、糖、番茄醬、烏醋、白醋、胡椒粉、太白粉、水、香油等調味料自行合宜地選用。
備註	豆腐需金黃色，不潰散，不出油，僅豆腐表面沾附醬汁，盛盤後不得有燴汁，規定材料不得短少。

(3)三絲冬瓜捲

烹調規定	1.冬瓜片捲入紅蘿蔔絲、香菇絲、筍絲及薑絲。 2.以芹菜綁起固定（芹菜需先汆燙泡冷）排盤蒸熟，淋上芡汁。
烹調法	蒸
調味規定	以糖、鹽、味精、香油、胡椒粉、米酒、太白粉、水等調味料自選合宜地使用。
備註	冬瓜捲不得散開不成形，形狀大小均一，湯汁以薄芡為宜，規定材料不得短少。

材料明細卡

302-2題目：麻辣素麵腸片、炸杏仁薯球、榨菜冬瓜夾

1.菜名與食材切配依據

菜餚名稱	主要刀工	烹調法	主材料類別	材料組合	水花款式	盤飾款式
麻辣素麵腸片	片	燒、燴	素麵腸	素麵腸、乾木耳、西芹、乾辣椒、中薑、花椒粒		參考規格明細
炸杏仁薯球	末	炸	馬鈴薯	馬鈴薯、芹菜、乾香菇、杏仁角		
榨菜冬瓜夾	雙飛片、片	蒸	冬瓜、榨菜	冬瓜、榨菜、乾香菇、紅蘿蔔、中薑	參考規格明細	

2.材料明細

名稱	規格描述	重量（數量）	備註
乾香菇	直徑4公分以上無蟲蛀	5朵	須於洗鍋具時優先煮水浸泡於乾貨類切割
杏仁角	有效期限內	120克	
花椒粒	有效期限內	可自取	
乾辣椒	外形完整無霉味	8條	
乾木耳	葉面泡開有4公分以上	1大片	
素麵腸	紮實不軟爛、無酸腐味	250克	
榨菜	體形完整無異味	1個	200克以上／個
芹菜	新鮮無軟爛	40克	
紅辣椒	新鮮不軟爛	1條	10克／條
西芹	新鮮平整無潰爛	100克	整把分單支發放
紅蘿蔔	表面平整不皺縮無潰爛	300克	若為空心須再補發
馬鈴薯	平整不皺縮無芽眼，表皮呈黃色無綠色	300克	
冬瓜	新鮮無潰爛	600克	
中薑	夠切絲與片的長段無潰爛	100克	需可切片
小黃瓜	鮮度足，不可大彎曲	1條	80克以上／條
大黃瓜	表面平整不皺縮不潰爛	1截	6公分長

刀工作品規格卡

302-2題目：麻辣素麵腸片、炸杏仁薯球、榨菜冬瓜夾

第一階段測試──繳交刀工作品規格

1.菜名與食材切配依據

菜餚名稱	主要刀工	烹調法	主材料類別	材料組合	水花款式	盤飾款式
麻辣素麵腸片	片	燒、燴	素麵腸	素麵腸、乾木耳、西芹、乾辣椒、中薑、花椒粒		參考規格明細
炸杏仁薯球	末	炸	馬鈴薯	馬鈴薯、芹菜、乾香菇、杏仁角		
榨菜冬瓜夾	雙飛片、片	蒸	冬瓜、榨菜	冬瓜、榨菜、乾香菇、紅蘿蔔、中薑	參考規格明細	

2.受評刀工規格明細

材料	規格描述（長度單位：公分）	數量	備註
紅蘿蔔水花	指定1款，指定款須參考下列指定圖（形狀大小需可搭配菜餚）	6片以上	
薑水花	自選1款	6片以上	
配合材料擺出兩種盤飾	下列指定圖3選2	各1盤	
乾香菇片	復水去蒂，斜切，寬2～4、長度及高（厚）度依食材規格	3朵	
乾香菇末	直徑0.3以下	2朵	
素麵腸片	長4～6，寬依食材規格，高（厚）0.2～0.4	230克以上	
榨菜片	長4～6，寬2～4，高（厚）0.2～0.4	150克以上	
芹菜粒	長、寬、高（厚）度各為0.2～0.4	20克以上	
冬瓜夾	長4～6，寬3以上，厚0.8～1.2雙飛片	6片夾以上	
中薑片	長2～3，寬1～2，高（厚）0.2～0.4，可切菱形片	20克以上	
西芹片	長3～5，寬2～4，高（厚）依食材規格，可切菱形片	80克以上	

水花及盤飾參考：依指定圖完成，可受公評並獲得普遍認同之美感。

指定水花（擇一）	(1)	(2)	(3)
指定盤飾（擇二） (1)小黃瓜、紅辣椒 (2)大黃瓜、紅辣椒 (3)大黃瓜	(1) 	(2) 	(3)

3.無須繳驗部分：菜餚刀工之種類、取量與形狀，除了規格明細之數量外，還包括不須繳驗的部分，請務必依「菜名與食材切配依據」表之食材選用規定種煩切配，配合題意之刀工規格切配出合宜的刀工形狀、數量與配色進行烹調。

烹調指引卡

302-2題目：麻辣素麵腸片、炸杏仁薯球、榨菜冬瓜夾

第二階段測試──繳交烹調作品

1.菜名與食材切配依據

菜餚名稱	主要刀工	烹調法	主材料類別	材料組合	水花款式	盤飾款式
麻辣素麵腸片	片	燒、燴	素麵腸	素麵腸、乾木耳、西芹、乾辣椒、中薑、花椒粒		參考規格明細
炸杏仁薯球	末	炸	馬鈴薯	馬鈴薯、芹菜、乾香菇、杏仁角		
榨菜冬瓜夾	雙飛片、片	蒸	冬瓜、榨菜	冬瓜、榨菜、乾香菇、紅蘿蔔、中薑	參考規格明細	

2.烹調

(1)麻辣素麵腸片

烹調規定	1.麵腸片過油上色瀝乾，用餘油爆香花椒粒後撈除。 2.爆香薑與乾辣椒。 3.放入所有配料與調味料燒至入味，勾芡即可。
烹調法	燒、燴
調味規定	以辣豆瓣醬、糖、味精、香油、鹽、醬油、白醋、酒、太白粉、水等調味料自行合宜地選用。
備註	成品芡汁不得黏稠結塊、出油，規定材料不得短少。

(2)炸杏仁薯球

烹調規定	1.馬鈴薯去皮切片蒸熟搗成泥，加入香菇末與芹菜粒調味。 2.加麵粉、太白粉捏球狀沾杏仁角油炸至上色。
烹調法	炸
調味規定	以鹽、味精、沙拉油、麵粉、太白粉、糖、胡椒粉等調味料自行合宜地選用。
備註	每個球狀需大小平均，外形完整不潰散，顏色金黃不焦黑，規定材料不得短少。

(3)榨菜冬瓜夾

烹調規定	1.冬瓜夾中夾入榨菜片、香菇片、薑水花片、紅蘿蔔水花片排盤。 2.入蒸籠蒸至熟透，起鍋後淋薄芡。
烹調法	蒸
調味規定	以鹽、味精、糖、香油、米酒、太白粉、水等調味料自選合宜地使用。
備註	每塊形狀大小平均，外形完整，規定材料不得短少。

材料明細卡

302-3題目：香菇蛋酥燜白菜、粉蒸地瓜塊、八寶米糕

1.菜名與食材切配依據

菜餚名稱	主要刀工	烹調法	主材料類別	材料組合	水花款式	盤飾款式
香菇蛋酥燜白菜	片、塊	燜煮	乾香菇、大白菜	乾香菇、大白菜、紅蘿蔔、中薑、雞蛋、桶筍	參考規格明細	參考規格明細
粉蒸地瓜塊	塊	蒸	地瓜	地瓜、鮮香菇、粉蒸粉		
八寶米糕	粒	蒸、拌	長糯米	長糯米、乾香菇、紅蘿蔔、芋頭、中薑、芹菜、豆乾、生豆包、豆薯		

2.材料明細

名稱	規格描述	重量（數量）	備註
粉蒸粉	有效期限內	50克	
乾香菇	直徑4公分以上無蟲蛀	5朵	4克／朵（復水去蒂9克以上／朵）
長糯米	米粒完整無霉味	220克	
豆乾	正方形豆乾，表面完整無酸味	1塊	35克以上／塊
生豆包	新鮮無酸味	1片	
桶筍	合格廠商效期內	80克	若為空心或軟爛不足需求量，應檢人可反應更換
大白菜	飽滿不鬆軟、新鮮無潰爛	300克	不可有綠葉
鮮香菇	直徑5公分以上新鮮無軟爛	3朵	25克以上／朵
紅辣椒	新鮮不軟爛	1條	10克／條
芹菜	新鮮不軟爛	60克	
紅蘿蔔	表面平整不皺縮	300克	空心須補發
地瓜	表面平整不皺縮無潰爛	300克	
芋頭	平整紮實無潰爛	80克	
中薑	新鮮無潰爛	80克	
小黃瓜	鮮度足，不可大彎曲	1條	80克以上／條
大黃瓜	表面平整不皺縮不潰爛	1截	6公分長
豆薯	表面平整不皺縮無潰爛	20克	
雞蛋	外形完整鮮度足	2粒	

刀工作品規格卡

302-3題目：香菇蛋酥燜白菜、粉蒸地瓜塊、八寶米糕

第一階段測試──繳交刀工作品規格

1.菜名與食材切配依據

菜餚名稱	主要刀工	烹調法	主材料類別	材料組合	水花款式	盤飾款式
香菇蛋酥燜白菜	片、塊	燜煮	乾香菇、大白菜	乾香菇、大白菜、紅蘿蔔、中薑、雞蛋、桶筍	參考規格明細	參考規格明細
粉蒸地瓜塊	塊	蒸	地瓜	地瓜、鮮香菇、粉蒸粉		
八寶米糕	粒	蒸、拌	長糯米	長糯米、乾香菇、紅蘿蔔、芋頭、中薑、芹菜、豆乾、生豆包、豆薯		

2.受評刀工規格明細表

材料	規格描述（長度單位：公分）	數量	備註
紅蘿蔔水花片兩款	自選1款及指定1款，指定款須參下列指定圖（形狀大小需可搭配菜餚）	各6片以上	
配合材料擺出兩種盤飾	下列指定圖3選2	各1盤	
香菇片	斜切，寬2～4、長度及高（厚）依食材規格	3朵（27克以上）	使用乾香菇
香菇粒	切長、寬各0.4～0.8粒狀，高（厚）依食材規格	2朵（18克以上）	使用乾香菇
豆乾粒	長、寬、高（厚）各0.4～0.8	25克以上	
桶筍片	長4～6以上，寬2～4以上，高（厚）0.2～0.4	70克以上	
地瓜塊	邊長2～4的滾刀塊	250克以上	
紅蘿蔔粒	長、寬、高（厚）各0.4～0.8	50克以上	
芋頭粒	長、寬、高（厚）各0.4～0.8	50克以上	
豆薯粒	長、寬、高（厚）各0.4～0.8	15克以上	
中薑末	直徑0.3以下碎末	20克以上	

水花及盤飾參考：依指定圖完成，可受公評並獲得普遍認同之美感。

指定水花（擇一）	(1)	(2)	(3)
指定盤飾（擇二） (1)大黃瓜、小黃瓜、紅辣椒 (2)紅蘿蔔 (3) 大黃瓜	(1) 	(2) 	(3)

3.無須繳驗部分：菜餚刀工之種類、取量與形狀，除了規格明細之數量外，還包括不須繳驗的部分，請務必依「菜名與食材切配依據」表之食材選用規定種類切配，配合題意之刀工規格切配出合宜的刀工形狀、數量與配色進行烹調。

烹調指引卡

302-3題目：香菇蛋酥燜白菜、粉蒸地瓜塊、八寶米糕

第二階段測試——繳交烹調作品

1.菜名與食材切配依據

菜餚名稱	主要刀工	烹調法	主材料類別	材料組合	水花款式	盤飾款式
香菇蛋酥燜白菜	片、塊	燜煮	乾香菇、大白菜	乾香菇、大白菜、紅蘿蔔、中薑、雞蛋、桶筍	參考規格明細	參考規格明細
粉蒸地瓜塊	塊	蒸	地瓜	地瓜、鮮香菇、粉蒸粉		
八寶米糕	粒	蒸、拌	長糯米	長糯米、乾香菇、紅蘿蔔、芋頭、中薑、芹菜、豆乾、生豆包、豆薯		

2.烹調

(1)香菇蛋酥燜白菜

烹調規定	1.白菜切塊氽燙至熟，將全蛋液炸成蛋酥。 2.以薑片、香菇爆香，入白菜、蛋酥、桶筍與水花片燒至入味，再以淡芡收汁即可。
烹調法	燜煮
調味規定	以鹽、醬油、糖、胡椒粉、太白粉、水、味精、香油、米酒等調味料自行合宜地選用。
備註	蛋酥須成絲狀不得成糰，大白菜須軟且入味，規定材料不得短少。

(2)粉蒸地瓜塊

烹調規定	地瓜去皮切塊、鮮香菇片加調味料及粉蒸粉拌勻蒸熟。
烹調法	蒸
調味規定	以鹽、味精、胡椒粉、辣豆瓣醬、甜麵醬、米酒、麵粉、粉蒸粉等調味料自行合宜地選用。
備註	地瓜刀工需成塊狀大小平均，粉蒸粉不得夾生，規定材料不得短少。

(3)八寶米糕

烹調規定	1.八寶料切粒過油後加醬料炒香。 2.糯米蒸熟（或煮熟）後，將醬汁及配料拌入，拌勻後放入瓷碗中壓平，再入蒸籠蒸透，倒扣入盤。
烹調法	蒸、拌
調味規定	以醬油、糖、鹽、味精、胡椒粉、麻油、沙拉油等調味料自行合宜地選用。
備註	米糕需呈扣碗形，糯米不得夾生，規定材料不得短少。

材料明細卡

302-4題目：金沙筍梳片、黑胡椒豆包排、糖醋素排骨

1.菜名與食材切配依據

菜餚名稱	主要刀工	烹調法	主材料類別	材料組合	水花款式	盤飾款式
金沙筍梳片	梳子片	炒	桶筍	桶筍、乾香菇、鹹蛋黃、中薑、芹菜		參考規格明細
黑胡椒豆包排	末	煎	生豆包	生豆包、乾木耳、紅蘿蔔、中薑、豆薯、雞蛋		
糖醋素排骨	塊	脆溜	半圓豆皮	半圓豆皮、青椒、紅辣椒、鳳梨片、芋頭、紅蘿蔔	參考規格明細	

2.材料明細

名稱	規格描述	重量（數量）	備註
鳳梨片	有效期限內	1圓片	鳳梨罐頭
半圓豆皮	不可破損、無油耗味	3張	
乾香菇	直徑4公分以上	3朵	須於洗鍋具時優先煮水浸泡，於乾貨類切割，4克／朵（復水去蒂9克以上／朵）
乾木耳	葉面泡開有4公分以上	1大片	12克／片（泡開50克以上／片）
桶筍	合格廠商效期內，若為空心或軟爛不足需求量，應檢人可反應更換	350克	需縱切檢視才分發，烹調時需去酸味，可供切梳片
生豆包	無酸味、有效期限內	4片	
鹹蛋黃	有效期限內	3粒	洗好蒸籠後上蒸
青椒	表面平整不皺縮無潰爛	60克以上	120克以上／個
紅辣椒	新鮮不軟爛	2條	10克以上／條
芹菜	新鮮不軟爛	30克	
紅蘿蔔	表面平整不皺縮	300克	若為空心須補發
中薑	夠切片與末的長段無潰爛	80克	需可切片與末
豆薯	表面平整不皺縮	50克	
芋頭	表面平整不皺縮無潰爛	200克	
大黃瓜	表面平整不皺縮不潰爛	1截	6公分長
小黃瓜	鮮度足，不可大彎曲	1條	80克以上
雞蛋	外型完整鮮度足	1粒	

刀工作品規格卡

302-4題目：金沙筍梳片、黑胡椒豆包排、糖醋素排骨

第一階段測試──繳交刀工作品規格

1.菜名與食材切配依據

菜餚名稱	主要刀工	烹調法	主材料類別	材料組合	水花款式	盤飾款式
金沙筍梳片	梳子片	炒	桶筍	桶筍、乾香菇、鹹蛋黃、中薑、芹菜		參考規格明細
黑胡椒豆包排	末	煎	生豆包	生豆包、乾木耳、紅蘿蔔、中薑、豆薯、雞蛋		
糖醋素排骨	塊	脆溜	半圓豆皮	半圓豆皮、青椒、紅辣椒、鳳梨片、芋頭、紅蘿蔔	參考規格明細	

2.受評刀工規格明細

材料	規格描述（長度單位：公分）	數量	備註
紅蘿蔔水花片兩款	自選1款及指定1款，指定款須參考下列指定圖（形狀大小需可搭配菜餚）	各6片以上	
配合材料擺出兩種盤飾	下列指定圖3選2	各1盤	
乾香菇片	復水去蒂，斜切，寬2～4、長度及高（厚）依食材規格	3朵（27克以上）	
乾木耳末	直徑0.3以下碎末	10克以上	
桶筍梳子片	長4～6，寬2～4，高（厚）度為0.2～0.4的梳子花刀片（花刀間隔為0.5以下）	300克以上	
生豆包末	直徑0.3以下碎末	4片（200克以上）	
青椒片	長3～5、寬2～4，高（厚）依食材規格，可切菱形片	50克以上	需去內膜
紅辣椒片	長2～3、寬1～2，高（厚）0.2～0.4，可切菱形片	15克以上	
紅蘿蔔末	直徑0.3以下碎末	30克以上	
芋頭條	寬、高（厚）度各為0.5～1，長4～6	150克以上	

水花及盤飾參考：依指定圖完成，可受公評並獲得普遍認同之美感。

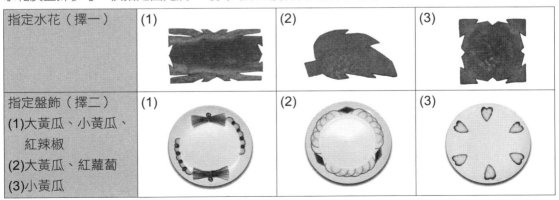

指定水花（擇一）	(1)	(2)	(3)
指定盤飾（擇二） (1)大黃瓜、小黃瓜、紅辣椒 (2)大黃瓜、紅蘿蔔 (3)小黃瓜	(1)	(2)	(3)

3.無須繳驗部分：菜餚刀工之種類、取量與形狀，除了規格明細之數量外，還包括不須繳驗的部分，請務必依「菜名與食材切配依據」表之食材選用規定種煩切配，配合題意之刀工規格切配出合宜的刀工形狀、數量與配色進行烹調。

烹調指引卡

302-4題目：金沙筍梳片、黑胡椒豆包排、糖醋素排骨

第二階段測試──繳交烹調作品

1.菜名與食材切配依據

菜餚名稱	主要 刀工	烹調法	主材料 類別	材料組合	水花款式	盤飾款式
金沙筍梳片	梳子片	炒	桶筍	桶筍、乾香菇、鹹蛋黃、中薑、芹菜		參考規格明細
黑胡椒豆包排	末	煎	生豆包	生豆包、乾木耳、紅蘿蔔、中薑、豆薯、雞蛋		
糖醋素排骨	塊	脆溜	半圓豆皮	半圓豆皮、青椒、紅辣椒、鳳梨片、芋頭、紅蘿蔔	參考規格明細	

2.烹調

(1)金沙筍梳片

烹調規定	1.筍梳片汆燙後炸至上色，鹹蛋黃炒散。 2.薑、香菇、筍梳片炒熟，加入芹菜調味炒均勻。
烹調法	炒
調味規定	以醬油、糖、鹽、味精、香油、胡椒粉等調味料自行合宜地選用。
備註	鹹蛋黃細沙需沾附均勻，規定材料不得短少。

(2)黑胡椒豆包排

烹調規定	1.紅蘿蔔、黑木耳、豆薯燙熟瀝乾。 2.豆包切末拌入薑、紅蘿蔔、黑木耳、豆薯與黑胡椒粒等醬料調味後，塑成圓扁排狀（加入少許蛋液增加黏性）煎上色。
烹調法	煎
調味規定	以糖、鹽、味精、胡椒粉、麵粉、太白粉、香油、黑胡椒粒等調味料自行合宜地選用。
備註	豆包需完整不得破碎，豆包排不得夾生，規定材料不得短少。

(3)糖醋素排骨

烹調規定	芋頭切條炸酥，半圓豆皮一張改三片，捲起芋頭條，沾麵糊炸上色，與紅蘿蔔水花片、青椒、紅辣椒、鳳梨片拌裹調味包芡成脆溜。
烹調法	脆溜
調味規定	以番茄醬、糖、鹽、味精、麵粉、太白粉、水、白醋等調味料自行合宜地選用。
備註	素排骨不得過火或含油，規定材料不得短少。

材料明細卡

302-5題目：紅燒素黃雀包、三絲豆腐羹、西芹炒豆乾片

1.菜名與食材切配依據

菜餚名稱	主要刀工	烹調法	主材料類別	材料組合	水花款式	盤飾款式
紅燒素黃雀包	粒	紅燒	半圓豆皮	半圓豆皮、紅蘿蔔、桶筍、乾香菇、中薑、豆薯、香菜、豆乾		參考規格明細
三絲豆腐羹	絲	羹	板豆腐	板豆腐、紅蘿蔔、乾木耳、桶筍、芹菜		
西芹炒豆乾片	片	炒	西芹	西芹、豆乾、紅蘿蔔、紅甜椒、黃甜椒、中薑	參考規格明細	

2.材料明細

名稱	規格描述	重量（數量）	備註
乾木耳	葉面泡開有4公分以上	1大片	12克以上／片（泡開50克以上／片）
乾香菇	直徑4公分以上無蟲蛀	3朵	4克以上／朵（復水去蒂9克以上／朵）
半圓豆皮	有效期限內	3張	直徑長35公分
桶筍	合格廠商效期內。若為空心或軟爛不足需求量，應檢人可反應更換。	120克	需縱切檢視才分發，烹調時需去酸味
板豆腐	老豆腐，新鮮無酸味	150克（1/2盒）	
五香大豆乾	正方形豆乾，表面完整無酸味	3塊	35克以上／塊
紅甜椒	表面平整不皺縮無潰爛	70克	140克以上／個
黃甜椒	表面平整不皺縮無潰爛	70克	140克以上／個
紅辣椒	新鮮不軟爛	1條	10克以上／條
芹菜	新鮮無軟爛	30克	
香菜	新鮮無軟爛	10克	
西芹	新鮮挺直無軟爛	200克	整把分單隻發放
紅蘿蔔	表面平整不皺縮無潰爛	300克	空心須補發
豆薯	表面平整不皺縮	30克	
中薑	夠切絲與片的長段無潰爛	80克	需可切粒與片
小黃瓜	鮮度足，不可大彎曲	1條	80克以上
大黃瓜	表面平整不皺縮不潰爛	1截	6公分長

刀工作品規格卡

302-5題目：紅燒素黃雀包、三絲豆腐羹、西芹炒豆乾片

第一階段測試──繳交刀工作品規格

1.菜名與食材切配依據

菜餚名稱	主要刀工	烹調法	主材料類別	材料組合	水花款式	盤飾款式
紅燒素黃雀包	粒	紅燒	半圓豆皮	半圓豆皮、紅蘿蔔、桶筍、乾香菇、中薑、豆薯、香菜、豆乾		參考規格明細
三絲豆腐羹	絲	羹	板豆腐	板豆腐、紅蘿蔔、乾木耳、桶筍、芹菜		
西芹炒豆乾片	片	炒	西芹	西芹、豆乾、紅蘿蔔、紅甜椒、黃甜椒、中薑	參考規格明細	

2.受評刀工規格明細表

材料	規格描述（長度單位：公分）	數量	備註
紅蘿蔔水花片兩款	自選1款及指定1款，指定款須參考下列指定圖（形狀大小需可搭配菜餚）	各6片以上	
配合材料擺出兩種盤飾	下列指定圖3選2	各1盤	
香菇粒	復水去蒂，切長、寬各0.4～0.8粒狀，高（厚）度依食材規格	3朵（27克以上）	
木耳絲	寬0.2～0.4，長4.0～6.0，高（厚）度依食材規格	45克以上	
桶筍粒	長、寬、高（厚）各0.4～0.8	40克以上	
桶筍絲	寬、高（厚）度各為0.2～0.4，長4～6	60克以上	
黃甜椒片	長3～5、寬2～4，高（厚）依食材規格，可切菱形片	45克以上	需去內膜
西芹片	長3～5、寬2～4，高（厚）依食材規格，可切菱形片	185克以上	
紅蘿蔔粒	長、寬、高（厚）各0.4～0.8	70克以上	
豆薯粒	長、寬、高（厚）各0.4～0.8	20克以上	
紅蘿蔔絲	寬、高（厚）度各為0.2～0.4，長4～6	80克以上	

水花及盤飾參考：依指定圖完成，可受公評並獲得普遍認同之美感。

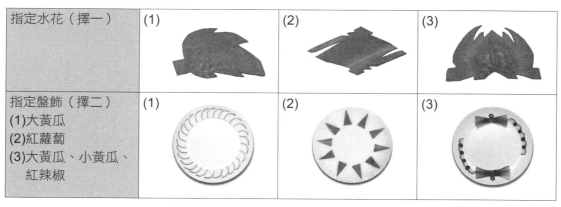

指定水花（擇一）	(1)	(2)	(3)
指定盤飾（擇二） (1)大黃瓜 (2)紅蘿蔔 (3)大黃瓜、小黃瓜、紅辣椒	(1)	(2)	(3)

3.無須繳驗部分：菜餚刀工之種類、取量與形狀，除了規格明細之數量外，還包括不須繳驗的部分，請務必依「菜名與食材切配依據」表之食材選用規定種類切配，配合題意之刀工規格切配出合宜的刀工形狀、數量與配色進行烹調。

烹調指引卡

302-5題目：紅燒素黃雀包、三絲豆腐羹、西芹炒豆乾片

第二階段測試──繳交烹調作品

1.菜名與食材切配依據

菜餚名稱	主要刀工	烹調法	主材料類別	材料組合	水花款式	盤飾款式
紅燒素黃雀包	粒	紅燒	半圓豆皮	半圓豆皮、紅蘿蔔、桶筍、乾香菇、中薑、豆薯、香菜、豆乾		參考規格明細
三絲豆腐羹	絲	羹	板豆腐	板豆腐、紅蘿蔔、乾木耳、桶筍、芹菜		
西芹炒豆乾片	片	炒	西芹	西芹、豆乾、紅蘿蔔、紅甜椒、黃甜椒、中薑	參考規格明細	

2.烹調

(1)紅燒素黃雀包

烹調規定	1.薑與材料爆香調味成餡料。 2.半圓豆皮1張對開成2張，包入餡料捲起，打結如黃雀狀，過油炸成金黃色。 3.調紅燒醬汁，黃雀包下醬汁拌入香菜燒煮。
烹調法	紅燒
調味規定	以鹽、味精、糖、醬油、胡椒粉、香油、太白粉、水等調味料自行合宜地選用。
備註	素黃雀包形狀需大小相似，不得破碎露出內餡，規定材料不得短少。

(2)三絲豆腐羹

烹調規定	三絲下湯汁調味後再放入豆腐絲烹煮，以羹方式呈現。
烹調法	羹
調味規定	以醬油、鹽、味精、糖、香油、胡椒粉、太白粉、水、白醋等調味料自行合宜地選用。
備註	豆腐破碎不得超過1/3以上，規定材料不得短少。

(3)西芹炒豆乾片

烹調規定	1.豆乾過油上色，西芹、紅蘿蔔水花片汆燙。 2.薑爆香放入其他配料炒香，再放入豆乾與西芹、紅蘿蔔水花片拌炒調味。
烹調法	炒
調味規定	以鹽、味精、糖、烏醋、胡椒粉、香油、沙拉油等調味料自行合宜地選用。
備註	豆乾破損不得超過1/3，規定材料不得短少。

材料明細卡

302-6題目：乾煸四季豆、三杯菊花洋菇、咖哩茄餅

1.菜名與食材切配依據

菜餚名稱	主要刀工	烹調法	主材料類別	材料組合	水花款式	盤飾款式
乾煸四季豆	段、末	煸	四季豆	四季豆、冬菜、乾香菇、中薑、芹菜		參考規格明細
三杯菊花洋菇	剞刀	燜燒	洋菇	洋菇、紅蘿蔔、九層塔、中薑、紅辣椒		
咖哩茄餅	雙飛片、末	炸、拌炒	茄子	茄子、豆薯、板豆腐、乾香菇、紅甜椒、青椒、紅蘿蔔	參考規格明細	

2.材料明細

名稱	規格描述	重量（數量）	備註
乾香菇	直徑4公分無蟲蛀	3朵	4克以上／朵（復水去蒂9克以上／朵）
冬菜	有效期限內	10克	
板豆腐	老豆腐，新鮮無酸味	100克（1/3盒）	
四季豆	飽滿鮮度足	250克	每支長14公分以上
洋菇	新鮮不軟爛，直徑3公分以上	600克	大朵，需能切花刀。如因季節因素或離島地區可購買罐頭替代。
茄子	表面平整不皺縮無潰爛	1條	180克以上／條
紅甜椒	表面平整不皺縮無潰爛	70克	140克以上／個
青椒	表面平整不皺縮無潰爛	60克	120克以上／個
紅辣椒	新鮮無軟爛	2條	10克以上／條
芹菜	新鮮無軟爛	50克	
九層塔	新鮮無變黑無潰爛	30克	
中薑	夠切末與片的長段無潰爛	80克	
紅蘿蔔	表面平整不皺縮無潰爛	300克	空心須補發
豆薯	表面平整不皺縮	50克	
小黃瓜	鮮度足，不可大彎曲	1條	80克以上
大黃瓜	表面平整不皺縮不潰爛	1截	6公分長

刀工作品規格卡

302-6題目：乾煸四季豆、三杯菊花洋菇、咖哩茄餅

第一階段測試──繳交刀工作品規格

1.菜名與食材切配依據

菜餚名稱	主要刀工	烹調法	主材料類別	材料組合	水花款式	盤飾款式
乾煸四季豆	段、末	煸	四季豆	四季豆、冬菜、乾香菇、中薑、芹菜		參考規格明細
三杯菊花洋菇	剞刀	燜燒	洋菇	洋菇、紅蘿蔔、九層塔、中薑、紅辣椒		
咖哩茄餅	雙飛片、末	炸、拌炒	茄子	茄子、豆薯、板豆腐、乾香菇、紅甜椒、青椒、紅蘿蔔	參考規格明細	

2.受評刀工規格明細

材料	規格描述（長度單位：公分）	數量	備註
紅蘿蔔水花片兩款	自選1款及指定1款，指定款須參考下列指定圖（形狀大小需可搭配菜餚）	各6片以上	
配合材料擺出兩種盤飾	下列指定圖3選2	各1盤	
香菇末	直徑0.3以下碎末	切完（泡開重量27克以上）	3朵分2道菜使用
冬菜末	直徑0.3以下碎末	切完（8克以上）	
洋菇花	長、寬依食材規格。格子間格0.3～0.5，深度達1/2深的剞刀片塊	切完（550克以上）	從洋菇蒂面切花
茄夾	長4～6，寬3以上，高（厚）0.8～1.2雙飛片	切完170克以上	雙飛夾
紅甜椒片	長3～5，寬2～4，高（厚）依食材規格，可切菱形片	50克以上	需去內膜
青椒片	長3～5，寬2～4，高（厚）依食材規格，可切菱形片	50克以上	需去內膜
紅辣椒片	長2～3，寬1～2，高（厚）0.2～0.4，可切菱形片	10克以上	
薑末	直徑0.3以下碎末	10克以上	
中薑片	長2～3，寬1～2，高（厚）0.2～0.4，可切菱形片	50克以上	

水花及盤飾參考：依指定圖完成，可受公評並獲得普遍認同之美感。

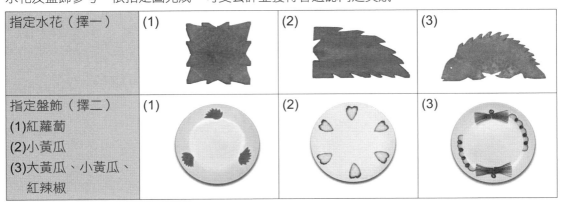

指定水花（擇一）	(1)	(2)	(3)
指定盤飾（擇二） (1)紅蘿蔔 (2)小黃瓜 (3)大黃瓜、小黃瓜、紅辣椒	(1)	(2)	(3)

3.無須繳驗部分：菜餚刀工之種類、取量與形狀，除了規格明細之數量外，還包括不須繳驗的部分，請務必依「菜名與食材切配依據」表之食材選用規定種類切配，配合題意之刀工規格切配出合宜的刀工形狀、數量與配色進行烹調。

烹調指引卡

302-6題目：乾煸四季豆、三杯菊花洋菇、咖哩茄餅

第二階段測試──繳交烹調作品

1.菜名與食材切配依據

菜餚名稱	主要刀工	烹調法	主材料類別	材料組合	水花款式	盤飾款式
乾煸四季豆	段、末	煸	四季豆	四季豆、冬菜、乾香菇、中薑、芹菜		參考規格明細
三杯菊花洋菇	剞刀	燜燒	洋菇	洋菇、紅蘿蔔、九層塔、中薑、紅辣椒		
咖哩茄餅	雙飛片、末	炸、拌炒	茄子	茄子、豆薯、板豆腐、乾香菇、紅甜椒、青椒、紅蘿蔔	參考規格明細	

2.烹調

(1)乾煸四季豆

烹調規定	1.四季豆過油（或煸炒），表面皺縮呈黃綠色不焦黑。 2.配料末炒香，放入四季豆煸炒收汁完成。
烹調法	煸
調味規定	以鹽、味精、糖、香油、白醋、烏醋、醬油、水等調味料自行合宜地選用。
備註	焦黑部分不得超過總量1/4，不得出油而油膩，規定材料不得短少。

(2)三杯菊花洋菇

烹調規定	1.洋菇花過油，成金黃色不焦黑。 2.紅蘿蔔切滾刀汆燙或過油，加薑片調味炒香，洋菇、九層塔下鍋燜燒收汁。
烹調法	燜燒
調味規定	以鹽、味精、糖、醬油、麻油、胡椒粉、米酒等調味料自行合宜地選用。
備註	洋菇須展現花形且不得破損、焦黑，規定材料不得短少。

(3)咖哩茄餅

烹調規定	1.豆薯末、香菇末拌入豆腐泥調味成餡料，紅蘿蔔水花片汆燙。 2.茄子鑲入餡料，裹麵糊炸上色。 3.爆香調味成咖哩醬汁，放入茄餅、配料與紅蘿蔔水花片拌炒入味。
烹調法	炸、拌炒
調味規定	以咖哩粉、糖、味精、鹽、麵粉、椰漿、胡椒粉、香油、太白粉、水等調味料自行合宜地選用。
備註	茄餅顏色需金黃不得焦黑，不得浮油而油膩，規定材料不得短少。

材料明細卡

302-7題目：烤麩麻油飯、什錦高麗菜捲、脆鱔香菇條

1.菜名與食材切配依據

菜餚名稱	主要刀工	烹調法	主材料類別	材料組合	水花款式	盤飾款式
烤麩麻油飯	片	生米燜煮	烤麩	烤麩、乾香菇、長糯米、老薑、乾紅棗		參考規格明細
什錦高麗菜捲	絲	蒸	高麗菜	高麗菜、紅蘿蔔、乾木耳、桶筍、豆乾、中薑、紅辣椒	參考規格明細	
脆鱔香菇條	條	炸、溜	乾香菇	乾香菇、白芝麻、香菜、中薑、紅辣椒		

2.材料明細

名稱	規格描述	重量（數量）	備註
乾香菇	直徑4公分以上	23朵	4克以上／朵（復水去蒂9克以上／朵）
乾紅棗	飽滿無蟲蛀	8顆	
乾木耳	葉面泡開有4公分以上	1大片	12克／片（泡開50克以上／片）
長糯米	米粒飽滿無蛀蟲	250克	
白芝麻	乾燥無異味	5克	
五香大豆乾	正方形豆乾，表面完整無酸味	1塊	35克以上／塊
桶筍	合格廠商效期內，若為空心或軟爛不足需求量，應檢人可反應更換	70克	需縱切檢視才分發，烹調時需去酸味
烤麩	有效期限內、無異味	100克	
高麗菜	新鮮青脆無潰爛	7葉	整顆撥葉發放
香菜	新鮮無軟爛	20克	
紅辣椒	表面平整不皺縮	3條	10克以上／條
紅蘿蔔	表面平整不皺縮	300克	若為空心須補發
中薑	長段無潰爛	80克	需可切絲及末
老薑	表面完整無潰爛	80克	
大黃瓜	表面平整不皺縮不潰爛	1截	6公分長
小黃瓜	鮮度足，不可大彎曲	1條	80克以上

刀工作品規格卡

302-7題目：烤麩麻油飯、什錦高麗菜捲、脆鱔香菇條

第一階段測試──繳交刀工作品規格

1.菜名與食材切配依據

菜餚名稱	主要刀工	烹調法	主材料類別	材料組合	水花款式	盤飾款式
烤麩麻油飯	片	生米燜煮	烤麩	烤麩、乾香菇、長糯米、老薑、乾紅棗		參考規格明細
什錦高麗菜捲	絲	蒸	高麗菜	高麗菜、紅蘿蔔、乾木耳、桶筍、豆乾、中薑、紅辣椒	參考規格明細	
脆鱔香菇條	條	炸、溜	乾香菇	乾香菇、白芝麻、香菜、中薑、紅辣椒		

2.受評刀工規格明細表

材料	規格描述（長度單位：公分）	數量	備註
紅蘿蔔水花片兩款	自選1款及指定1款，指定款須參考下列指定圖（形狀大小需可搭配菜餚）	各6片以上	
配合材料擺出兩種盤飾	下列指定圖3選2	各1盤	
香菇條	寬0.5～1，長4～6，高（厚）度依食材規格	20朵（180克以上）	
木耳絲	寬0.2～0.4，長4～6，高（厚）度依食材規格	30克以上	
豆乾絲	寬、高（厚）各為0.2～0.4，長4～6	25克以上	
桶筍絲	寬、高（厚）各為0.2～0.4，長4～6	60克以上	
香菇片	去蒂，斜切，寬2～4、長度及高（厚）依食材規格	3朵（27克以上）	
紅辣椒絲	寬、高（厚）各為0.3以下，長4～6	10克以上	
中薑絲	寬、高（厚）各為0.3以下，長4～6	20克以上	
紅蘿蔔絲	寬、高（厚）各為0.2～0.4，長4～6	70克以上	

水花及盤飾參考：依指定圖完成，可受公評並獲得普遍認同之美感。

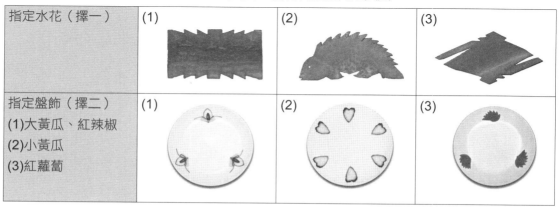

指定水花（擇一）	(1)	(2)	(3)
指定盤飾（擇二） (1)大黃瓜、紅辣椒 (2)小黃瓜 (3)紅蘿蔔	(1)	(2)	(3)

3.無須繳驗部分：菜餚刀工之種類、取量與形狀，除了規格明細之數量外，還包括不須繳驗的部分，請務必依「菜名與食材切配依據」表之食材選用規定種類切配，配合題意之刀工規格切配出合宜的刀工形狀、數量與配色進行烹調。

烹調指引卡

302-7題目：烤麩麻油飯、什錦高麗菜捲、脆鱔香菇條

第二階段測試──繳交烹調作品

1.菜名與食材切配依據

菜餚名稱	主要刀工	烹調法	主材料類別	材料組合	水花款式	盤飾款式
烤麩麻油飯	片	生米燜煮	烤麩	烤麩、乾香菇、長糯米、老薑、乾紅棗		參考規格明細
什錦高麗菜捲	絲	蒸	高麗菜	高麗菜、紅蘿蔔、乾木耳、桶筍、豆乾、中薑、紅辣椒	參考規格明細	
脆鱔香菇條	條	炸、溜	乾香菇	乾香菇、白芝麻、香菜、中薑、紅辣椒		

2.烹調

(1)烤麩麻油飯

烹調規定	以麻油爆香老薑片（不去皮），炒料，生糯米燜煮。
烹調法	生米燜煮
調味規定	以糖、鹽、味精、醬油、胡椒粉、麻油、米酒等調味料自行合宜地選用。
備註	燜煮法若有鍋粑需為金黃色，規定材料不得短少。

(2)什錦高麗菜捲

烹調規定	1.薑、紅辣椒絲及配料調味炒香。 2.高麗菜燙軟後，包入配料成捲狀，紅蘿蔔水花片排盤，蒸熟後淋薄芡。
烹調法	蒸
調味規定	以糖、鹽、味精、香油、太白粉、水、胡椒粉等調味料自行合宜地選用。
備註	高麗菜捲需成型、大小均一，不得爆餡破碎，規定材料不得短少。

(3)脆鱔香菇條

烹調規定	1.乾香菇泡軟後擠乾去蒂，繞菇傘外緣剪至菇心成條狀。 2.乾香菇醃料後沾粉油炸至上色。 3.調酸甜味加入配料拌勻。
烹調法	炸、溜
調味規定	以鹽、味精、糖、胡椒粉、烏醋、醬油、玉米粉、香油等調味料自行合宜地選用。
備註	香菇條須酥脆不得焦黑含油，規定材料不得短少。

材料明細卡

302-8題目：茄汁燒芋頭丸、素魚香茄段、黃豆醬滷苦瓜

1.菜名與食材切配依據

菜餚名稱	主要刀工	烹調法	主材料類別	材料組合	水花款式	盤飾款式
茄汁燒芋頭丸	片、泥	蒸、燒	芋頭	芋頭、紅蘿蔔、黃甜椒、乾木耳、青椒	參考規格明細	參考規格明細
素魚香茄段	段	燒	茄子	茄子、鮮香菇、芹菜、九層塔、紅辣椒、中薑		
黃豆醬滷苦瓜	條	滷	苦瓜	苦瓜、黃豆醬、紅蘿蔔、香菜、玉米筍		

2.材料明細

名稱	規格描述	重量（數量）	備註
黃豆醬	有效期限內	60克	
乾木耳	葉面泡開有4公分以上	1大片	12克／片（泡開50克以上／片）
青椒	表面平整不皺縮	60克	120克以上／個
茄子	表面平整不皺縮無潰爛	2條	180克以上／每條
鮮香菇	直徑5公分以上	2朵	25克以上／朵
紅辣椒	新鮮無軟爛	2條	10克以上／條
苦瓜	表面新鮮不皺縮	300克	300克以上／條
黃甜椒	表面平整不皺縮	70克	140克以上／個
芹菜	新鮮無潰爛	30克	
九層塔	新鮮不變黑無潰爛	20克	
香菜	新鮮無潰爛	20克	
玉米筍	新鮮無軟爛	50克	可用罐頭替代
芋頭	表面平整不皺縮無潰爛	300克	
紅蘿蔔	表面平整不皺縮	300克	若為空心須補發
中薑	新鮮長段無潰爛	50克	
小黃瓜	鮮度足，不可大彎曲	1條	80克以上

刀工作品規格卡

302-8題目：茄汁燒芋頭丸、素魚香茄段、黃豆醬滷苦瓜

第一階段測試──繳交刀工作品規格

1.菜名與食材切配依據

菜餚名稱	主要刀工	烹調法	主材料類別	材料組合	水花款式	盤飾款式
茄汁燒芋頭丸	片、泥	蒸、燒	芋頭	芋頭、紅蘿蔔、黃甜椒、乾木耳、青椒	參考規格明細	參考規格明細
素魚香茄段	段	燒	茄子	茄子、鮮香菇、芹菜、九層塔、紅辣椒、中薑		
黃豆醬滷苦瓜	條	滷	苦瓜	苦瓜、黃豆醬、紅蘿蔔、香菜、玉米筍		

2.受評刀工規格明細

材料	規格描述（長度單位：公分）	數量	備註
紅蘿蔔水花片兩款	自選1款及指定1款，指定款須參考下列指定圖（形狀大小需可搭配菜餚）	各6片以上	
配合材料擺出兩種盤飾	下列指定圖3選2	各1盤	
木耳片	長3～5，寬2～4，高（厚）依食材規格，可切菱形片	30克以上	
黃甜椒片	長3～5，寬2～4，高（厚）依食材規格，可切菱形片	50克以上	需去內膜
青椒片	長3～5，寬2～4，高（厚）依食材規格，可切菱形片	50克以上	需去內膜
茄段	長4～6直段或斜段，直徑依食材規格可剖開	320克以上	
紅辣椒末	直徑0.3以下碎末	15克以上	
芹菜末	直徑0.3以下碎末	15克以上	
苦瓜條	寬、高（厚）各為0.8～1.2，長4～6	250克以上	
紅蘿蔔條	寬、高（厚）各為0.5～1，長4～6	70克以上	
中薑末	直徑0.3以下碎末	30克以上	

水花及盤飾參考：依指定圖完成，可受公評並獲得普遍認同之美感。

指定水花（擇一）	(1)	(2)	(3)
指定盤飾（擇二） (1)小黃瓜 (2)紅蘿蔔 (3)小黃瓜、紅辣椒	(1)	(2)	(3)

3.無須繳驗部分：菜餚刀工之種類、取量與形狀，除了規格明細之數量外，還包括不須繳驗的部分，請務必依「菜名與食材切配依據」表之食材選用規定種煩切配，配合題意之刀工規格切配出合宜的刀工形狀、數量與配色進行烹調。

烹調指引卡

302-8題目：茄汁燒芋頭丸、素魚香茄段、黃豆醬滷苦瓜

第二階段測試——繳交烹調作品

1.菜名與食材切配依據

菜餚名稱	主要刀工	烹調法	主材料類別	材料組合	水花款式	盤飾款式
茄汁燒芋頭丸	片、泥	蒸、燒	芋頭	芋頭、紅蘿蔔、黃甜椒、乾木耳、青椒	參考規格明細	參考規格明細
素魚香茄段	段	燒	茄子	茄子、鮮香菇、芹菜、九層塔、紅辣椒、中薑		
黃豆醬滷苦瓜	條	滷	苦瓜	苦瓜、黃豆醬、紅蘿蔔、香菜、玉米筍		

2.烹調

(1)茄汁燒芋頭丸

烹調規定	1.芋頭蒸熟壓成泥加粉調味，成球狀炸上色定型。 2.茄汁調味入配料、紅蘿蔔水花片及芋丸燒入味收汁。
烹調法	蒸、燒
調味規定	以番茄醬、味精、糖、麵粉、太白粉、沙拉油、白醋、鹽等調味料自行合宜地選用。
備註	芋丸需成形不得鬆散，每顆大小相似，規定材料不得短少。

(2)素魚香茄段

烹調規定	1.茄子油炸呈亮紫色。 2.以薑末爆香調味，放入配料燒入味，勾薄芡。
烹調法	燒
調味規定	以辣豆瓣、番茄醬、白醋、鹽、味精、糖、香油、麵粉、太白粉、水等調味料自行合宜地選用。
備註	茄段需大小均一，不可含油，規定材料不得短少。

(3)黃豆醬滷苦瓜

烹調規定	苦瓜條過油炸上色，加配料、調味料滷至軟嫩入味。
烹調法	滷
調味規定	以黃豆醬、糖、鹽、味精、醬油、米酒、香油等調味料自行合宜地選用。
備註	成品勿浮油，注意黃豆醬鹹度，成品不可有汁，規定材料不得短少。

材料明細卡

302-9題目：梅粉地瓜條、什錦鑲豆腐、香菇炒馬鈴薯片

1.菜名與食材切配依據

菜餚名稱	主要刀工	烹調法	主材料類別	材料組合	水花款式	盤飾款式
梅粉地瓜條	條	酥炸	地瓜	地瓜、四季豆、梅子粉		參考規格明細
什錦鑲豆腐	末、塊	蒸	板豆腐	板豆腐、紅蘿蔔、乾香菇、玉米粒、中薑、豆薯、豆乾		
香菇炒馬鈴薯片	片	炒	馬鈴薯、鮮香菇	馬鈴薯、鮮香菇、紅蘿蔔、小黃瓜、中薑	參考規格明細	

2.材料明細

名稱	規格描述	重量（數量）	備註
梅子粉	有效期限內，乾燥無受潮	30克	
乾香菇	直徑4公分以上	1朵	4克/朵（復水去蒂9克以上/朵）
玉米粒	有效期限內	30克	罐頭
板豆腐	老豆腐，新鮮無酸味	300克（1盒）	
五香大豆乾	正方形豆乾，表面完整無酸味	1塊	35克以上/塊
四季豆	新鮮平整不皺縮無潰爛	80克	
鮮香菇	直徑5公分以上，新鮮無軟爛	3朵	25克以上/朵
紅辣椒	新鮮無軟爛	1條	10克以上/條
地瓜	新鮮平整不皺縮無潰爛	300克	
紅蘿蔔	表面平整不皺縮	300克	若為空心須補發
豆薯	表面平整不皺縮	40克	
馬鈴薯	無芽眼、無潰爛	250克	
中薑	新鮮無潰爛	80克	
小黃瓜	鮮度足，不可大彎曲	1條	80克以上
大黃瓜	表面平整不皺縮無潰爛	1截	6公分長

刀工作品規格卡

302-9題目：梅粉地瓜條、什錦鑲豆腐、香菇炒馬鈴薯片

第一階段測試──繳交刀工作品規格

1.菜名與食材切配依據

菜餚名稱	主要刀工	烹調法	主材料類別	材料組合	水花款式	盤飾款式
梅粉地瓜條	條	酥炸	地瓜	地瓜、四季豆、梅子粉		參考規格明細
什錦鑲豆腐	末、塊	蒸	板豆腐	板豆腐、紅蘿蔔、乾香菇、玉米粒、中薑、豆薯、豆乾		
香菇炒馬鈴薯片	片	炒	馬鈴薯、鮮香菇	馬鈴薯、鮮香菇、紅蘿蔔、小黃瓜、中薑	參考規格明細	

2.受評刀工規格明細表

材料	規格描述（長度單位：公分）	數量	備註
紅蘿蔔水花片兩款	自選1款及指定1款，指定款須參考下列指定圖（形狀大小需可搭配菜餚）	各6片以上	
配合材料擺出兩種盤飾	下列指定圖3選2	各1盤	
香菇末	直徑0.3以下碎末	9克以上	
豆乾末	直徑0.3以下碎末	30克以上	
鮮香菇片	去蒂，斜切，寬2～4，長度及高（厚）度依食材規格	65克以上	
小黃瓜片	長4～6、寬2～4，高（厚）0.2～0.4，可切菱形片	40克以上	
地瓜條	寬、高（厚）各為0.5～1，長4～6	250克以上	
紅蘿蔔末	直徑0.3以下碎末	60克以上	
豆薯末	直徑0.3以下碎末	25克以上	
馬鈴薯片	長4～6、寬2～4，高（厚）0.4～0.6	200克以上	

水花及盤飾參考：依指定圖完成，可受公評並獲得普遍認同之美感。

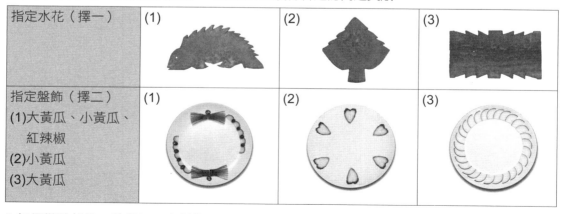

指定水花（擇一）	(1)	(2)	(3)
指定盤飾（擇二） (1)大黃瓜、小黃瓜、紅辣椒 (2)小黃瓜 (3)大黃瓜	(1)	(2)	(3)

3. 無須繳驗部分：菜餚刀工之種類、取量與形狀，除了規格明細之數量外，還包括不須繳驗的部分，請務必依「菜名與食材切配依據」表之食材選用規定種類切配，配合題意之刀工規格切配出合宜的刀工形狀、數量與配色進行烹調。

烹調指引卡

302-9題目：梅粉地瓜條、什錦鑲豆腐、香菇炒馬鈴薯片

第二階段測試——繳交烹調作品

1.菜名與食材切配依據

菜餚名稱	主要刀工	烹調法	主材料類別	材料組合	水花款式	盤飾款式
梅粉地瓜條	條	酥炸	地瓜	地瓜、四季豆、梅子粉		參考規格明細
什錦鑲豆腐	末、塊	蒸	板豆腐	板豆腐、紅蘿蔔、乾香菇、玉米粒、中薑、豆薯、豆乾		
香菇炒馬鈴薯片	片	炒	馬鈴薯、鮮香菇	馬鈴薯、鮮香菇、紅蘿蔔、小黃瓜、中薑	參考規格明細	

2.烹調

(1)梅粉地瓜條

烹調規定	1.四季豆須切段。 2.地瓜與四季豆沾麵糊炸熟上色，灑梅子粉調味。
烹調法	酥炸
調味規定	以鹽、味精、糖、麵粉、太白粉、地瓜粉、胡椒粉、泡打粉、梅子粉等調味料自行合宜地選用。
備註	外型大小均一，沾粉均勻，不得脫粉、夾生、含油，規定材料不得短少。

(2)什錦鑲豆腐

烹調規定	1.配料調味炒成內餡。 2.豆腐塊炸上色，挖出豆腐塞入餡料，蒸熟後淋上芡汁。
烹調法	蒸
調味規定	以鹽、味精、醬油、白胡椒、糖、香油、太白粉、水等調味料自行合宜地選用。
備註	豆腐不得破碎、焦黑，不得大小不一，規定材料不得短少。

(3)香菇炒馬鈴薯片

烹調規定	1.馬鈴薯去皮切片炸上色，紅蘿蔔水花片汆燙。 2.馬鈴薯與配料調味拌炒至熟。
烹調法	炒
調味規定	以糖、鹽、味精、胡椒粉、香油等調味料自行合宜地選用。
備註	馬鈴薯片不得鬆散、夾生或不成形，規定材料不得短少。

材料明細卡

302-10題目：三絲淋蒸蛋、三色鮑菇捲、椒鹽牛蒡片

1.菜名與食材切配依據

菜餚名稱	主要刀工	烹調法	主材料類別	材料組合	水花款式	盤飾款式
三絲淋蒸蛋	絲	蒸、羹	雞蛋	雞蛋、乾香菇、桶筍、小黃瓜、紅蘿蔔、中薑		參考規格明細
三色鮑菇捲	剞刀	炒	鮑魚菇	鮑魚菇、紅蘿蔔、黃甜椒、乾木耳、中薑、青椒	參考規格明細	
椒鹽牛蒡片	片	酥炸	牛蒡	牛蒡、芹菜、紅辣椒、中薑		

2.材料明細

名稱	規格描述	重量（數量）	備註
乾香菇	直徑4公分以上	2朵	4克／朵（復水去蒂9克以上／朵）
乾木耳	葉面泡開有4公分以上	1大片	12克／片（泡開50克以上／片）
桶筍	合格廠商效期內	50克	若為空心或軟爛不足需求量，應檢人可反應更換
小黃瓜	新鮮挺直無潰爛	2條	80克以上／條
大黃瓜	表面平整不皺縮無潰爛	1截	6公分長
鮑魚菇	新鮮不軟爛	4大片	60克／片
黃甜椒	新鮮無軟爛	70克	140克以上／個
青椒	新鮮無軟爛	60克	120克以上／個
紅辣椒	表面平整不皺縮無潰爛	2條	10克以上／條
芹菜	新鮮無潰爛	30克	
紅蘿蔔	表面平整不皺縮	300克	若為空心須補發
牛蒡	表面平整不皺縮	200克	
中薑	長段無潰爛	120克	可供切片與絲
雞蛋	表面完整鮮度足	4顆	

刀工作品規格卡

302-10題目：三絲淋蒸蛋、三色鮑菇捲、椒鹽牛蒡片

第一階段測試──繳交刀工作品規格

1.菜名與食材切配依據

菜餚名稱	主要刀工	烹調法	主材料類別	材料組合	水花款式	盤飾款式
三絲淋蒸蛋	絲	蒸、羹	雞蛋	雞蛋、乾香菇、桶筍、小黃瓜、紅蘿蔔、中薑		參考規格明細
三色鮑菇捲	剞刀	炒	鮑魚菇	鮑魚菇、紅蘿蔔、黃甜椒、乾木耳、中薑、青椒	參考規格明細	
椒鹽牛蒡片	片	酥炸	牛蒡	牛蒡、芹菜、紅辣椒、中薑		

2.受評刀工規格明細

材料	規格描述（長度單位：公分）	數量	備註
紅蘿蔔水花片兩款	自選1款及指定1款，指定款須參考下列指定圖（形狀大小需可搭配菜餚）	各6片以上	
配合材料擺出兩種盤飾	下列指定圖3選2	各1盤	
香菇絲	寬、高（厚）各為0.2～0.4，長度依食材規格	2朵（18克以上）	
桶筍絲	寬、高（厚）各為0.2～0.4，長4～6	40克以上	
小黃瓜絲	寬、高（厚）各為0.2～0.4，長4～6	50克以上	
鮑魚菇片	長、寬依食材規格。格子間格0.3～0.5，深度達1/2深的剞刀片	200克以上	
黃甜椒片	長3～5、寬2～4，高（厚）依食材規格，可切菱形片	60克以上	需去內膜
青椒片	長3～5、寬2～4，高（厚）依食材規格，可切菱形片	50克以上	需去內膜
紅蘿蔔絲	寬、高（厚）各為0.2～0.4，長4～6	50克以上	
牛蒡片	長4～6，寬依食材規格，高（厚）0.2～0.4	180克以上	去皮、斜刀切片

水花及盤飾參考：依指定圖完成，可受公評並獲得普遍認同之美感。

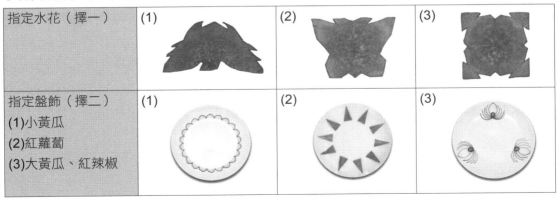

指定水花（擇一）	(1)	(2)	(3)
指定盤飾（擇二） (1)小黃瓜 (2)紅蘿蔔 (3)大黃瓜、紅辣椒	(1)	(2)	(3)

3.無須繳驗部分：菜餚刀工之種類、取量與形狀，除了規格明細之數量外，還包括不須繳驗的部分，請務必依「菜名與食材切配依據」表之食材選用規定種類切配，配合題意之刀工規格切配出合宜的刀工形狀、數量與配色進行烹調。

烹調指引卡

302-10題目：三絲淋蒸蛋、三色鮑菇捲、椒鹽牛蒡片

第二階段測試──繳交烹調作品

1.菜名與食材切配依據

菜餚名稱	主要刀工	烹調法	主材料類別	材料組合	水花款式	盤飾款式
三絲淋蒸蛋	絲	蒸、羹	雞蛋	雞蛋、乾香菇、桶筍、小黃瓜、紅蘿蔔、中薑		參考規格明細
三色鮑菇捲	剞刀	炒	鮑魚菇	鮑魚菇、紅蘿蔔、黃甜椒、乾木耳、中薑、青椒	參考規格明細	
椒鹽牛蒡片	片	酥炸	牛蒡	牛蒡、芹菜、紅辣椒、中薑		

2.烹調

(1)三絲淋蒸蛋

烹調規定	1.蒸蛋需水嫩且表面平滑，以水羹盤盛裝。 2.乾香菇過油，紅蘿蔔、桶筍、小黃瓜氽燙即可。 3.薑絲做為香配料的點綴。 4.以流璃芡淋於蒸蛋上，絲料及芡汁（約六、七分滿）適宜取量。
烹調法	蒸、羹
調味規定	以鹽、味精、糖、白醋、胡椒粉、米酒、香油、太白粉、水等調味料自行合宜地選用。
備註	1.4顆蛋份量的蒸蛋；2.允許有少許氣孔之嫩蒸蛋，不得為蒸過火的蜂巢狀，或變色之綠色蒸蛋，也火候不足之未凝固作品；3.規定材料不得短少。

(2)三色鮑菇捲

烹調規定	1.鮑菇捲沾粉成捲狀，炸上色。 2.薑爆香，加配料調味與鮑菇捲、紅蘿蔔水花炒入味。
烹調法	炒
調味規定	以鹽、味精、糖、太白粉、水、米酒、胡椒粉、麵粉、香油等調味料自行合宜地選用。
備註	鮑魚菇需呈捲狀，表面有花紋，不得含油焦黑，規定材料不得短少。

(3)椒鹽牛蒡片

烹調規定	1.牛蒡片沾麵糊炸酥。 2.配料須爆香與牛蒡片一起灑上椒鹽拌勻。
烹調法	酥炸
調味規定	以鹽、味精、胡椒粉、麵粉、泡打（達）粉、花椒粉、太白粉、地瓜粉、水等調味料自行合宜地選用。
備註	牛蒡片不可焦黑含油、椒鹽需均勻沾附，規定材料不得短少。

材料明細卡

302-11題目：五絲豆包素魚、乾燒金菇柴把、竹筍香菇湯

1.菜名與食材切配依據

菜餚名稱	主要刀工	烹調法	主材料類別	材料組合	水花款式	盤飾款式
五絲豆包素魚	絲	脆溜	生豆包	生豆包、海苔片、半圓豆皮、桶筍、乾木耳、紅蘿蔔、紅辣椒、中薑、酸菜仁		參考規格明細
乾燒金菇柴把	末	乾燒	金針菇	金針菇、海苔片、紅甜椒、黃甜椒、中薑、芹菜、豆薯、酒釀		
竹筍香菇湯	片	煮（湯）	鮮香菇、桶筍	鮮香菇、桶筍、小黃瓜、紅蘿蔔、中薑	參考規格明細	

2.材料明細

名稱	規格描述	重量（數量）	備註
酒釀	有效期限內	20克	公共材料區
海苔片	乾燥無受潮、有效期限內	2大張	
乾木耳	葉面泡開有4公分以上	1大片	12克／片（泡開50克以上／片）
半圓豆皮	有效期限內	1張	直徑長35公分以上
生豆包	有效期限內，無酸味	4片	
酸菜仁	新鮮無軟爛	30克	
桶筍	合格廠商效期內	100克	若為空心或軟爛不足需求量，應檢人可反應更換
金針菇	新鮮無軟爛	200克	
鮮香菇	直徑5公分以上	4朵	25克以上／朵
紅甜椒	表面平整不皺縮無潰爛	30克	140克以上／個
黃甜椒	表面平整不皺縮無潰爛	30克	140克以上／個
紅辣椒	表面平整不皺縮	2條	10克以上／條
芹菜	新鮮無潰爛	20克	
紅蘿蔔	表面平整不皺縮	300克	若為空心須補發
豆薯	表面平整不皺縮無潰爛	30克	
中薑	新鮮長段無潰爛	100克	夠切末、絲、片
大黃瓜	表面平整不皺縮無潰爛	1截	6公分長
小黃瓜	新鮮挺直無潰爛	1條	80克以上

刀工作品規格卡

302-11題目：五絲豆包素魚、乾燒金菇柴把、竹筍香菇湯

第一階段測試──繳交刀工作品規格

1. 菜名與食材切配依據

菜餚名稱	主要刀工	烹調法	主材料類別	材料組合	水花款式	盤飾款式
五絲豆包素魚	絲	脆溜	生豆包	生豆包、海苔片、半圓豆皮、桶筍、乾木耳、紅蘿蔔、紅辣椒、中薑、酸菜仁		參考規格明細
乾燒金菇柴把	末	乾燒	金針菇	金針菇、海苔片、紅甜椒、黃甜椒、中薑、芹菜、豆薯、酒釀		
竹筍香菇湯	片	煮（湯）	鮮香菇、桶筍	鮮香菇、桶筍、小黃瓜、紅蘿蔔、中薑	參考規格明細	

2. 受評刀工規格明細表

材料	規格描述（長度單位：公分）	數量	備註
紅蘿蔔水花片兩款	自選1款及指定1款，指定款須參考下列指定圖（形狀大小需可搭配菜餚）	各6片以上	
配合材料擺出兩種盤飾	下列指定圖3選2	各1盤	
木耳絲	寬0.2～0.4，長4～6，高（厚）依食材規格	30克以上	
酸菜仁絲	寬、高（厚）各為0.2～0.4，長4～6	20克以上	
桶筍片	長4～6，寬2～4，高（厚）0.2～0.4，可切菱形片	70克以上	
鮮香菇片	去蒂，斜切，寬2～4，長度及高（厚）度依食材規格	85克以上	
紅甜椒末	直徑0.3以下碎末	20克以上	需去內膜
黃甜椒末	直徑0.3以下碎末	20克以上	需去內膜
紅辣椒絲	寬、高（厚）各為0.3以下，長4～6	8克以上	
中薑絲	寬、高（厚）各為0.3以下，長4～6	30克以上	
紅蘿蔔絲	寬、高（厚）各為0.2～0.4，長4～6	50克以上	
豆薯末	直徑0.3以下碎末	20克以上	

水花及盤飾參考：依指定圖完成，可受公評並獲得普遍認同之美感。

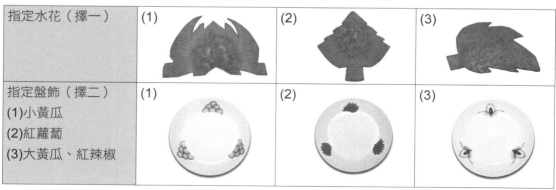

指定水花（擇一）	(1)	(2)	(3)
指定盤飾（擇二） (1)小黃瓜 (2)紅蘿蔔 (3)大黃瓜、紅辣椒	(1)	(2)	(3)

3. 無須繳驗部分：菜餚刀工之種類、取量與形狀，除了規格明細之數量外，還包括不須繳驗的部分，請務必依「菜名與食材切配依據」表之食材選用規定種類切配，配合題意之刀工規格切配出合宜的刀工形狀、數量與配色進行烹調。

烹調指引卡

302-11題目：五絲豆包素魚、乾燒金菇柴把、竹筍香菇湯

第二階段測試──繳交烹調作品

1.菜名與食材切配依據

菜餚名稱	主要刀工	烹調法	主材料類別	材料組合	水花款式	盤飾款式
五絲豆包素魚	絲	脆溜	生豆包	生豆包、海苔片、半圓豆皮、桶筍、乾木耳、紅蘿蔔、紅辣椒、中薑、酸菜仁		參考規格明細
乾燒金菇柴把	末	乾燒	金針菇	金針菇、海苔片、紅甜椒、黃甜椒、中薑、芹菜、豆薯、酒釀		
竹筍香菇湯	片	煮（湯）	鮮香菇、桶筍	鮮香菇、桶筍、小黃瓜、紅蘿蔔、中薑	參考規格明細	

2.烹調

(1)五絲豆包素魚

烹調規定	1.豆包調味成餡料。 2.豆皮放海苔片鋪上餡料捲起成甜筒型，以麵糊封口蒸熟。 3. 切開成厚片狀連刀不斷，下鍋炸至金黃色。 4.配料調味芶薄芡，淋上素魚。
烹調法	脆溜
調味規定	以鹽、味精、醬油、糖、酒、烏醋、白醋、香油、麵粉、辣椒醬、番茄醬、太白粉、水等調味料自行合宜地選用。
備註	成品需紮實不可鬆散，需有魚型，規定材料不得短少。

(2)乾燒金菇柴把

烹調規定	1.金針菇摺成柴把型並以海苔捲起後封口。 2.柴把沾麵糊炸酥。 3.以中薑末爆香加入配料調味，入金菇柴把乾燒入味。
烹調法	乾燒
調味規定	以鹽、味精、糖、醬油、酒釀、辣豆瓣、番茄醬、麵粉、地瓜粉等調味料自行合宜地選用。
備註	金菇柴把不可焦黑、鬆散，規定材料不得短少。

(3)竹筍香菇湯

烹調規定	食材加紅蘿蔔水花片調味煮熟。
烹調法	煮（湯）
調味規定	以鹽、味精、胡椒粉、米酒、香油等調味料自行合宜地選用。
備註	湯底不可過鹹，規定材料不得短少。

材料明細卡

302-12題目：沙茶香菇腰花、麵包地瓜餅、五彩拌西芹

1.菜名與食材切配依據

菜餚名稱	主要刀工	烹調法	主材料類別	材料組合	水花款式	盤飾款式
沙茶香菇腰花	剞刀厚片	炒	乾香菇	乾香菇、紅甜椒、黃甜椒、青椒、中薑、紅蘿蔔	參考規格明細	參考規格明細
麵包地瓜餅	泥	炸	地瓜	地瓜、麵包屑、紅豆沙、雞蛋		
五彩拌西芹	絲	涼拌	西芹	西芹、紅蘿蔔、豆乾、乾木耳、綠豆芽、黃甜椒、中薑		

2.材料明細

名稱	規格描述	重量（數量）	備註
素沙茶醬	有效期限內	60克	
麵包屑	保存期限內	200克	
乾木耳	葉面泡開有4公分以上	1大片	12克／片（泡開50克以上／片）
乾香菇	直徑4公分以上	20朵	4克／朵（復水去蒂9克以上／朵）
紅豆沙	有效期限內	120克	
五香大豆乾	正方形豆乾，表面完整無酸味	1塊	35克以上／塊
紅甜椒	表面平整不皺縮無潰爛	70克	140克以上／個
黃甜椒	表面平整不皺縮無潰爛	140克	140克以上／個
青椒	表面平整不皺縮無潰爛	60克	120克以上／個
綠豆芽	新鮮無軟爛	50克	
紅辣椒	新鮮無軟爛	1條	10克以上／條
中薑	新鮮無軟爛	30克	
地瓜	表面平整不皺縮無潰爛	350克	
西芹	新鮮無軟爛	100克	
紅蘿蔔	表面平整不皺縮	300克	若為空心須補發
大黃瓜	表面平整不皺縮無潰爛	1截	6公分長
小黃瓜	新鮮挺直無潰爛	1條	80克以上
雞蛋	新鮮、有效期限內	1粒	

刀工作品規格卡

302-12題目：沙茶香菇腰花、麵包地瓜餅、五彩拌西芹

第一階段測試──繳交刀工作品規格

1.菜名與食材切配依據

菜餚名稱	主要刀工	烹調法	主材料類別	材料組合	水花款式	盤飾款式
沙茶香菇腰花	剞刀厚片	炒	乾香菇	乾香菇、紅甜椒、黃甜椒、青椒、中薑、紅蘿蔔	參考規格明細	參考規格明細
麵包地瓜餅	泥	炸	地瓜	地瓜、麵包屑、紅豆沙、雞蛋		
五彩拌西芹	絲	涼拌	西芹	西芹、紅蘿蔔、豆乾、乾木耳、綠豆芽、黃甜椒、中薑		

2.受評刀工規格明細

材料	規格描述（長度單位：公分）	數量	備註
紅蘿蔔水花片兩款	自選1款及指定1款，指定款須參考下列指定圖（形狀大小需可搭配菜餚）	各6片以上	
配合材料擺出兩種盤飾	下列指定圖3選2	各1盤	
香菇剞刀片	長寬依食材規格。格子間格0.3～0.5，深度達1/2深的剞刀片塊	180克以上	
木耳絲	寬0.2～0.4，長4～6，長（厚）依食材規格	30克以上	
豆乾絲	寬、高（厚）各為0.2～0.4，長4～6	30克以上	
紅甜椒片	長3～5，寬2～4，高（厚）依食材規格，可切菱形片	50克以上	需去內膜
黃甜椒片	長3～5，寬2～4，高（厚）依食材規格，可切菱形片	50克以上	需去內膜
青椒片	長3～5，寬2～4，高（厚）依食材規格，可切菱形片	50克以上	需去內膜
黃甜椒絲	寬、高（厚）各為0.2～0.4，長4～6	50克以上	需去內膜
西芹絲	寬、高（厚）各為0.2～0.4，長4～6	80克以上	
紅蘿蔔絲	寬、高（厚）各為0.2～0.4，長4～6	60克以上	

水花及盤飾參考：依指定圖完成，可受公評並獲得普遍認同之美感。

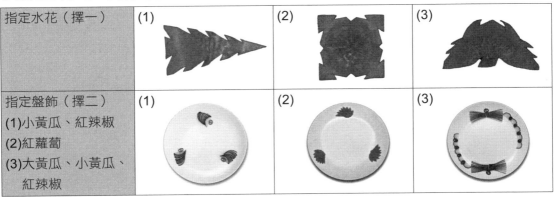

指定水花（擇一）	(1)	(2)	(3)
指定盤飾（擇二） (1)小黃瓜、紅辣椒 (2)紅蘿蔔 (3)大黃瓜、小黃瓜、紅辣椒	(1)	(2)	(3)

3.無須繳驗部分：菜餚刀工之種類、取量與形狀，除了規格明細之數量外，還包括不須繳驗的部分，請務必依「菜名與食材切配依據」表之食材選用規定種煩切配，配合題意之刀工規格切配出合宜的刀工形狀、數量與配色進行烹調。

烹調指引卡

302-12題目：沙茶香菇腰花、麵包地瓜餅、五彩拌西芹

第二階段測試──繳交烹調作品

1.菜名與食材切配依據

菜餚名稱	主要刀工	烹調法	主材料類別	材料組合	水花款式	盤飾款式
三絲淋蒸蛋	絲	蒸、羹	雞蛋	雞蛋、乾香菇、桶筍、小黃瓜、紅蘿蔔、中薑		參考規格明細
三色鮑菇捲	剞刀	炒	鮑魚菇	鮑魚菇、紅蘿蔔、黃甜椒、乾木耳、中薑、青椒	參考規格明細	
椒鹽牛蒡片	片	酥炸	牛蒡	牛蒡、芹菜、紅辣椒、中薑		

2.烹調

(1)沙茶香菇腰花

烹調規定	1.香菇沾太白粉以牙籤定型過油上色。 2.爆香調味，加入腰花、配料與紅蘿蔔水花片拌炒入味。
烹調法	炒
調味規定	以醬油、糖、素沙茶、鹽、味精、胡椒粉、醬油膏、香油、太白粉等調味料自行合宜地選用。
備註	不可嚴重出油，腰花不得鬆散焦黑，規定材料不得短少。

(2)麵包地瓜餅

烹調規定	1.地瓜蒸熟壓成泥調味，包入紅豆沙成圓餅狀。 2.裹上麵包屑，油炸至金黃色。
烹調法	炸
調味規定	以鹽、味精、糖、麵粉、太白粉等調味料自行合宜地選用。
備註	地瓜餅大小一致，不可鬆散、脫粉及含油，規定材料不得短少。

(3)五彩拌西芹

烹調規定	全部材料燙熟，以可食用水泡冷，瀝乾調味拌勻。
烹調法	涼拌
調味規定	以鹽、味精、糖、香油、胡椒粉、米酒等調味料自行合宜地選用。
備註	需遵守衛生安全規定，規定材料不得短少。